大模型时代的基础架构

大模型算力中心建设指南

方天戟◆著

電子工業出版社
Publishing House of Electronics Industry
北京•BEIJING

内容简介

大模型是近年来引人注目的热点之一。大模型蓬勃发展的基础，是针对其需求设计的算力及基础架构。本书针对如何为大模型构建基础架构进行深入讲解，并基于TOGAF方法论，剖析业界知名案例的设计方案。

全书总计13章。第1章讲解AI与大模型时代对基础架构的需求；第2章讲解软件程序与专用硬件的结合，涉及GPU并行运算库、机器学习程序的开发框架和分布式AI训练；第3章剖析GPU的硬件架构，涉及GPU的总体设计、Nvidia GH100芯片架构和拥有其他Hopper架构的GPU；第4章讲解GPU服务器的设计与实现；第5章讲解机器学习所依托的I/O框架体系；第6章讲解GPU集群的网络设计与实现；第7章讲解GPU板卡算力调度技术；第8章讲解GPU虚拟化调度方案；第9章讲解GPU集群的网络虚拟化设计与实现；第10章讲解GPU集群的存储设计与实现；第11章讲解如何基于云原生技术为机器学习应用设计与实现更好的开发和运行平台；第12章讲解基于云平台的GPU集群的管理与运营，涉及云运维平台、云运营平台和云审计平台；第13章基于一个服务机器学习的GPU计算平台落地案例，展示如何针对机器学习应用进行需求分析、设计与实现。

无论是高等院校计算机与人工智能等相关专业的本科生或研究生，还是对并行计算技术、云计算技术、高性能存储及高性能网络技术感兴趣的研究人员或工程技术人员，都可以参考和阅读本书。

图书在版编目（CIP）数据

大模型时代的基础架构 ： 大模型算力中心建设指南 / 方天戟著. -- 北京 ： 电子工业出版社，2024. 7.
ISBN 978-7-121-48123-9

Ⅰ. TP393.072-62

中国国家版本馆CIP数据核字第2024E0J508号

责任编辑：张国霞
文字编辑：李利健
印　　刷：天津千鹤文化传播有限公司
装　　订：天津千鹤文化传播有限公司
出版发行：电子工业出版社
　　　　　北京市海淀区万寿路173信箱　　邮编：100036
开　　本：720×1000　1/16　印张：15　字数：288千字
版　　次：2024年7月第1版
印　　次：2024年7月第1次印刷
印　　数：3000册　定价：128.00元

凡所购买电子工业出版社图书有缺损问题，请向购买书店调换。若书店售缺，请与本社发行部联系，联系及邮购电话：（010）88254888，88258888。

质量投诉请发邮件至zlts@phei.com.cn，盗版侵权举报请发邮件至dbqq@phei.com.cn。

本书咨询联系方式：faq@phei.com.cn。

推荐序一

蒙作者不弃，邀我为其大作写推荐序。我虽然也算是电子信息行业的从业者，但既非行业大咖，又非专业技术大佬，更不从事大模型建设这么具体、高深的工作，哪有资格写推荐序呢？大感为难。

但在认真读了本书之后，我深有感触，愿意从资深读者的角度，分享一点儿心得，向大家推荐本书。

读本书，可以从知识、方法、审美这三个不同的角度入手。而这三个角度，正如万花筒上的三块玻璃，组合起来轻轻一转，就会呈现花团锦簇的大千世界。

首先，说说知识。

我们最广大的读者，多半只是人工智能的使用者，没有机会建造大模型。但那就可以偷懒，把它当作一个黑箱，闭着眼睛接受它输出的结果吗？当然不可以。

如今的社会是一个技术性的社会。如果对其主要的技术工具知其然而不知其所以然，就会在它的各种升级换代场景中疲于奔命，却不知自己为啥总是被动应对，不赶趟。

只有主动去理解这些技术工具所涉及的根本逻辑和特点，才有可能主动预见其发展和应用场景，提前做好准备。

也就是说，与其偷懒而天天被人工智能的各个新版本“拖着走”，不如花点儿时间好好读读本书，理解大模型的逻辑，也许还有机会“领着”人工智能“走”呢！

虽说知识就是力量，但也还得先下手为强，不是吗？

以上是从个人的角度讲，我们需要好好读读本书，获取相关知识。

从人工智能发展的角度讲，我们也需要更多地理解人工智能的基础知识和基本逻辑。

纵观人类的发展史，科学和技术但凡被转化为产业，造福大众，就必然需要去神秘化、通俗化：理解的人越多，使用的人越多，发展就越快，越普及。把一项技术说得高深无比，让大众望而生畏，最终只会让它成为象牙塔中的玩物，因不接地气而消失。

所以，在本书中，作者耗费大量心血，把大模型的核心架构用通俗易懂的方式讲给普罗大众，就是为了让更多的并不从事大模型建设工作的人理解这些内容，从而让大模型建设工作得到更多人的支持，让其产业落地，开花结果。如果对该进程有帮助，那就是作者写本书的功德。

本书写得简单明了。但简单并不意味着不深刻，复杂也并不意味着高明。“简明”才是作者功力和理解深度的体现。

然后，说说方法。

我们绝大多数人并不会去做大模型，甚至并不在电子信息行业工作。那读一本关于大模型建设的专著有什么用呢？

学思路！点石成金！我们要的不是那块金子，而是那根手指！

本书好就好在重点突出，讲解思路清晰：在大模型建设工作中要实现哪些目标？会遇到哪些困难？要克服或绕过这些困难，应该采用什么方法？本书条分缕析、引人入胜，给人以山阴道中移步换景的感觉。

科普作品的理想读者，是其他专业的开拓者。互鉴互学，融合增长。放开眼光，看其他专业的高手做事，提升自己，是高手们百尺竿头更进一步的诀窍。所以，不做大模型的人也可以认真读一读本书，说不定会有意外之喜。

最后，说说审美。

本书写得确实好，这也许与其作者是软件高手有关。软件的著作权归属于其作者，所以码农们其实都是作者。而作者要写鸿篇巨著，那非得把架构做好不可。

我们作为没受过写作训练的普通读者，往往惊叹于书籍跌宕起伏的故事情节，却不去注意书籍内容结构的精美和巧妙。毕竟看书的人虽多，又有几个人会因此去学习如何构思一本好书呢？

但本书不一样，它几乎通篇都在介绍怎样做架构，并围绕一个高远的目标，讲了如何思考、如何构建、功能如何相互照应。看了本书，我们大概可以理解一些软件的结构之美。同时，本书自身的内容架构就很精美，可供我们欣赏和借鉴。

总之，无论我们是否在做大模型或在电子信息行业工作，本书都值得一读。也期待作者能够更上一层楼，写出更多、更好的著作。

中国电子企业协会副会长　宿东君

推荐序二

随着2006年AWS发布S3和EC2，云计算的商业大幕正式开启，IT世界进入云计算时代。2015年，AWS首次推出Amazon Machine Learning服务，这标志着机器学习和人工智能服务成为云计算领域的生力军。2022年11月，ChatGPT横空出世，因其卓越的能力，被称为有史以来向公众发布的最佳人工智能聊天机器人。ChatGPT在短时间内席卷全球，让“GPT”“大模型”这些词汇变得耳熟能详。ChatGPT的出现，不仅让AI领域翻开了新的篇章，还大大推动了云计算领域的发展。

ChatGPT优异能力的背后，大模型技术是关键。人们相信，以ChatGPT为代表的大模型技术开启的本轮科技浪潮，其重要性将超过以往任何一次AI技术突破。

国内产投研各方均已加快布局大模型。百度的文心一言、阿里巴巴的通义千问、华为的盘古、京东的言犀、腾讯的混元、商汤的日日新等大模型先后登场。据不完全统计，目前，我国已推出的通用大模型有一百多个，若算上各类行业大模型，更达数千个。于是，人们用“千模大战”来形容目前的产业态势。

大模型作为政府和企业推进人工智能产业发展的重要抓手，在识别、理解、决策、生成等AI任务的泛化性、通用性、迁移性方面都展现了显著优势和巨大潜力。IDC建议，大模型在推进产业智能化升级的过程中已展现巨大的潜力，企业应该尽早关注。

与此同时，行业专家普遍认为，公有云上的大模型服务对于大中型企业来说有几个短板，比如：大模型是“通才”，行业深度不够；可能存在数据安全隐患；企业内部数据更新速度快，公有大模型无法及时更新数据；无法实现成本可控。对于拥有敏感且高价值数据的大中型企业来说，大模型的行业化、企业化、垂直化、小型化、专有化变得尤为关键。

相信在不久的将来，有关大模型的基础架构将成为大中型企业云计算基础设施的一个关键组成部分。但是，对于企业来说，与以计算、存储、网络、数据库等中间件为代表的传统云计算服务相比，该基础架构的落地和使用面临诸多挑战，比如：大模型和软硬件不好选择；在大模型的基础设施建设和维护方面，技术门槛高、人才储备不足；等等。

本书的出现恰逢其时：目前，大中型企业正处于在其数据中心内建设大模型基础设施的关键阶段，本书可为其提供指导。

本书不但讲解了大模型相关的基础技术，比如AI基本概念、GPU硬件、软件、虚拟化等，还讲解了大模型基础设施的核心内容，包括GPU集群存储、网络、I/O、算力调度、网络虚拟化、管理和运营等，并结合实际案例，讲解了如何进行机器学习应用开发与运行平台设计，在此过程中把本书中的重点内容“串联”起来进行了讲解，以期读者建立整体的认知。

正如作者的名字一样，希望本书能成为助力国内大模型基础设施建设的“方天画戟”。也希望读者喜欢本书，能在阅读本书后有真正的收获。还希望国内的大模型发展得越来越好！

腾讯云TVP，“世民谈云计算”微信公众号作者　刘世民

2024年4月21日写于上海

推荐序三

方老师邀我为本书作序，实话实说我很惶恐，毕竟我的教学和研究领域与大模型领域并不完全契合。拿到本书后，拜读数次，觉得还是有些话要说，不当之处还请作者和读者海涵。

我从计算机专业的学生成长为勤耕不辍的教师，方老师从风华正茂的IT青年成长为计算机领域的资深专家，可以说，我们是相识、相知较深的朋友。方老师时常迸发的对技术发展趋势的真知灼见，总能让我感受到他对计算机前沿不懈探索的热忱。近年来，方老师在其微信公众号上连载的技术文章，让人对相关领域的技术发展趋势有了清晰的认知。可以说，他是一名很好的计算机领域的科普作者，是懂得如何用深入浅出的语言让读者领会深意、学通知识的。

在“博世互联世界2024”大会上，埃隆·马斯克远程接受了博世CEO斯特凡·哈同和董事长马库斯·海恩的采访，就人工智能议题发表看法。他认为，人工智能的快速扩张将导致电力供应紧张。我认为，这种令人担忧的情况恐怕会很快出现。大模型“适时”地出现在了人类科技的工具箱里，当我们沉浸在一个个表现优秀的神经网络模型中，看到一个个大模型、超大模型快速升级、迭代时，我们是否忽视了大模型算力本身的架构是如何搭建和运作的，乃至从绿色节能的角度是如何调节和调度的呢？不用犹豫，我们的确忽视了。

算力中心作为大模型基础架构，在其搭建过程中，除了大模型本身性能是否优异的问题，如何对与之关联的硬件进行部署、对硬件计算能力进行优化和提升，已经是绕不过去的突出问题。本书恰恰从这个角度给出了相应的解决方案，而且呈现的形式不是枯燥乏味的描述，而是能让读者在思考及会心一笑的状态下，了解大模型基础架构的整体形态和各子系统是如何运作的，以及是如何响应需求且充分利用平台资源的。这一亮点，在理论书籍盛行的计算机专业领域无异于一道甘泉。我真诚地希望读者能够发现本书，翻阅本书，喜爱本书。

本书的另一大亮点，可能会被人忽视，但我要提出来，那就是在本书中贯彻始终的计算机系统架构设计中的哲学方法论。我作为一名高校教师，任教数年来，深感学生，尤其是计算机专业的学生，对所学专业的认知往往停留在编程层面，不能成体系地掌握专业领域的知识结构，更遑论计算机系统架构设计中的哲学方法论。而这些哲学层面的理论缺失，往往导致学生在未来的工作领域，很难用系统工程的眼光去看待工程项目的实施，对其中蕴含的科学方法论更是无从谈起。因此，本书提及的这些哲学方法论，是对专业人员提升思维层次且强化系统认知的很好补益。

在写本序时，我一直在听歌曲*Positive Outlook*。在探索人工智能的道路上，我们能被智者指点迷津，从而继续奔赴星辰大海，是幸福的。本书对计算机专业领域的学生及技术工作者学习和了解大模型相关知识有很大的帮助。希望本书能收获更多的读者，也希望方老师在后续的工作中结合自己的心得，为我们写出更多、更好的著作。

江苏科技大学计算机学院　王琦

前　言

从2022年年底开始，以ChatGPT为代表的生成式人工智能（AIGC）技术，便成为全球广泛关注的热点。

AIGC技术的落地，离不开大模型。大模型指包含的参数量达到十亿级别，需要采用多任务、分布式机器学习训练系统的深度神经网络模型。以GPT-3为例，其参数量达到了1 750亿之巨。

以大模型与AIGC为代表的AI（人工智能）技术，对提供算力的基础架构的构建，也提出了更高的要求。由于训练大模型往往需要昂贵的算力设备，所以如何构建稳定、高效、易扩展的基础架构，让昂贵的算力设备尽量发挥至高效能，也成为架构师们探索的重要方向。

本书首先从AI算法的特点开始，分析了AI相关应用的架构及对应的硬件特性，然后对如何构建、扩展、运行支撑AI应用的硬件平台，以及如何调度AI算力并构建支撑应用的存储、网络、中间件、运维、运营平台进行了讨论。期望读者在阅读本书以后，能思考和理解以下问题。

- AI算法主要有哪些，它们的共同特点是什么？
- 如何便捷地开发AI算法程序？
- 如何部署和调度AI算法程序？
- AI算法程序需要哪些硬件特性的支持，又是如何调用这些硬件的？
- 分布式AI计算依赖哪些硬件特性？
- 如何调度AI算力，使之服务于不同用户的不同应用，并尽可能发挥硬件的计算能力？
- 怎样构建能够无限横向扩展的AI算力平台，并为AI算力集群构建不同业务需要的通信网络？

- 如何高效、可靠地存取AI算法程序所需的海量数据及训练成果？
- 如何为AI算法程序提供中间件、数据库和微服务框架等支撑组件，避免程序员重复“造轮子”，提升开发、部署效率？
- 如何运维、运营AI算力平台，让平台资源得到充分利用，让成本中心转型为利润中心？

下面，让我们翻开本书，找到这些问题的答案，成为大模型时代合格的云计算架构师。

目 录

第 1 章

AI与大模型时代对基础架构的需求

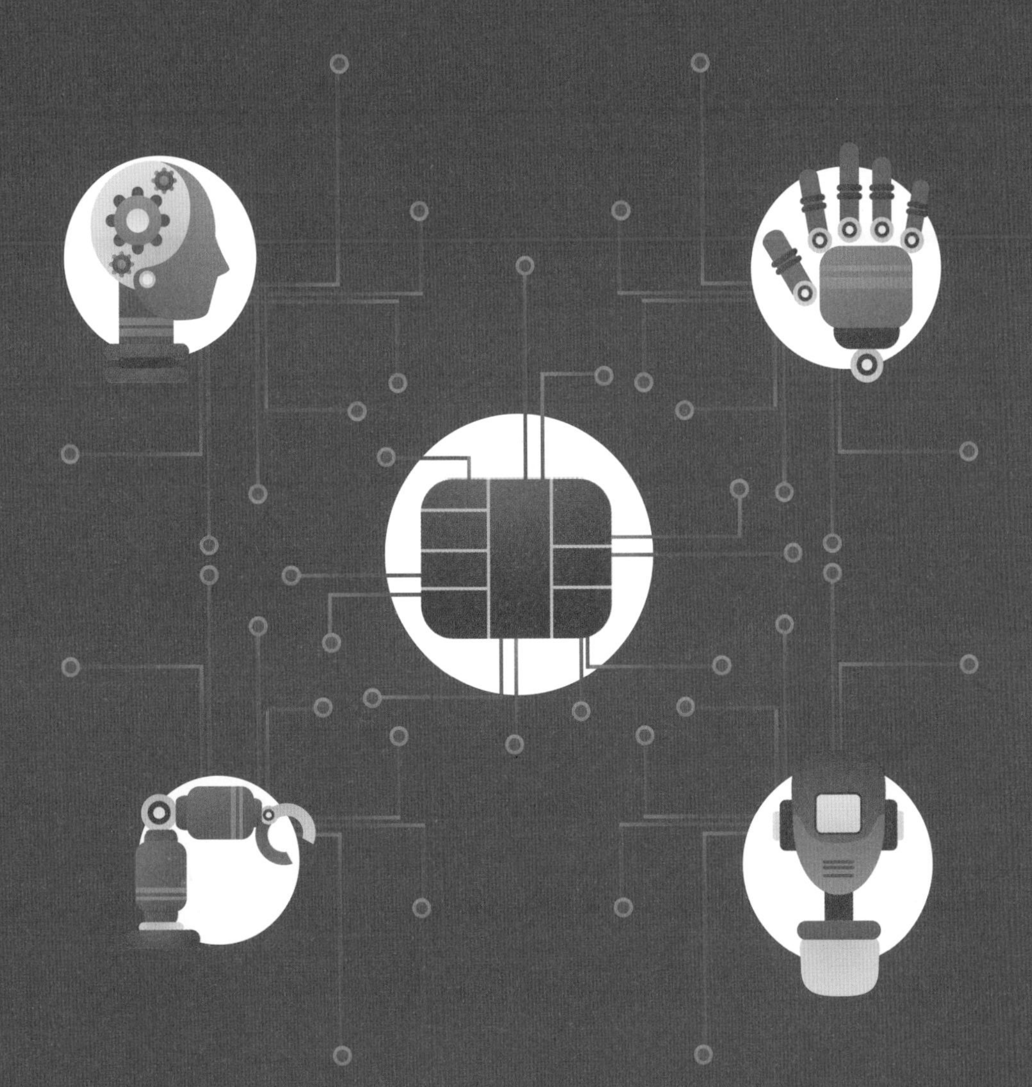

1.1 我们在谈论AI时，到底在谈论什么

2022年年底，以ChatGPT为代表的生成式AI及大模型技术，再次掀起机器学习的热潮。

为什么使用“再次”这个词呢?

这是因为，2016年，机器学习因Google主导开发的AlphaGo（围棋AI程序）与围棋世界冠军李世石的人机大战而掀起热潮。在此之前，绝大多数人都不看好AlphaGo，认为李世石能够轻松战胜计算机。但最终的结果颠覆了人类过往的认知，AlphaGo以4：1的绝对优势战胜了李世石。

可能一些读者还听说过，1997年，IBM的超级计算机“深蓝”战胜了国际象棋世界冠军卡斯帕罗夫。那么，究竟是什么原因，使得计算机在国际象棋领域战胜人类以后，又经过了近二十年的飞速发展，才实现在围棋领域战胜人类呢?

这是因为，国际象棋和围棋虽然都是棋类游戏，但关于局面价值判断的数学模型相去甚远。

在国际象棋中，只要擒获对方的“王”，就可以取得胜利，因此对于局面价值判断，其实可以用一个比较简单的数学模型来描述，也就是子力本身价值与子力控制范围的价值的加权。

而在围棋棋局中，对于局面价值判断，往往存在较大的争议。看一个例子：图1-1所示是日本围棋大师武宫正树在决定全球首个围棋世界冠军归属的1988年富士通杯决赛中下出的着法。

对于黑1这一手，在整个围棋界一直存在争议，武宫正树本人一直认为这是当前局面的最优解，但包含多名世界冠军在内的一些其他高手持反对意见。这也使得此局成为了围棋史上的名局，理由是武宫正树下出了一般人难以想到的创新着法，并最终凭此手棋赢得了全球首个围棋世界冠军。

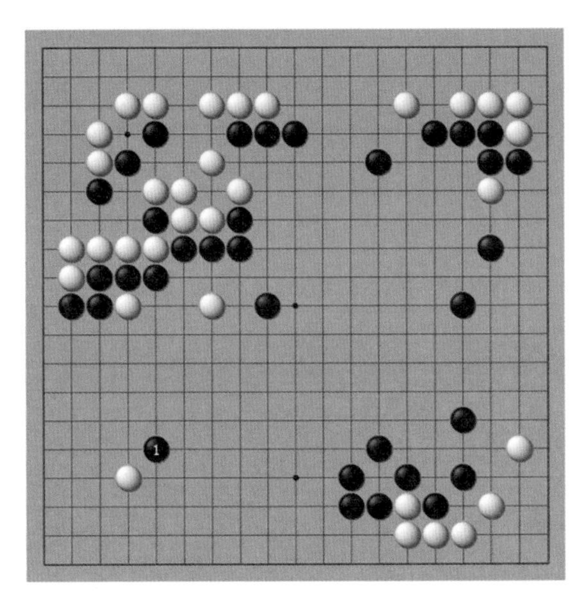

图1-1

棋界对于武宫正树这手棋的争论，直到以AlphaGo为代表的围棋AI程序出现才有初步的结论——虽然武宫正树在下出黑1后，黑方有较大优势，但如果将黑1下在其他地方，黑方的优势会更大。

在围棋AI程序出现之前，这样的争议并不少见。这是因为，关于围棋的局面价值判断的数学模型非常复杂，存在很多难以量化评估的因素，人类一直难以建立精确的数学模型，取而代之的是围棋高手的“境界”。这也是围棋AI程序棋力长期停滞在较低水平的原因。

AlphaGo在围棋领域取得突破的核心因素是，它实现了较为精确地评估围棋局面价值及着法价值优劣的数学模型。这种数学模型就是Google通过机器学习方式，使用深度神经网络算法学习了10万局以上的人类棋谱得到的。

我们可以发现，在计算机看来，国际象棋或中国象棋与围棋的最大差异，在于采用的评估局面价值及着法价值优劣的数学模型。国际象棋或中国象棋采用的数学模型是通过专家系统实现的，而围棋采用的数学模型是通过机器学习实现的。

机器学习指的是，先构建一个参数待定的高次线性方程模型，再输入大量的训练样本（也就是方程模型中自变量及因变量的值），让计算机算出方程模型的参数。该参数被称为“权重”，该步骤被称为“训练”。而基于机器学习得到的方程模型，通过输入自变量得到因变量的过程，被称为“推理”。

在本书中讨论的AI算法，均指这种机器学习及推理算法，不包括基于专家模型的算法。

在接下来的部分章节中会出现一些数学公式，不超出高中数学的范畴，请不要轻易跳过这部分内容，因为学习这部分内容对于理解机器学习的本质有非常大的帮助。

1.2 机器学习算法初窥

有人总结了排名前10的机器学习算法，如下所述。

- 线性回归算法（Linear Regression Algorithm）。
- 罗吉斯回归算法（Logistic Regression Algorithm）。
- 决策树算法（Decision Tree Algorithm）。
- 支撑向量机算法（SVM Algorithm）。
- 朴素贝叶斯算法（Naive Bayes Algorithm）。
- K-近邻算法（KNN Algorithm）。
- 欧几里得距离聚类算法（K-means Algorithm）。
- 随机森林算法（Random Forest Algorithm）。
- 降维算法（Dimensionality Reduction Algorithm）。
- 梯度提升算法（Gradient Boosting Algorithm）。

如果没有良好的数学基础，特别是概率与离散数学方面的基础，那么理解这10种算法中的后9种，的确有一定的难度。因此，让我们以最简单的一元线性回归算法（Unary Linear Regression Algorithm）为例，探究机器学习算法到底在让计算机做什么，并理解机器学习算法中的核心运算是什么。

1.3　一元线性回归算法剖析

一元线性回归算法，指的是根据平面上有限个离散的点，找出与这些点距离之和最小的直线。

有初中以上数学水平的读者可以很容易地回忆起来，在平面直角坐标系上，表示一条直线的方程是一次函数：

$$y= ax+b \tag{1}$$

一次函数在平面直角坐标系上的图像如图1-2所示。

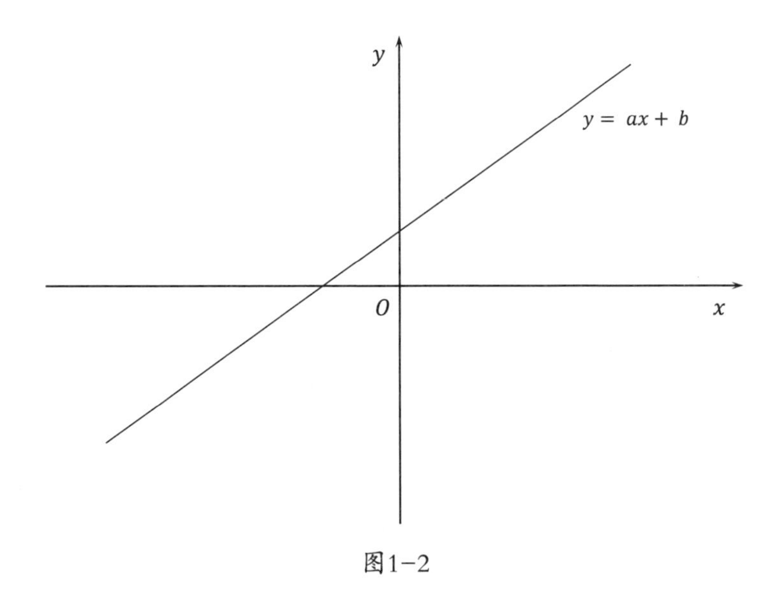

图1-2

可以看出，一次函数在平面直角坐标系上的图像为一条直线。如果在平面直角坐标系上有若干离散的点，那么我们也可以找出这些点所在的直线并得到对应的方程，或得到与这些点距离之和最小的直线对应的方程，如图1-3所示。

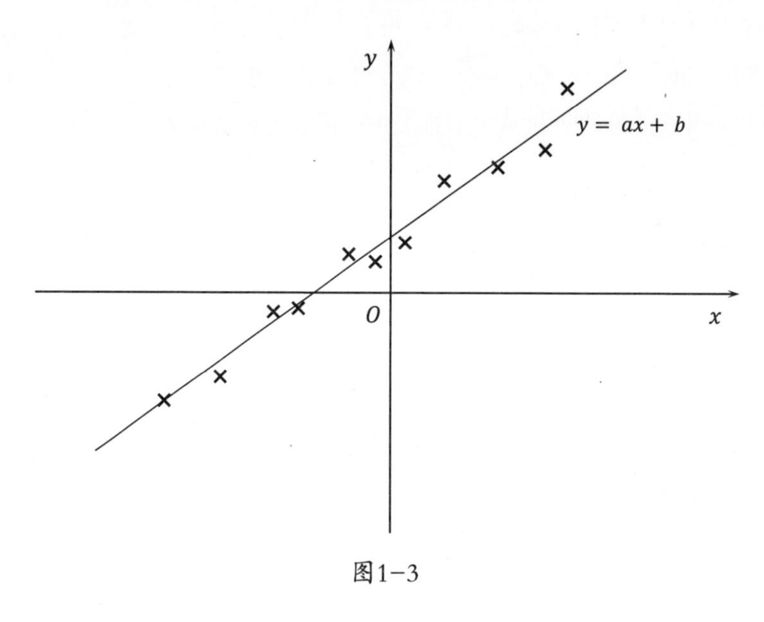

图1−3

在图1-3中展示的直线，就是在平面直角坐标系中，与各离散点的距离之和最小的直线。

一元线性回归算法使用的核心算法为最小二乘法（Least Squares Method），下面对最小二乘法进行详细解释。

在平面直角坐标系上，假设有n个点，分别为

$$(x_1,y_1),(x_2,y_2),\cdots,(x_n,y_n) \tag{2}$$

令

$$\overline{y} = \frac{1}{n}\sum_{i=1}^{n} y_i \tag{3}$$

$$\overline{x} = \frac{1}{n}\sum_{i=1}^{n} x_i \tag{4}$$

可以解得

$$a = \frac{\sum_{i=1}^{n}(x_i-\overline{x})(y_i-\overline{y})}{\sum_{i=1}^{n}(x_i-\overline{x})^2} \tag{5}$$

$$b = \overline{y} - a\overline{x} \tag{6}$$

我们用机器学习算法相关术语来描述这一算法。

- 训练样本：平面直角坐标系上的n个点。
- 模型：描述平面直角坐标系上直线的一次方程。
- 模型的权重参数：一次方程中的参数a和b。
- 训练：根据样本计算出权重参数的过程。
- 基于模型和权重的推理：得到公式(1)中参数a和b的值后，根据x计算出y的值的过程。

如果我们将一元线性回归算法推广到多元非线性函数，那么实际上就是用线性多项式函数无限逼近无理函数（非整数次幂函数）和超越函数（指数/对数函数、三角/反三角函数和双曲/反双曲函数）。而基于深度学习算法计算出的结果，就是多项式中各项的系数，也就是模型的权重参数。

1.4 机器学习算法对计算机硬件的特殊需求

本节会剖析最简单的机器学习算法，帮助我们理解机器学习算法的基本概念。实现机器学习算法对计算机硬件是否有一些特殊需求呢？

1.4.1 机器学习算法的核心运算特征

我们注意到，在1.3节中，公式(5)的计算次数最多：在有n个点的情况下，需要进行$2n$次平均数运算、$2n$次乘法运算和$2n$次加法运算，且在每次乘法运算后均紧跟着一次加法运算（这种乘法运算与加法运算的组合，简称“乘加运算”）。

这种将乘法运算结果累加的算法，在计算机领域一般被称为“向量卷积”（Vector Convolution），也被称为“向量点积”（Vector Scalar Product）。其运算公式如下：

$$\vec{x} = [x_1, x_2, \cdots, x_n] \tag{7}$$

$$\vec{y} = [y_1, y_2, \cdots, y_n] \tag{8}$$

$$\vec{x} \times \vec{y} = \sum_{i=1}^{n} x_i \, y_i \tag{9}$$

注意，公式(9)实际上就是连续进行n次乘加运算。如果用到了CPU的普通算术指令，那么其复杂度为$O(n)$，也就是CPU运算耗费的时间与向量的元素数量成正比。

实际上，平均数运算也可被视为乘加运算：

$$\bar{x} = \frac{1}{n}\sum_{i=1}^{n} x_i \tag{10}$$

$$\bar{y} = \frac{1}{n}\sum_{i=1}^{n} y_i \tag{11}$$

如果样本是平面直角坐标系上的n个点，那么在一元线性回归算法的训练过程中，需要进行$4n$次乘加运算。而在推理过程中，也就是在确定了a和b两个参数后，已知x求y的过程中，只需进行1次乘加运算：

$$y = ax + b \tag{12}$$

我们发现，基于乘加运算的向量卷积运算，是一元线性回归算法的核心运算。实际上，绝大多数机器学习算法的核心运算都是向量卷积运算。如果能实现对向量卷积运算的并行批量操作，就可以大大提升以一元线性回归算法为代表的各类机器学习算法的运算效率。

以一元线性回归算法为例，训练计算量为$4n$，而单次的推理计算量都为1。在绝大多数机器学习算法中，单次的推理计算量都大大低于训练计算量，但推理计算比训练计算在实时性和并发度上有可能更强。

我们在明确了机器学习算法的特征后，就可以讨论需要通过什么样的硬件来实现机器学习算法了。

1.4.2 使用CPU实现机器学习算法和并行加速

在计算机中，最通用的运算部件是CPU的ALU（Arithmetic Logic Unit，算术逻辑单元），一般每个CPU Core都只有一个ALU。只要计算机的CPU是图灵完备（Turing Complete）的，CPU中的ALU就一定支持乘法指令和加法指令，也就可以完成向量卷积运算。

背景知识：图灵机与图灵完备

1936年，著名计算机科学家Alan Turing（阿兰·图灵）发表了论文*On Computable Numbers, with an Application to the Entscheidung's problem*，并在该论文中提出了一个计算模型——图灵机。该论文的核心观点是，只要一台计算机能够实现图灵机的功能，就能够完成所有的计算任务，也就是“图灵完备”的。

图灵机在结构上包括以下几部分。

- 一条足够长的纸带（tape）：纸带被分成一个个相邻的格子（square），在每个格子中都可以写至多一个字符（symbol）。
- 一个字符表（alphabet）：即字符的集合，包含纸带上可能出现的所有字符。其中包含一个特殊的空白字符（blank），意思是在此格子中没有任何字符。
- 一个读写头（head）：可理解为指向其中一个格子的指针。它可以读取、擦除、写入当前格子的内容，也可以每次都向左/右移动一个格子。
- 一个状态寄存器（state register）：追踪每一步运算过程中整个机器所处的状态（运行/终止）。当这个状态从运行变为终止时，运算结束，机器停机并交回控制权。
- 一个有限的指令集（instructions table）：记录读写头在特定情况下应该执行的操作。

在计算开始前，纸带可以是完全空白的，也可以在某些格子里预先写入部分字符作为输入。在运算开始时，读写头从某一位置开始，严格按照当前格子的内容和指令要求进行操作，直到状态变为停止，运算结束。而后，在纸带上留下的信息，即字符的序列（比如“...011001...”），便作为图灵机的输出。

Alan Turing指出，面对一个问题，对于任意输入，只要人类可以保证算出结果（不管花多少时间），图灵机就可以保证算出结果（不管花多少时间）。而图灵完备性是针对一套数据操作规则而言的概念。数据操作规则既可以是一门编程语言，也可以是计算机里具体实现了的指令集。当这套规则可以实现图灵机模型里的全部功能时，就称它是图灵完备的，即包括足够的内存、if/else控制流、while循环等在内的一系列工具。

基本上，目前常见的CPU都是图灵完备的。

然而，如果利用CPU的通用乘法指令和通用加法指令进行向量卷积等简单且重复的运算，那么在运算效率方面并不是一种好方案。这是因为，每个CPU Core都只有一个ALU，如果用于进行简单且重复的运算，那么即使ALU再强大，也只能串行执行指令。

因此，采用有并发运算能力的协处理器来代替CPU进行这种简单且重复的运算，就成为业界的共识。

Intel和AMD等CPU厂商的思路是，在ALU中增加SIMD（Single Instruction Multiple Data，单指令多数据）运算单元，在一条指令中计算多个数据，来加速此类运算。1997年，Intel推出了MMX（Multiple Media eXtension，多媒体扩展）指令，并在P55C（商品名为Pentium MMX）这一代处理器中落地。

MMX指令使用了8个新引入的MMX寄存器MM0-MM7，每个寄存器都是64bit的，可以拆分为8个INT8、4个INT16或2个INT32。单条MMX指令可以在2个指令周期内进行2个MMX寄存器的算术运算。这对于当时火热的计算机多媒体应用，比如MP3播放（傅里叶逆变换算法）、MPEG解压（离散余弦逆变换算法、YUV到RGB转换算法）、JPEG图像算法（颜色变换、DCT和霍夫曼编码等），起到了显著的加速作用。在Intel Pentium MMX处理器上运行的多媒体类应用，其CPU占用率显著降低，视频播放也更为流畅。

图1-4所示就是最早支持MMX指令的 Pentium MMX系列处理器的经典款型——Pentium MMX 166。

图1-4

MMX指令的推出，使Intel取得了商业方面的巨大成功。Intel又在1999年发布的Pentium III处理器中引入了新一代SIMD指令集：SSE（Streaming SIMD Extensions，单一指令多数据流扩展）。SSE一次最多可以对8组16bit数进行运算，比如在一条指令中计算8次16bit浮点数相乘，在另一条指令中对得到的8个乘积进行累加，这样，也就可以在2条指令中完成有8个16bit浮点数元素的向量卷积运算。

我们注意到，CPU的SIMD指令可以对向量卷积运算及其他向量运算进行一定的加速，但受到CPU实现的限制，其加速比（并发执行运算操作的数量）难以超过16（128bit寄存器只能储存16个打包的8bit数据）。因此，工程师们想到了使用GPU进行此类运算。

1.4.3　机器学习算法的主力引擎——GPU

“GPU”这个名词是1994年由SONY提出的，最早用于其PlayStation游戏机中。实际上，采用专用的协处理器处理图像并非SONY独创。早在1983年，日本任天堂（Nintendo）公司在推出的NES FC（Nintendo Entertainment System

Family Computer，俗称“红白机”）中，就在CPU之外引入了一颗Ricoh公司的两台2C02处理器，专门用于图形处理，被称为“PPU”（Picture Processing Unit）。这就是GPU的前身。

图1-5所示是全球首台有专用图形处理器的计算机——任天堂FC。

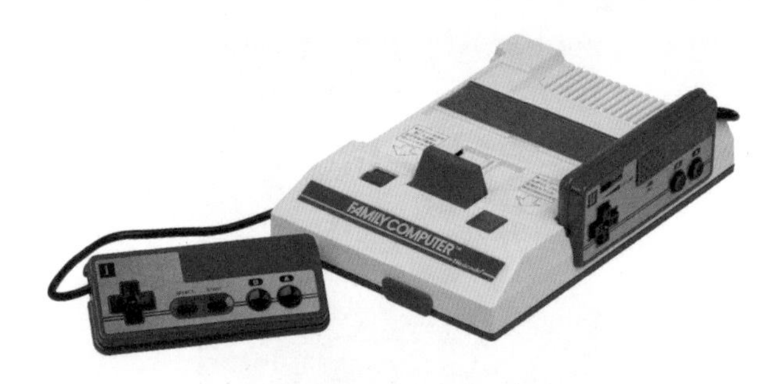

图1-5

1999年，Nvidia推出了第一款标准化的GPU——Geforce 256，外观如图1-6所示。

图1-6

Geforce 256并非首个通过并行运算单元实现图形加速的产品。在Geforce 256之前，Nvidia还推出过STG2000、Riva 128、Riva TNT/TNT2等一系列3D加速卡，在市场上也存在3dfx Voodoo/Banshee等一系列竞品。那么，为什么说Geforce 256是一个跨时代的产品呢？

较为资深的计算机玩家可能知道，Geforce 256增加了对坐标转换和光源处理（Transform & Lighting，T&L）的计算能力。在此之前，3D游戏中的坐标转换和光源处理都是由CPU进行计算的。Geforce 256将这部分计算量从CPU中“卸载”（Offload），把CPU从繁忙的重复劳动中解放出来，使之能做更有价值的工作。从此，大型3D游戏的流畅度与CPU性能几乎实现解耦，更多地取决于GPU的性能。然而，Geforce 256之所以能成为划时代产品，另有其因。

在3D游戏中，一个非常重要的环节就是纹理贴图，比如在游戏“半条命・反恐精英”中可以通过替换材质（Texture）将手雷替换为可乐瓶。纹理贴图的实质是计算3D物体上的图片在第一人称视角平面上的投影，也就是计算3D建模中的每个空间三角形与第一人称视角平面之间夹角的三角函数。而三角函数又可以通过泰勒展开式转换为幂函数，最终通过加减乘除运算得到结果。因此，GPU的Texture Shader单元实际上有强大的并行数值计算能力，可以并行执行大量的加减乘除基本运算指令。工程师们通过Geforce的Texture Shader单元，就可以计算对流扩散方程（Convection Diffusion Equation，偏微分方程的一个分支）等工程数学问题的数值解。这也是GPU用于高性能数值计算的开始。

当Geforce系列的GPU演进到第10代产品时，Nvidia又引爆了一个跨时代的变革：CUDA（Compute Unified Device Architecture，统一计算设备架构）。在每颗GPU芯片内部都会集成一定数量的CUDA Core，每个CUDA Core都能够执行加减乘除等运算指令，并支持8bit、16bit、32bit和64bit的整数或浮点数，开发者可以很容易地通过CUDA运行时库（又称“CUDA库”）调用GPU进行任何算术运算，特别是进行并发算术运算。

从2008年起，伴随着人工智能、区块链和大数据等技术的流行，使用GPU进行通用计算的用户也越来越多。对于这些用户而言，GPU的显示功能实际上是无须存在的，可以将其去掉以节约成本和减少功耗。因此，Nvidia又推出了Tesla系列的GPU产品，即GPGPU（General-Purpose Graphics Processing Unit，通用图形处理单元），其特点是不具备显示功能，没有连接显示器的硬件接口，仅提供高性能并发计算功能。截至2024年5月，Nvidia最高性能的Tesla系列GPU为Nvidia B100和Nvidia B200。

除Nvidia外，业界也有其他GPGPU厂商，比如AMD（通过2006年收购ATI获得GPU设计生产能力）、寒武纪及海光信息等。

GPGPU目前是业界主流的机器学习算法依托的硬件计算单元。与此同时，对机器学习领域有较为深入研究的部分厂商，也基于自己的认知，做出了另一种选择。是什么呢？接下来会进行深入讲解。

1.4.4 机器学习算法的新引擎——TPU和NPU

先从一个小故事讲起。

小故事：欺骗雷达的空袭

Y国为了实现其战略目标，调集了14架战斗机空袭K国的重要目标。为了让这14架战斗机躲过防空雷达的探测，Y国空军进行了针对性的训练，让14架战斗机组成密集的编队，在雷达看来，这似乎是一架民航客机，从而骗过了K国的防空系统。

K国的防空系统之所以没有正确识别Y国的战斗机编队，是因为当时的雷达并没有安装计算机识别系统，而是靠肉眼识别反射波。二战时期，日军偷袭珍珠港时，美国雷达站的士兵也将日军的第一攻击波机群误以为美军B17轰炸机，从而忽略了预警信息。

在AI时代，前面小故事中的欺骗战术将难以为继，这是因为，以图像模式匹配为代表的图像识别算法，能够使计算机高效地帮助人类识别图像，避免被常见的视觉误区干扰。

图像模式匹配的核心算法是矩阵乘法运算。打开任意一本高等代数或线性代数教科书，都可以很快理解矩阵乘法运算：

$$\text{令}\boldsymbol{A}=\begin{bmatrix} a_{1,1} & \cdots & a_{1,n} \\ \vdots & \ddots & \vdots \\ a_{n,1} & \cdots & a_{n,n} \end{bmatrix},\quad \boldsymbol{B}=\begin{bmatrix} b_{1,1} & \cdots & b_{1,n} \\ \vdots & \ddots & \vdots \\ b_{n,1} & \cdots & b_{n,n} \end{bmatrix},$$

$$\text{有}\boldsymbol{AB}=\begin{bmatrix} \sum_{i=1}^{n} a_{1,i}\cdot b_{i,1} & \cdots & \sum_{i=1}^{n} a_{1,i}\cdot b_{i,n} \\ \vdots & \ddots & \vdots \\ \sum_{i=1}^{n} a_{n,i}\cdot b_{i,1} & \cdots & \sum_{i=1}^{n} a_{n,i}\cdot b_{i,n} \end{bmatrix} \tag{13}$$

可以看出，对于$N \times N$的矩阵运算，需要计算N^2个元素，对每个元素都需要计算一次N维向量卷积，总共是$O(N^3)$的时间复杂度。如果雷达回波图形被离散化为256×256的矩阵，而用于匹配的模式矩阵为16×16的矩阵，那么每次识别图像都需要计算$(256-16) \times (256-16) = 57\,600$次矩阵乘法，每次矩阵乘法都需要进行$16 \times 16 \times 16 = 4\,096$次乘加运算。也就是说，每次识别图像总共需要进行约2.36亿次乘加运算。如果雷达回波图形和模式矩阵的分辨率进一步提升，那么每次识别图像所需要的计算量也会随之进一步增加。

与此类似，深度神经网络训练算法所需的向量卷积运算量，也会随着深度神经网络的层数和节点数增加，呈立方律爆发式增长。

面对这一挑战，业界的不同厂商给出了不同的解决思路。Nvidia的解决思路是，在GPU的CUDA Core之外，增加专有的硬件计算单元Tensor Core，实现在一个周期内计算一定大小以内的矩阵乘加，比如在Nvidia Volt架构中集成的初代Tensor Core，就可以在一个指令周期内进行半精度浮点数构成的16×16矩阵的乘加运算。

另一种思路来自Google。Google认为，普通的GPGPU考虑了太多矩阵算法和向量算法以外的计算与实现，对于以深度神经网络和图像模式匹配为代表的AI算法，这些功能实属浪费。因此，Google研制了非常擅长计算矩阵和向量，而精简了其他计算功能的专精装备——TPU（Tensor Processing Unit，张量处理单元），外观如图1-7所示。

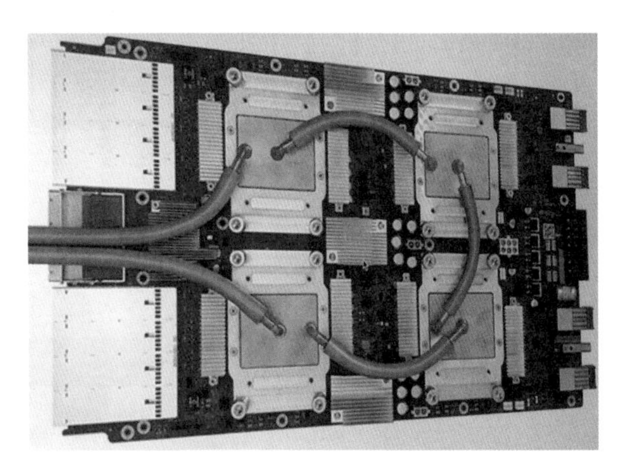

图1-7

“Tensor”这个词在这本书中经常出现，这里先介绍其概念。

名词与概念：Tensor

Tensor（张量）是一个数学名词，代表一个代数对象，可将其视为一个矩阵在阶数上的推广。当张量的阶为0时，张量退化为标量，也就是1个元素的向量；当张量的阶为1时，张量退化为向量，也就是1 × *n*的矩阵；当张量的阶为2时，张量就是矩阵。张量的阶还可以为3、4、5……直到无穷大。

Google的TPU在名义上是张量专用的计算处理器，实际上只是简单且直接地在芯片内部集成了数万个计算单元，这种计算单元只能用于进行乘加运算。比如Google用于训练AlphaGo的下一代AlphaZero的Cloud TPU v2，就集成了128 × 128 = 16 384个计算单元，可以并发地进行16 384次乘加运算。

TPU在计算流程方面，也与CPU、GPU有较大的差异，其对比如图1-8所示。无论是CPU还是GPU，所有运算过程的中间结果都需要被保存到内存中。而TPU根本没有将中间结果保存到内存中，而是在执行完毕后直接将中间结果传递给下一步骤。

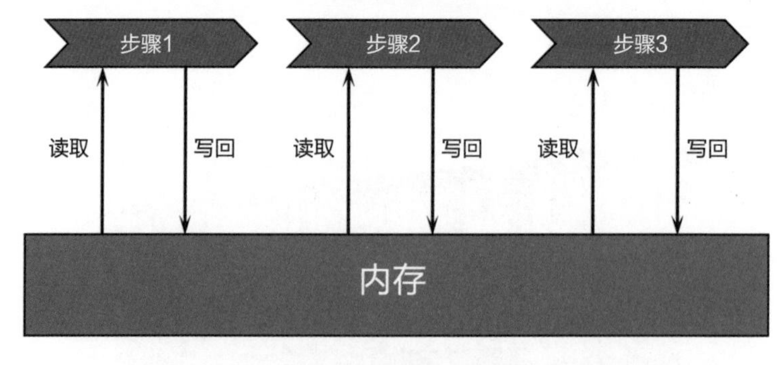

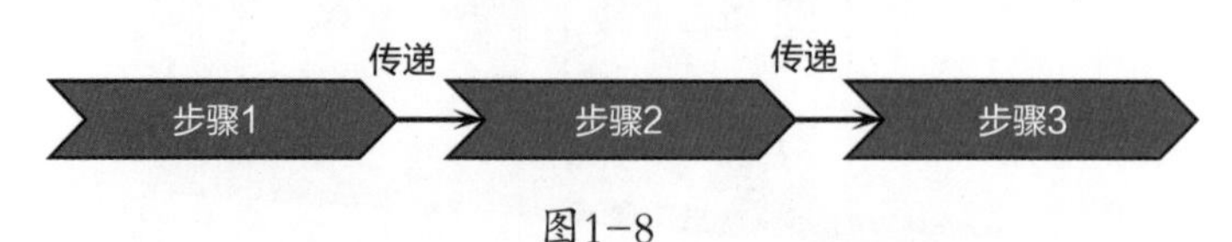

图1-8

对照图1-9所示的深度神经网络的结构设计图，我们就能够理解Google TPU这一设计的价值所在了。

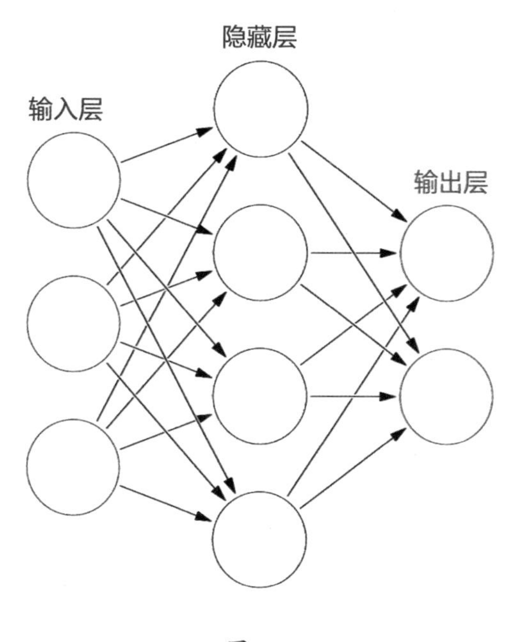

图1-9

在深度神经网络的结构设计中，在输入层和输出层之间一般会有若干隐藏层，而各层的每个节点实际上就是对来自各上级节点的值及模型中各上级节点的权重做向量卷积运算，并将向量卷积运算结果传递给下一层的各个节点。

我们会发现，无论是通用的CPU还是传统的GPU，每层节点进行向量卷积运算的结果都必须被保存到RAM中，下一层节点将从RAM中读取这个值，而RAM的读取和写入时延一般为100ns左右的数量级，在这段时间内，GPU的每个CUDA Core都可以完成100次左右的运算。而Google在研发TPU时，基于深度神经网络算法的特征，在硬件设计层面实现了这一优化，在神经网络算法的执行效率（时间复杂度）上也实现了数量级的提升。

可惜的是，TPU是一个专供产品，Google以外的用户如果期望使用TPU进行大模型等深度神经网络算法的训练和推理，那么只能使用Google的云服务。

1.5 本章小结

以大模型和AI为代表的机器学习算法，在本质上是通过多个线性幂函数的叠加来逼近现实世界中事物的数学模型。

计算这些线性幂函数的参数的过程，就是调参。在这一计算过程中要进行大量的乘加运算。因此，在这样的场景下，具备并行乘加运算能力的GPU或TPU等硬件，其性价比大大超过通用的CPU，从而在运行机器学习算法程序时大放异彩。特别地，以Google推出的TPU为代表的张量处理器或神经网络处理器更是牺牲了其他运算功能，并将针对机器学习算法做的优化发挥到了极致。

那么，各类机器学习算法程序是如何调用GPU或TPU等并行运算硬件，来完成计算任务的呢？第2章将进行详细讲解。

第 2 章

软件程序与专用硬件的结合

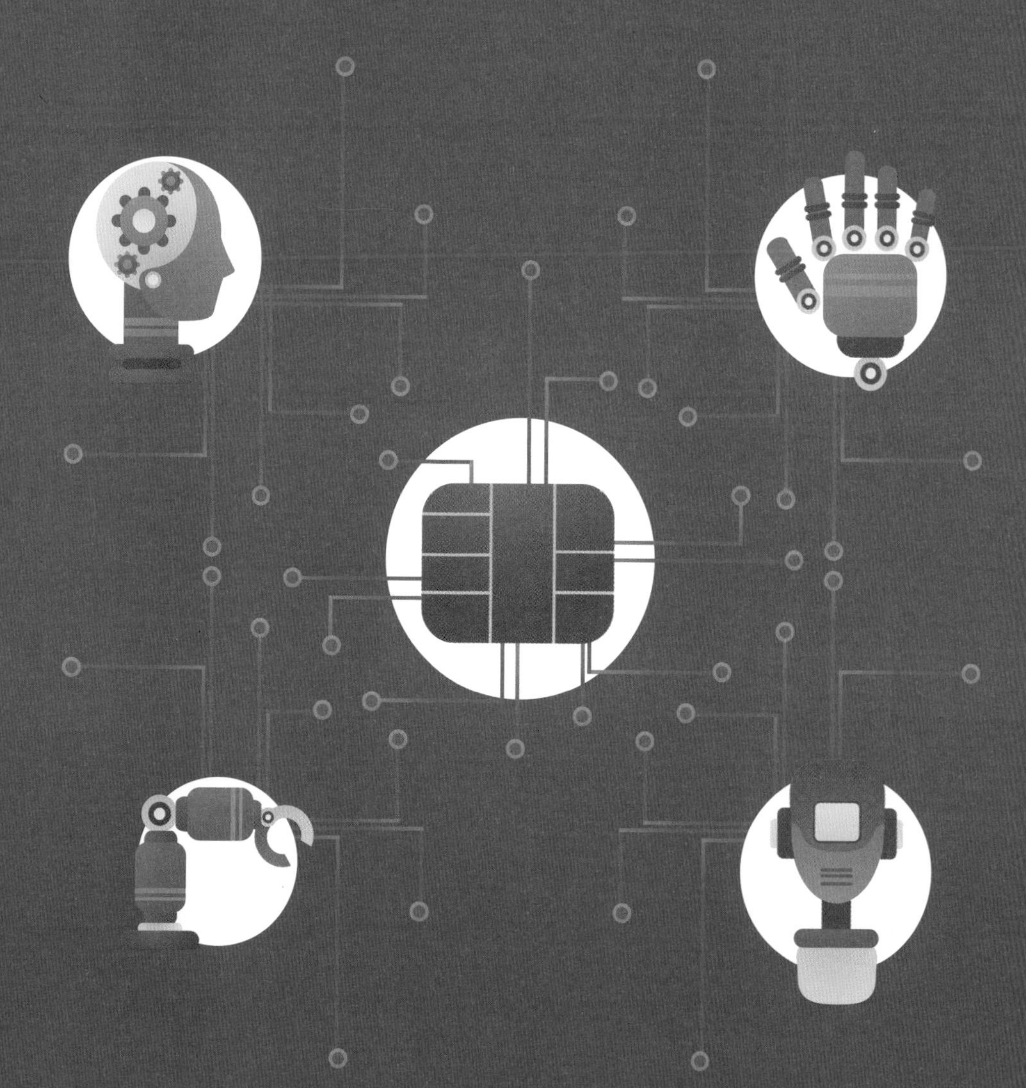

在第1章中提到，以Nvidia为代表的GPU厂商和以Google为代表的互联网云厂商，都研发了面向机器学习算法做了优化设计的并行运算硬件。那么，开发者应当如何编写程序，才能够有效调用这些并行运算硬件，发挥其最大作用呢？

本章将从最简单的并行计算程序开始，分析如何利用GPU等具备并行运算能力的硬件，来提升机器学习算法的运行效率。

注意：在本章中会涉及一些程序代码，其学习难度不会超过大学一年级C语言程序设计课程的学习难度。

2.1 GPU并行运算库

先看一个最简单的向量运算问题：

A和***B***是两个*N*维向量，请计算***A***、***B***两个向量之和。

有任一高级编程语言基础的读者，都可以在5分钟内编写完成解决这个问题的程序代码。以C语言为例，实现该向量运算的代码如下（简称“代码C”）：

```
// 向量加法定义
void VecAdd(float* A, float* B, float* C, unsigned int N)
{
  for (int i = 0; i < N; i++)
  {
    C[i] = A[i] + B[i];
  }
}

int main(int argc, char** argv)
{
  ...
  // 调用CPU向量加法函数

  VecAdd (A, B, C, N);
  ...

  return 0;
}
```

在代码C中，VecAdd()是我们自定义的一个向量加法函数，可以在一个for循环中，将***A***和***B***这两个*N*维向量对应位置的元素两两求和，得到向量***C***。由于这段代码在由CPU执行时，只可能在单一的CPU线程上执行，因此，VecAdd()执行的是串行运算。

而用Nvidia GPU实现向量加法并行运算的程序代码如下（简称“代码G”）：

```
// 核函数（Kernel Function）定义
__global__ void VecAdd(float* A, float* B, float* C)
{
  int i = threadIdx.x; /* 根据当前线程取向量元素 */
  C[i] = A[i] + B[i];  /* 调用CUDA Core执行加法指令 */
}

int main(int argc, char** argv)
{
  ...
  // 调用核函数，启动N个线程
  VecAdd<<<1, N>>>(A, B, C);
  ...
}
```

我们将代码C与代码G进行对比，很容易发现二者的以下差异。

（1）VecAdd()的传参定义。在代码C中，第4个形参是向量的维数，也就是for循环需要执行的次数。但在代码G中，VecAdd()只有3个形参：两个相加的向量和最后得到的结果向量。那么，向量的维数是在哪里传递的呢？对于这个问题，在后面会给出答案。

（2）定义VecAdd()时的前缀。在C语言中，每个函数都有自己的返回值类型，比如在代码C中，VecAdd()的返回值类型就是void，也就是空类型。在代码G中，我们注意到，在void前面还有一个前缀，即“__global__”，此时若在程序中包含CUDA运行时库相关的头文件，编译器就会认为这个函数属于调用CUDA的核函数，并且将函数内部的语句编译为GPU指令。

（3）VecAdd()的实现不同。在代码G的VecAdd()中有这样一条语句：

```
  int i = threadIdx.x;
```

执行该语句，实际上是获取当前GPU的线程ID。因为在GPU中有成千上万个计算线程，每个线程都可以并发执行同样的程序，所以程序需要通过这种方式获取自身所在的线程ID，VecAdd()通过线程ID来确定自己应当操作向量的哪个元素，以保证每个线程都操作向量的不同元素。而代码C是在单一的CPU Core上串行执行的，因此也无须获取自己的线程ID。

（4）代码G在main()中调用VecAdd()时，通过核函数调用的附加参数（在尖括号<<<>>>中包裹的参数）传入了参数N，这个参数决定了核函数在多少个线程中执行。由于N实际上为三个入参，依次为向量***A***、向量***B***和向量***C***这三个向量的元素数量，因此，核函数在执行时，会为参与计算的向量的每个元素都分配一个线程，进行加法操作。

我们发现，CUDA是一个原生的为并行计算设计的编程框架，通过该框架可以很容易地调用GPU中的海量计算单元进行并行计算。

我们要让GPU进行计算，就需要解决以下问题。

（1）将数据从CPU连接的内存（以下简称“系统主内存”）发送到GPU。

（2）将代码从系统主内存发送到GPU。

（3）让GPU执行代码。

（4）在GPU执行完代码后，将GPU的计算结果搬运回主内存。

CUDA对开发者屏蔽了这些问题的解决方式，在libcudart.so等动态链接库中调用了GPU的KMD（Kernel Mode Driver，内核模式驱动）来实现以上操作。CUDA的工作流程分为以下4步，如图2-1所示。

（1）GPU发起DMA（Direct Memory Access，直接内存访问），将系统主内存中的数据复制到GPU内存中。

（2）CPU向GPU注入指令。

（3）GPU中的多个计算线程并行执行GPU指令。

（4）GPU发起DMA，将GPU内存中的数据复制到系统主内存中。

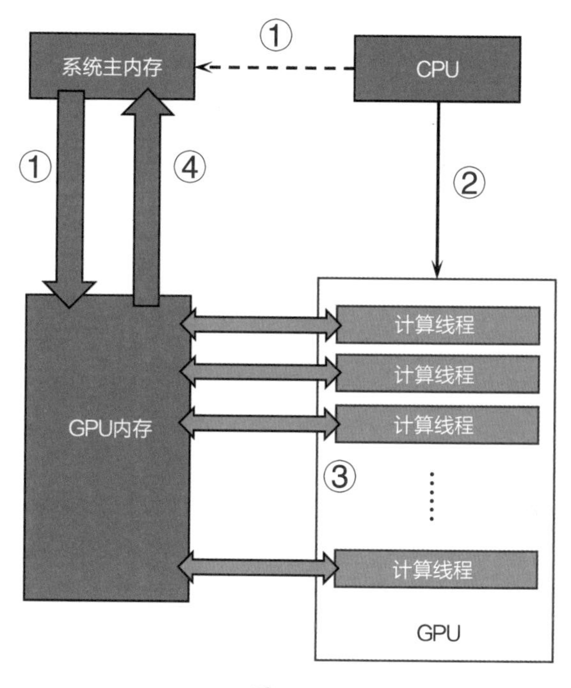

图2-1

CUDA的工作流程对程序员而言是透明的，程序员只需在开发代码时，按照CUDA的规范进行书写，并使用支持CUDA运行时库的编译器，就可以生成执行这些操作的代码。支持CUDA运行时库的编程语言除C/C++外，还包括Python、Java、Fortran等，甚至包括Mathematica等专用的数值计算工具。

基于CUDA开发的应用的架构图如图2-2所示。

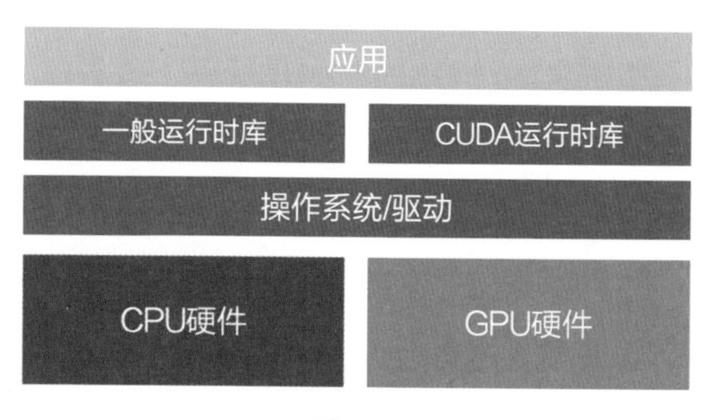

图2-2

可以看出，图2-2中的应用除了调用了一般运行时库（如Linux操作系统中的glibc），还调用了CUDA运行时库。CUDA运行时库通过调用操作系统中的GPU驱动来让GPU执行运算。

2.2 机器学习程序的开发框架

对于AI程序而言，只实现了对GPU编程是不够的。

1.2节提到，一元线性回归算法只是最简单的机器学习算法。常见的极为复杂的机器学习算法还有朴素贝叶斯、决策树和深度神经网络等。如果让程序员各自编写程序代码实现以上算法，那么显然属于"重复造轮子"的低效行为。

TensorFlow是以机器学习算法实现的一个机器学习开发框架，集成了各种"轮子"。绝大多数机器学习应用开发程序员，都在使用TensorFlow进行开发工作，避免"重复造轮子"。

接下来依然从一个最简单的示例开始，看看如何使用TensorFlow提升机器学习程序开发效率。

在TensorFlow的官方文档中给出了如下Python程序示例，该程序通过TensorFlow实现了用一个平面来拟合三维空间中的若干点：

```
import tensorflow as tf
import numpy as np

# 使用NumPy生成假数据(phony data)，总共100个点
x_data = np.float32(np.random.rand(2, 100)) # 随机输入
y_data = np.dot([0.100, 0.200], x_data) + 0.300

# 构造一个线性模型
#
b = tf.Variable(tf.zeros([1]))
W = tf.Variable(tf.random_uniform([1, 2], -1.0, 1.0))
y = tf.matmul(W, x_data) + b

# 最小化方差
loss = tf.reduce_mean(tf.square(y - y_data))
```

```
optimizer = tf.train.GradientDescentOptimizer(0.5)
train = optimizer.minimize(loss)

# 初始化变量
init = tf.initialize_all_variables()

# 启动图（graph）
sess = tf.Session()
sess.run(init)

# 拟合平面
for step in xrange(0, 201):
    sess.run(train)
    if step % 20 == 0:
        print step, sess.run(W), sess.run(b)

# 得到最佳拟合结果 W: [[0.100  0.200]], b: [0.300]
```

该程序将进行200次迭代拟合，并输出每20次迭代的结果。注意，在该程序中没有实现任何算法，只是通过TensorFlow提供的类库中的方法，对x_data和y_data这两个数组描述的点集进行拟合，最终得到平面方程的系数W和b。

实际上，在TensorFlow中最终还要调用CUDA运行时库，将并发计算任务交给GPU处理。基于TensorFlow实现的机器学习程序的架构如图2-3所示。

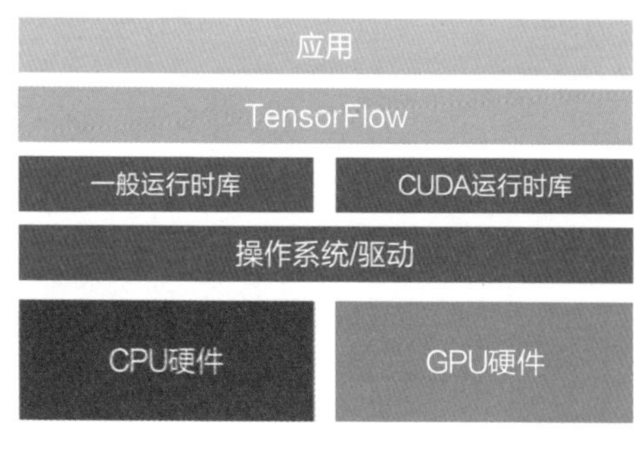

图2-3

TensorFlow的功能非常强大，该程序仅仅是一个最简单的示例。实际上，除了常见的机器学习算法，FFT（Fast Fourier Transform，快速傅里叶变换）和DCT（Discrete Cosine Transform，离散余弦变换）等多媒体处理中常见的算法，也可以通过TensorFlow实现。

2.3 分布式AI训练

TensorFlow不但支持将计算任务交给单GPU执行，还支持跨GPU的工作负载分发，即分布式训练。

分布式训练策略分为模型并行策略和数据并行策略。

（1）模型并行策略：指将模型部署到很多设备上（设备可能分布在不同的机器上，下同）运行，比如多个机器的GPU上。当神经网络模型很大时，由于显存限制，它是难以完整地跑在单个GPU上的，这时就需要把模型分割成更小的部分，使不同的部分在不同的设备上进行训练，例如使神经网络不同的层在不同的设备上进行训练。由于模型分割的各个部分有相互依赖的关系，计算效率一般不高，因此，在模型较小的情况下一般不采用模型并行策略。在TensorFlow的术语中，模型并行被称为“In-Graph Replication”。

（2）数据并行策略：指在多个设备上放置相同的模型，各个设备采用不同的训练样本进行训练。数据并行策略的工作方式示例如图2-4所示。

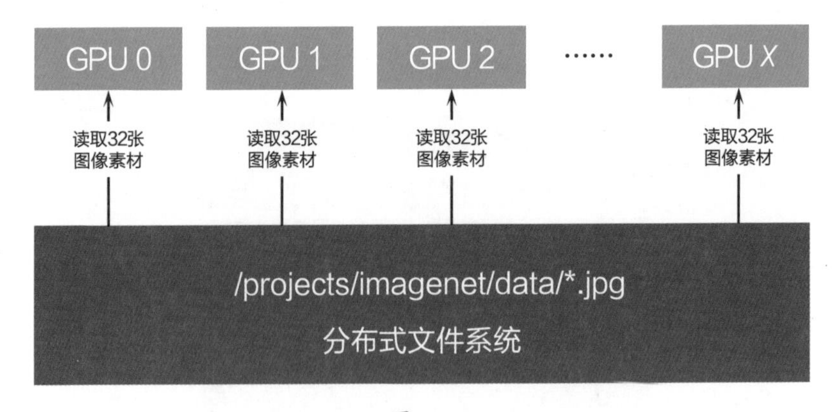

图2-4

如图2-4所示，多个GPU可以从分布式文件系统中同时读取图像素材进行训练，并且基于相同的模型。显然，与模型并行策略相比，数据并行策略可以支持更大的训练规模，提供更好的横向扩展性。因此，数据并行策略是深度学习中最常用的分布式训练策略。

对深度学习模型的训练是一个闭环反馈的迭代过程，如图2-5所示。可以看出，在每一轮迭代中，通过前向传播（Forward Propagation）算法，可根据当前参数的取值，获得基于一小部分训练数据的预测值，再通过反向传播（Back Propagation）算法，根据损失函数（Loss Function）计算出参数的梯度并更新参数。

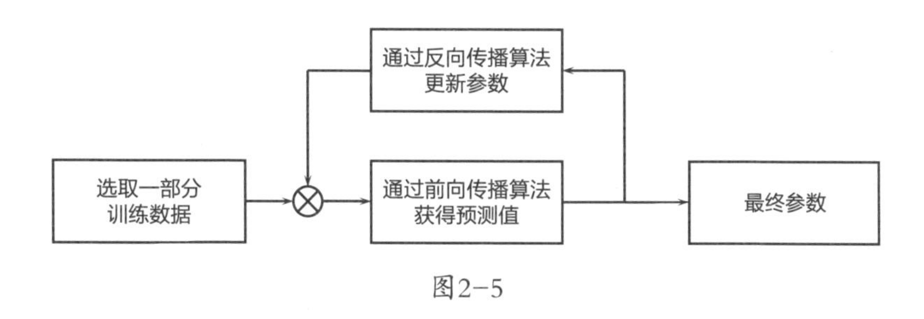

图2-5

在并行训练场景中，不同的设备（GPU、TPU或CPU）可以在不同的训练数据上进行这个迭代过程，不同的参数更新方式也决定了并行计算的模式，即数据并行计算既可以通过同步（Synchronous）模式进行，也可以通过异步（Asynchronous）模式进行。

通过异步模式进行深度学习训练的流程如图2-6所示。

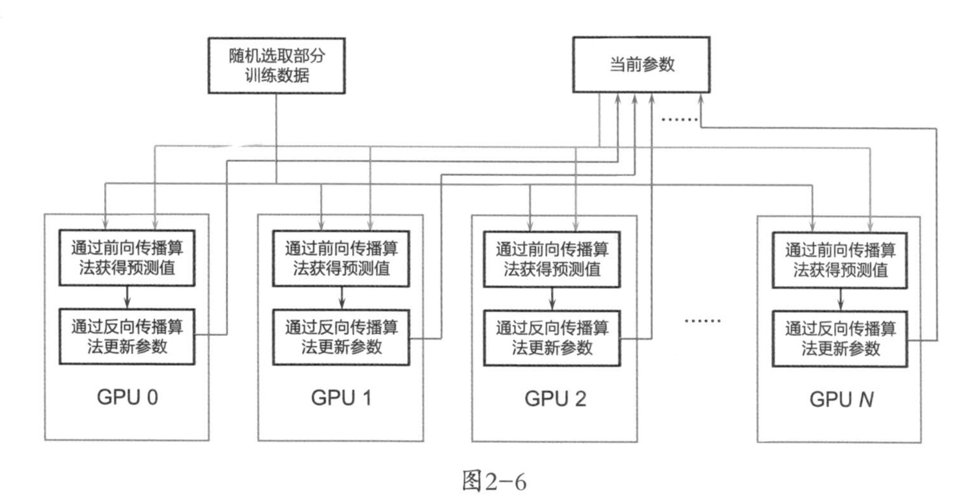

图2-6

通过异步模式进行深度学习训练时，各个GPU都可以随时修改当前参数。这会导致参数不一致，并可能导致参数收敛速度变慢。

因此，工程师们将以上训练模式改进为通过同步模式进行深度学习训练，其流程如图2-7所示，相比于图2-6所示，增加了一个环节——参数取平均值。增加这个环节虽然在一定程度上增加了计算量，但能避免出现参数不一致的问题，从而加快参数收敛速度。

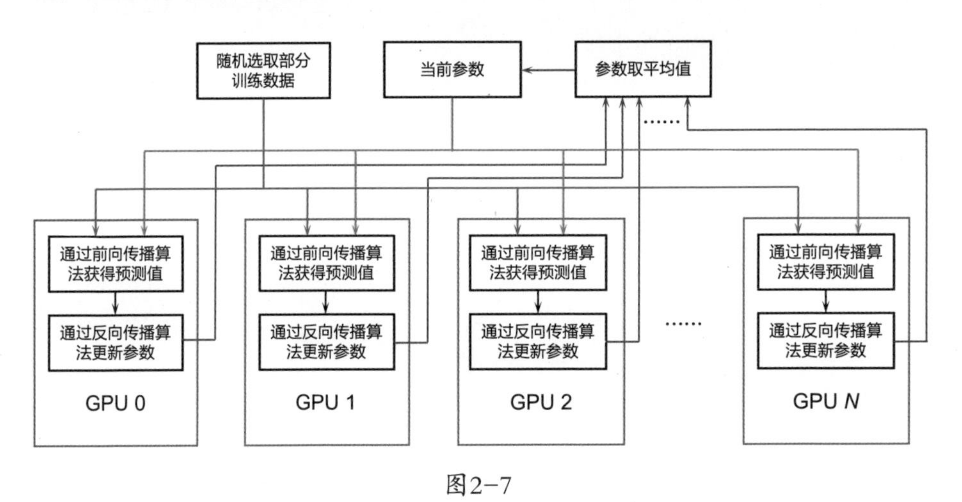

图2-7

2.4 本章小结

本章浅析了CUDA和TensorFlow的工作原理，并剖析了TensorFlow的分布式训练模式。在理解了CUDA和TensorFlow的工作原理以后，我们就可以着手分析机器学习程序的应用架构、数据架构和技术架构，从而构想合理的部署拓扑架构了。

TOGAF（The Open Group Architectural Framework，开放组架构框架）的方法论告诉我们，若想理解应用架构、数据架构和技术架构，就要先分析需求。那么，CUDA和TensorFlow等机器学习程序依托的基本框架，对GPU等硬件有哪些需求呢？这里从CUDA和TensorFlow在计算、存储和数据通信等方面对硬件的需求进行简要分析。

（1）CUDA是一个高度并发的计算框架，可以让GPU内部的多个计算线程并发工作，这就需要GPU内部有足够多的计算线程；另外，在GPU内部有可能需要增加专门实现向量运算和矩阵运算的硬件单元，以进一步提升深度神经网络相关算法的运算效率。

（2）在训练场景中，GPU需要读取大量的训练样本，这就需要GPU能够高效地从计算机主存储器（内存）中拉取数据，并将运算结果高效地写回主存储器。这些数据读写和搬运工作需要尽量避免CPU及其他I/O硬件的介入。

（3）GPU之间也需要实现高效的数据交换，比如在GPU之间同步参数，这些数据交换也需要尽量避免CPU及其他I/O硬件的介入。

（4）GPU还有可能需要存取持久化存储（也就是计算机系统的外部存储器，比如磁盘或分布式存储等）中的数据，比如模型和参数等。由于存取的数据量很可能非常大，所以存取数据的过程需要尽量高效且避免CPU的介入。

第3～5章将以Nvidia对以上需求的解决方案为例，讲解如何构建GPU计算系统的硬件层。

第3章

GPU硬件架构剖析

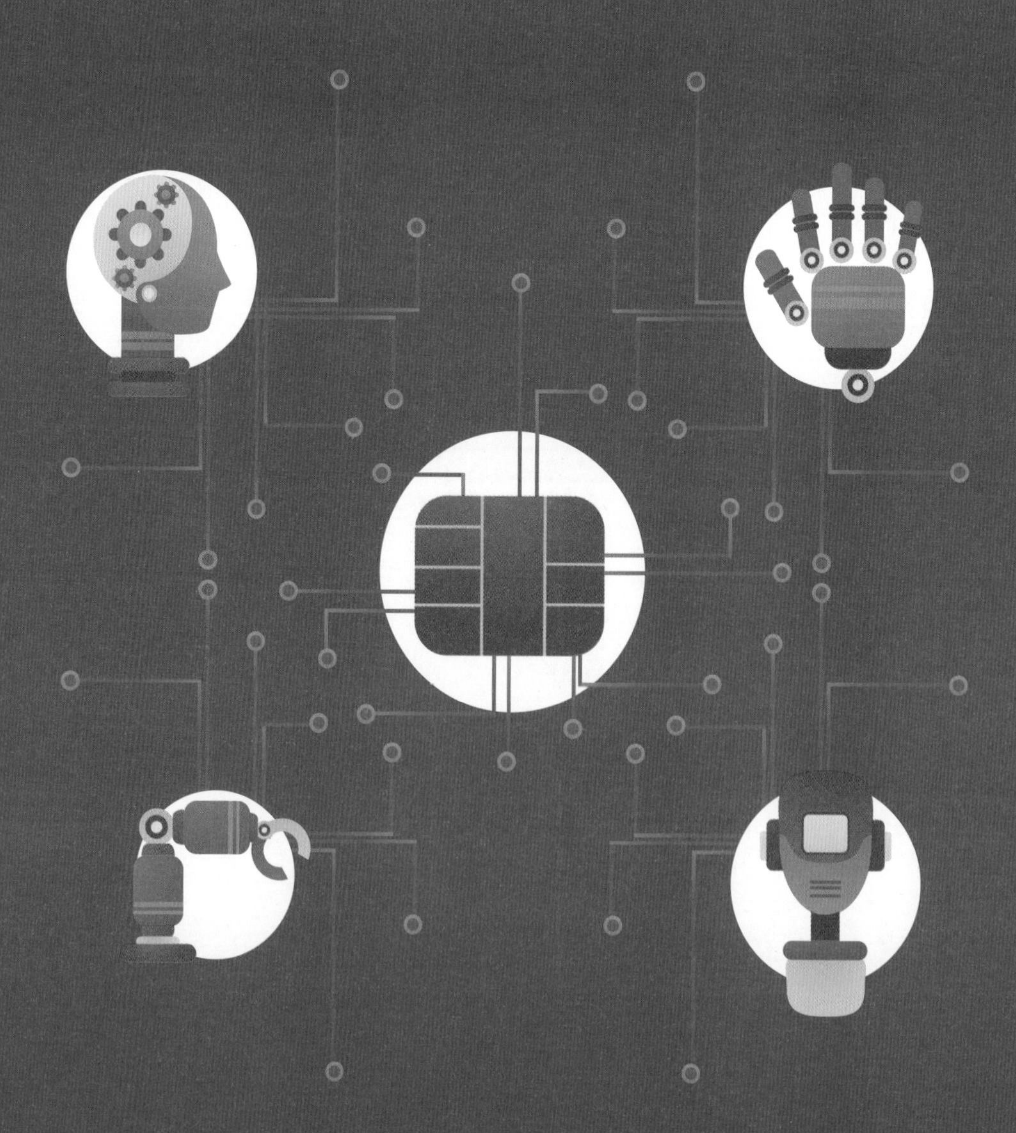

GPU里面到底有什么呢？本章基于公开的资料，以Nvidia的GPU产品为例剖析GPU的内容实现。

3.1 GPU的总体设计

GPU，在本质上是一个PCI-E插卡/扣卡，由PCB（Printed Circult Board，印刷电路板）、GPU芯片、GPU内存（或称“显存”）及其他附属电路构成。

Nvidia H100 GPU的总体框图如图3-1所示。

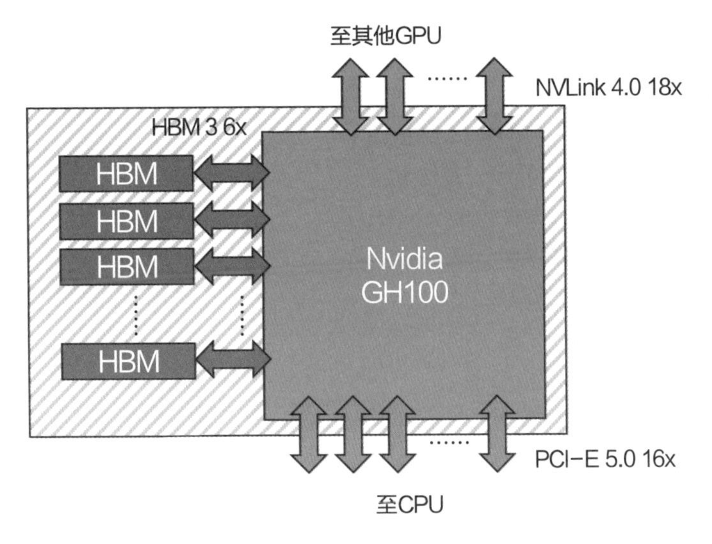

图3-1

可以看出，Nvidia H100 GPU的核心芯片是Nvidia GH100。Nvidia GH100对外的接口有16个PCI-E 5.0通道、9个NVLink 4.0通道和6个HBM 3/HBM 2e通道。

背景知识：PCI与PCI-E

最初的PCI（Peripheral Component Interconnect，外设部件互连）标准出现于1992年，由Intel提出，并由PCI-SIG（Peripheral Component Interconnect Special Interest Group，外设部件互连专业组）实现标准化。

最初的PCI 1.0工作频率为33MHz，采用32位并行传输，每个时钟周期可以传输32bit的地址或数据，猝发传输速率（Burst Transmission Rate）的理论值为133MBps，在当时是较为先进的总线技术代表。此后，PCI又演进为PCI-X，采用64位并行传输，工作频率为266MHz，猝发传输速率的理论值超过1GBps。

由于并行总线的一些技术限制，2003年，PCI-SIG又提出了基于高速差分Serdes（Serializer/Deserializer）的PCI-E串行总线标准。最初的PCI-E 1.0工作频率为2.5GHz，经过8b/10b编码后，每个通道（Lane）的传输速率都为250MBps，16个通道共计4GBps，接近PCI-X 2.0的4倍。在最新的正式发布的PCI-E 6.0标准中，每个通道的工作频率都为32GHz，采用PAM-4调制和242B/256B纠错编码后，每个通道都可支持7.563GBps的传输速率，16个通道的单向吞吐性能可达121GBps。

在Nvidia H100 GPU卡上，Nvidia GH100的16个PCI-E 5.0通道用于连接到CPU，实现CPU将程序指令发送到GPU，并为GPU提供访问计算机主存储器的通道，总共可以提供约63GBps的理论传输带宽。

与Nvidia GH100配套的显存是HBM（High Bandwidth Memory，高带宽内存）。HBM是由三星、AMD和SK Hynix等芯片厂商在2013年提出的一种在DDR内存的基础上进一步提升内存性能的内存接口标准，仍然采用DDR内存的时序标准。与DDR内存不同，HBM充分利用了内存芯片封装内部的立体空间，在内存芯片中将多层存储电路堆叠起来，以实现在较小的平面面积上获得极高的内存容量和带宽。Nvidia GH100芯片支持6个HBM Stack，每个HBM Stack都可以提供800GBps的传输带宽，总内存带宽可达4.8TBps。

另外，Nvidia GH100还提供了18个NVLink 4.0通道，共提供900GBps的理论传输带宽，可以直接连接到其他GPU，或通过NVLink Switch连接多个GPU，实现GPU之间的互访，让一个GPU可以在CPU无感知的情况下访问另一个GPU的内存，而无须绕行PCI-E总线。

我们可以很容易地理解，在Nvidia H100 GPU卡上，16个PCI-E 5.0通道和9个NVLink 4.0通道是连接到GPU卡外部的，而HBM通道在PCB内部连接到PCB

上的HBM芯片，不延伸到卡外部。另外，Nvidia提供了不带NVLink的精简版本Nvidia H100 GPU卡，这样Nvidia GH100芯片上的NVLink接口也就闲置了，在其他规格上也有一定的精简。同时，Nvidia考虑到其他因素，为特定的国家和地区提供了进一步精简规格的GPU，比如Nvidia H800等。但由于这些GPU的核心芯片都是Nvidia GH100，所以我们只需对Nvidia GH100芯片进一步做深入分析，就可以理解这些GPU产品的共同之处。

3.2 Nvidia GH100芯片架构剖析

在3.1节中提到，Nvidia GH100是Nvidia H100这一系列GPU的核心芯片。Nvidia GH100采用了Nvidia的Hopper架构。

小故事：Hopper架构的命名依据

Nvidia每一代架构的命名都来源于一位著名科学家的姓名，这些科学家一般为在计算机、数学或物理等领域做出划时代贡献的科学家。例如，在Nvidia架构的命名中，Pascal来自数学家和物理学家Blaise Pascal，Turing来自数学家Alan Turing，Volta来自物理学家和化学家Alessandro Volta，Ampere来自数学家和物理学家Andre-Marie Ampere。

Hopper架构的命名来自美国计算机科学家Grace Murray Hopper。Grace Murray Hopper在为美国海军工作期间创建了第一个编译器A-0系统，能够在UNIVAC计算机（著名大型机Unisys的前身）上将数学表达式编译为机器指令。接着，她又主持制定了高级程序设计语言COBOL的规范，并因此获得“COBOL之母”的称号。

1970年，Grace Murray Hopper向美国国防部建议，将原有的集中式大型机系统加以改造，将其替换为网络互联的小型计算机分布式集群，这也成为互联网与云计算设计理念的起源。

在计算机领域，某些词的命名也与Grace Murray Hopper有关。1947年，Grace Murray Hopper和同事们在工作中，发现以继电器作为逻辑开关器件的计算机的行为，有时不符合设计预期。经过努力排查，大家在计算机内部找到了一只飞虫的尸体，是它造成了继电器的触点短路。在大家将飞虫尸体清理完毕后，计算机的故障得以排除。Grace Murray Hopper将这只飞虫的尸体保存起来，并在笔记本中记录了“First actual case of bug being found”。从此，计算机软硬件设计中的错误与缺陷就被称为“bug”，而排查bug的过程被称为“debug”。

Nvidia GH100芯片的内部架构如图3-2所示。可以看出，在Nvidia GH100芯片中，除了前文中提到的NVLink接口、PCI-E接口和HBM接口，真正的核心部件就是SM（Streaming Multiprocessor，流式多处理器）。整个Nvidia GH100芯片有8个GPC（GPU Processing Cluster，GPU处理集群），每4个GPC都共用30MB的L2 Cache（二级缓存），每个GPC都有9个TPC（Texture Processing Cluster，纹理处理集群），在每个TPC内都有2个SM。也就是说，整颗Nvidia GH100芯片集成了144个SM。

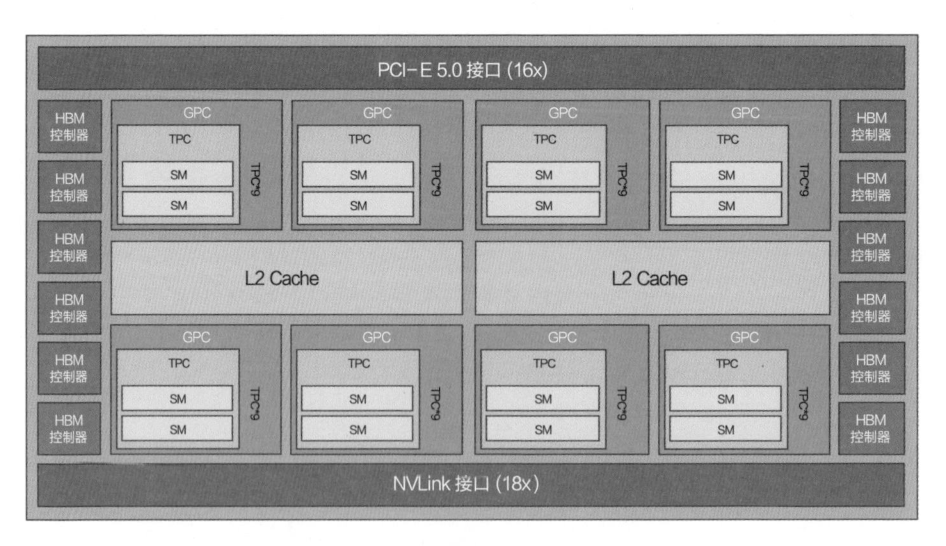

图3-2

SM的内部结构如图3-3所示。可以看出，在每个SM内部都有256KB的L1 Data Cache（一级数据缓存），被所有计算单元共享，同时，在SM内部还有4个纹理处理单元Tex。

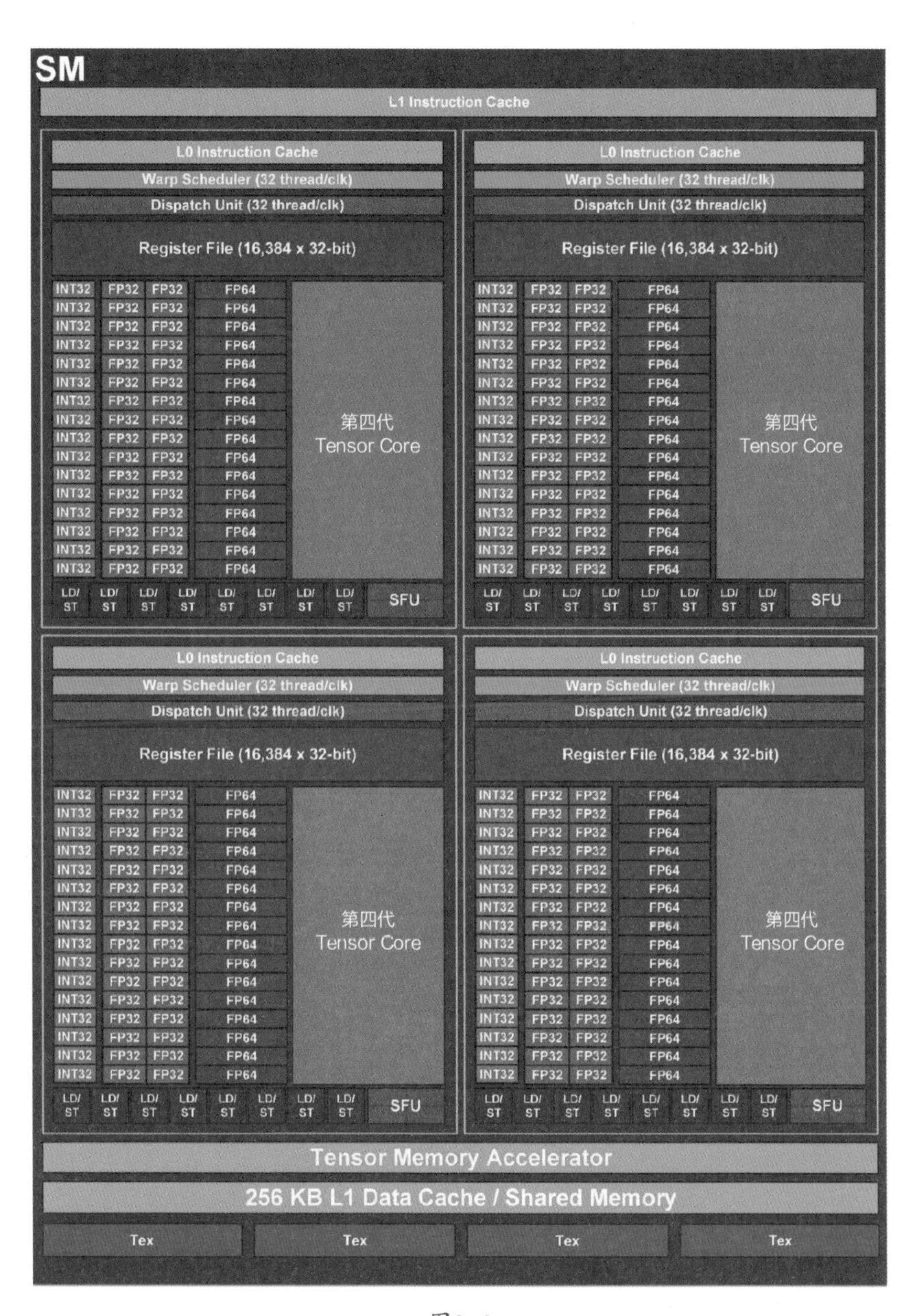

图3-3

SM的计算核心部件为Tensor Core和CUDA Core（由图3-3所示的一个INT32

单元、2个FP32单元和1个FP64计算单元组成）。除此之外，还有L0 Instruction Cache（一级指令缓存）等部件。

在Hopper架构中，每个SM都有4个象限，每个象限都包含1个Tensor Core和32个CUDA Core，总计4个Tensor Core和128个CUDA Core。整颗芯片可用的CUDA Core数量为144 × 128 = 18 432个，可用的Tensor Core数量为144 × 4 = 576个。

Hopper架构中的Tensor Core是Nvidia的第四代Tensor Core，相对于第三代Tensor Core，增加了对Transformer算子的支持，对于GPT-3（Generative Pre-trained Transformer-3）等NLP（Natural Language Processing）模型，能显著提升训练计算速度。

为了提升Tensor Core的内存存取速度，Nvidia在Hopper架构中引入了TMA（Tensor Memory Accelerator，张量存储加速器），以提高Tensor Core读写内存的交换效率。TMA可以让Tensor Core使用张量维度和块坐标指定数据传输，而不是简单地按数据地址直接寻址，这在矩阵分割等场景中能进一步提升寻址效率。例如，在Nvidia A100上，线程本身需要生成矩阵的子矩阵中各行数据所在的地址，并执行所有数据复制操作。但在基于Hopper架构的Nvidia H100中，TMA可以自动生成矩阵中各行的地址序列，接管数据复制任务，将线程解放出来做真正有价值的计算任务。TMA加速的工作原理如图3-4所示。

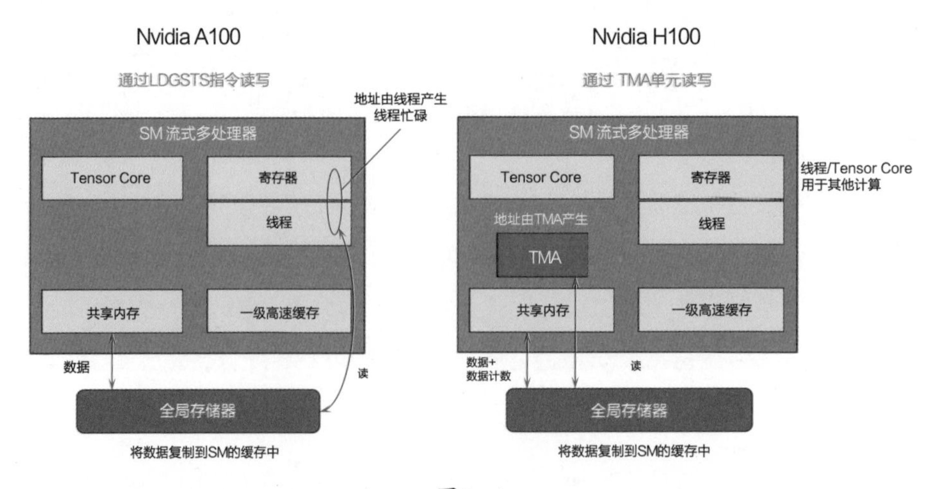

图3-4

在GPU这种超大规模的并行计算机中，对数据局部性的考量变得尤为重要，对于GPU而言，就是要将数据尽量放在靠近计算单元的位置，这样能够让计算单元尽可能发挥缓存的低延迟和高带宽优势。

背景知识：数据局部性

计算机的缓存工作原理是基于数据局部性的。数据局部性可分为时间局部性和空间局部性。

时间局部性指的是，刚刚被访问的数据再被访问的可能性显著大于其他数据；而空间局部性指的是，刚刚被访问的数据的邻接数据再被访问的可能性也显著大于其他数据。

我们可以利用现实生活中的一个例子来理解时间局部性和空间局部性。

- 小Z同学喜欢喝豆汁，他光顾过一家豆汁店后，再次光顾这家店的可能性会显著增加，这就是时间局部性。
- 小Z的新朋友不喜欢小Z喝豆汁后遗留的气味，因此，小Z每次在豆汁店喝完豆汁后，都有非常大的可能性去豆汁店隔壁的便利店购买漱口水和口香糖。这就是空间局部性。

如果想充分利用时间局部性和空间局部性提升计算机的性能，就首先要充分理解计算单元和缓存。

- 在Hopper架构下，访问速度最快的是SM中每个象限的1KB Register File。
- 访问速度次之的是每个象限的1块L0 指令缓存，被32个CUDA Core和1个Tensor Core共用。
- 访问速度更慢一些的，是每个SM中的256KB L1 Data Cache，由所有CUDA Core和Tensor Core共用。
- 比L1 Data Cache更慢的是在整颗芯片中集成的60MB的L2 Cache，由2个BANK组成，最慢的是Nvidia GH100芯片外部的HBM3显存。

那么，我们在划分工作负载时，也需要充分考虑这几个阈值，在避免发生缓存冲突的同时，将系统性能发挥到最大。

除基于缓存的优化外，并行计算在异步计算方面也进行了优化。异步计算就是尽量杜绝任务的互锁或序列化操作，充分利用所有计算单元，避免计算单元等待和阻塞。Hopper架构提供了SM之间共享内存的交换网络，每个线程块都可以将自身的内存共享出来，使得其他线程块的CUDA Core和Tensor Core能够直接通过load/store/atomic等操作访问。

Hopper架构还继承和改进了Ampere架构的一个重要特性：MIG（Multi-Instance GPU），支持GPU的硬件虚拟化。在MIG的加持下，可以将GPU划分为多个彼此隔离的GPU实例给不同的用户使用，每个GPU实例都拥有自己独立的SM和显存，如图3-5所示。

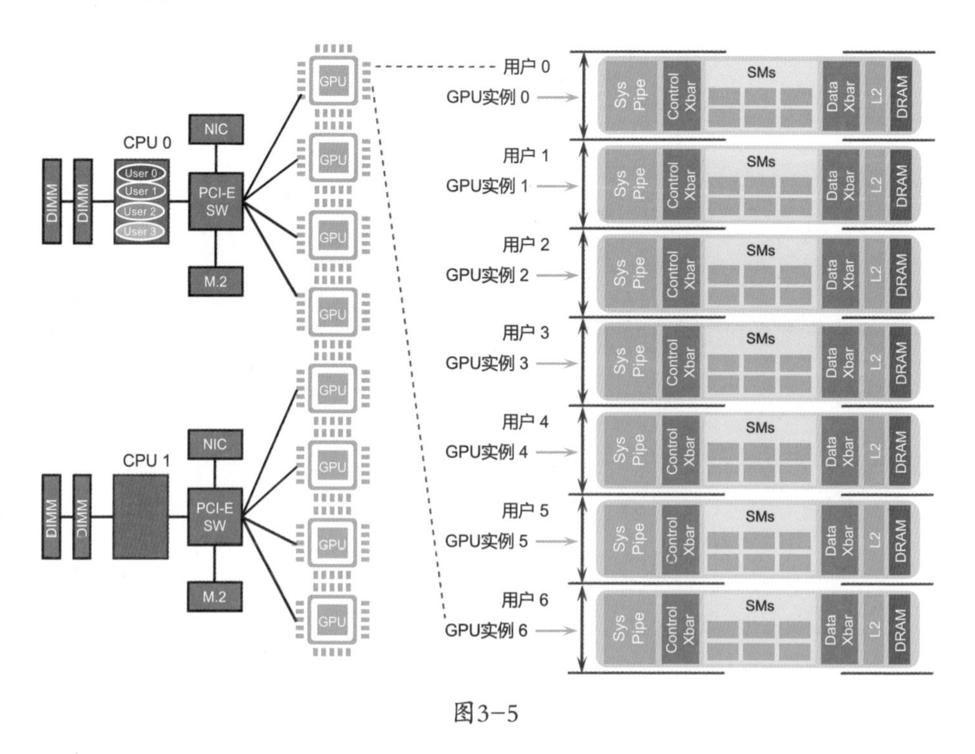

图3-5

在Hopper架构中对MIG进行了安全方面的增强，能够支持可信计算，还增加了对MIG虚拟化实例的监控能力，从而更适应多租户的云服务场景。

3.3 其他Hopper架构的GPU

除了Nvidia H100，Nvidia还规划和发布了一系列Hopper架构的GPU产品，如表3-1所示。

表3-1

产品名称	显存接口	SM数量	CUDA Core	Tensor Core	NVLink速率
Nvidia H100 SXM5	HBM3	132	16 896	528	900GBps
Nvidia H100 PCI-E	HBM2e	114	14 592	456	N/A
Nvidia H800 SXM5	HBM3	132	16 896	528	600GBps
Nvidia H200	HBM3e	132	16 896	528	900GBps

如表3-1所示，Nvidia H100和Nvidia H800都是基于Nvidia的一款芯片Nvidia GH100进行裁剪实现的，而Nvidia H200是基于Nvidia的另一款芯片Nvidia GH200实现的。与Nvidia GH100相比，Nvidia GH200支持更高性能的HBM3e显存接口，从而提升数据存取效率。

3.4 本章小结

GPU之所以能够用来支撑机器学习程序的高效运行，其根本原因是GPU内部集成了大量的通用计算单元（如CUDA Core）和专用计算单元（如Tensor Core）。Nvidia各代产品的演进，实质上都是在增加计算单元的同时，优化计算单元并行工作的效率。

前面提到，要搭建一个为机器学习服务的计算系统，仅仅有GPU还是不够的，还需要CPU、主存（内存）、持久化存储及通信网络等一系列周边部件，才能够为GPU提供必要的控制、存储和输入输出支持。这就是涉及GPU服务器及其集群网络的设计。第4章将详细讲解如何设计和实现一台GPU服务器。

第4章

GPU服务器的设计与实现

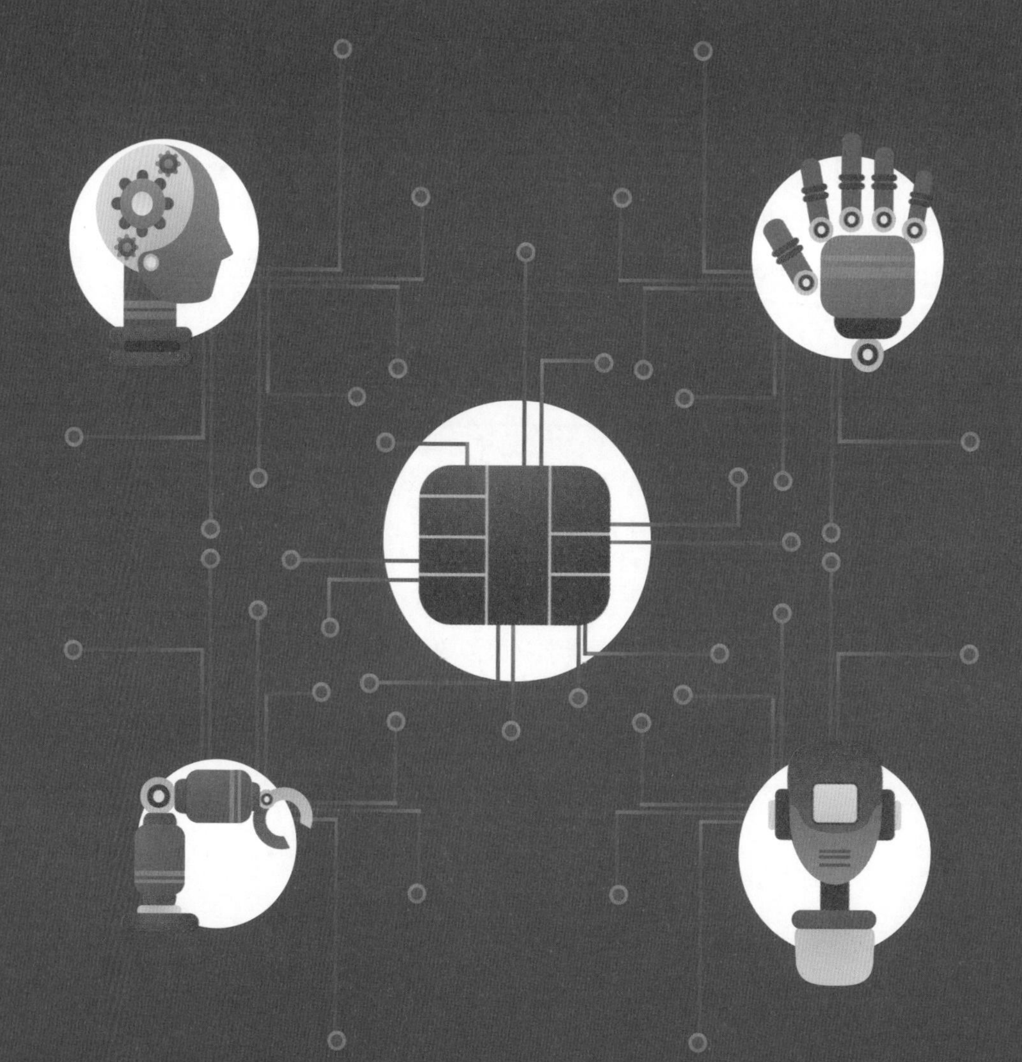

GPU服务器并非新事物。早在2010年前后就出现过安装了GPU的服务器，当时Nvidia尚未推出企业级的Tesla系列GPU，大部分GPU被用于桌面云工作站或区块链计算等场景中。

HPE Apollo 6500就是这一类传统GPU服务器的典型代表，其内部架构如图4-1所示。

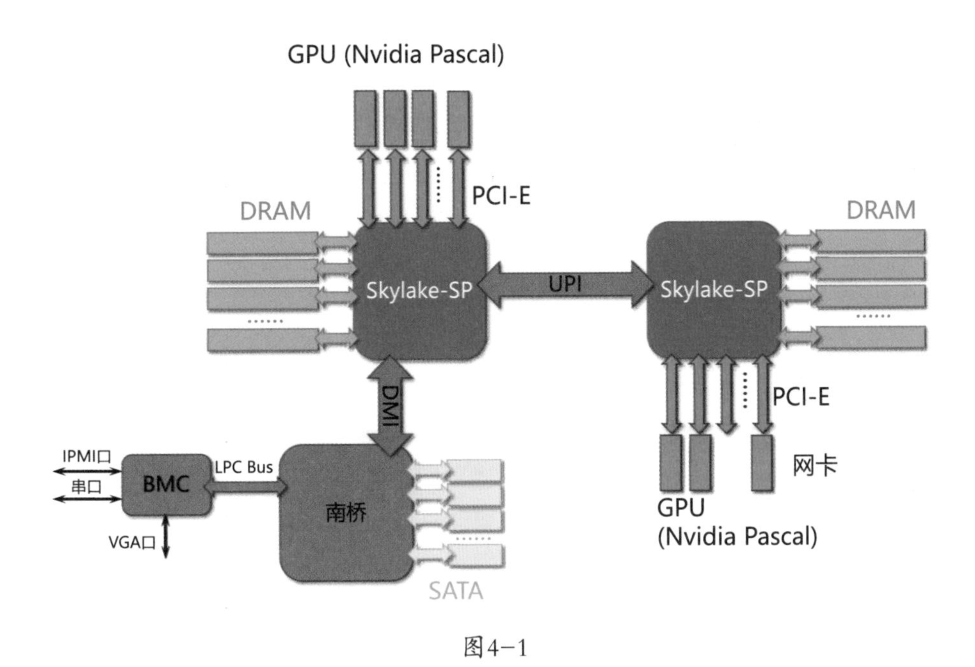

图4-1

HPE Apollo 6500 Gen9虽然被定位为GPU服务器产品，但在系统架构上与其他工业标准服务器并没有实质的差异，仅仅在机箱尺寸、连接器设计和散热设计上考虑了扩展和安装8块甚至更多的推理型GPU卡。但是，这样的设计并没有解决以下问题。

- 提供GPU之间以NVLink为代表的高速通信通道。
- 为GPU提供可高速存取的本地SSD（Solid Storage Disk，固态硬盘）。
- 为跨服务器的GPU之间的通信提供便利。

显然，对于机器学习应用，这样的GPU服务器架构设计实际上难以发挥

Nvidia新一代GPU的全部潜能。

小知识：工业标准服务器与关键应用服务器

工业标准服务器（Industry Standard Server，ISS）和关键应用服务器（Business Critical Server，BCS）在服务器用途和体系结构方面不同。

工业标准服务器一般为x86处理器（近年来也出现了基于ARM处理器的款型），一般为2路或4路，运行Linux或Windows等通用操作系统。工业标准服务器的物理形态一般为1U、2U或4U的机架式服务器，也有10U左右的刀片服务器形态。一般认为工业标准服务器单机的可用性为99.9%～99.99%。

关键应用服务器一般为Power、SPARC或IA64（Itanium）等处理器，与常见的x86或ARM等指令集层面不兼容。关键应用服务器最高可扩展至32路甚至更多，可支持处理器、内存及网卡等任意部件的热插拔，运行UNIX（HP-UX、AIX、Solaris或FreeBSD等）操作系统。关键应用服务器的体积一般较大，大型机有可能占据多个机柜。并且，关键应用服务器的可靠性较高，常用于银行核心交易系统、民航铁路核心系统或半导体生产线MES（Manufacturing Execution System，制造执行系统）等对单机可用性有极高要求的场景中。

由于工业标准服务器的价格一般大大低于关键应用服务器，所以业内从2008年开始，逐渐用工业标准服务器替换了关键应用服务器，甚至用工业标准服务器构建分布式存储、网络和安全体系，以代替传统的FC-SAN存储、专用负载均衡和安全设备，也开启了云计算技术的普及进程。

为了帮助更多的服务器厂商设计出适合机器学习应用的GPU服务器，Nvidia决定重新设计GPU服务器，为业界示范一款优秀的GPU服务器应当如何设计与实现。这就是Nvidia DGX。

4.1　初识Nvidia DGX

Nvidia DGX（或称“DGX Pod”）是Nvidia的GPU服务器品牌，整机支持8颗训练型GPU，每颗GPU都有对应的IB（InfiniBand）或RoCE（RDMA over Converged Ethernet）网卡，可以通过IB/RoCE交换机组建Nvidia DGX集群。

Nvidia DGX自2016年推出以来，一共演进了4代产品，如表4-1所示。

表4-1

产品名	CPU	GPU	主机RAM	网卡	计算力（FP16）
Nvidia DGX-1	Intel Xeon E5-2968 V4 (20C 2.2GHz) × 2	Nvidia P100 × 8/ V100(16GB) × 8	DDR4-2133 512GB	10GE × 2 IB EDR /100G × 4	960T FLOPS
Nvidia DGX-Station	Intel Xeon E5-2968 V4 (20C 2.2GHz) × 1	Nvidia V100(16GB) × 4	DDR4-2133 256GB	10GE × 2	480T FLOPS
Nvidia DGX-2	Intel Xeon Platinum 8174 (24C 3.1GHz) × 2	Nvidia V100(32GB) × 16	DDR4-2400 1536GB	100GE × 2 IB EDR /100G × 8	2P FLOPS
Nvidia DGX A100	AMD EPYC 7742 (64C 2.25GHz) × 2	Nvidia A100 × 8	DDR4-3200 2048GB	200GE × 2 IB HDR/ 200G × 8	5P FLOPS
Nvidia DGX Station A100	AMD EPYC 7742 (64C 2.25GHz) × 1	Nvidia A100 × 4	DDR4-3200 512GB	10GE × 2	2.5P FLOPS
Nvidia DGX H100	Intel Xeon Platinum 8480C (56C 2.0GHz) × 2	Nvidia H100 × 8	DDR5-4400 2 048GB	400GE × 8	16P FLOPS

其中，第一代Nvidia DGX包括Nvidia DGX-1和Nvidia DGX-Station，后者是前者的桌面工作站版本；第二代Nvidia DGX是Nvidia DGX-2，更新了CPU和GPU；第三代Nvidia DGX是Nvidia DGX A100，首次将AMD处理器作为CPU，同时将Nvidia A100 GPU作为主要的算力提供者，Nvidia DGX Station A100是

Nvidia DGX A100的桌面工作站版本。Nvidia DGX H100则是Nvidia DGX系列的第四代产品，内置了8块Nvidia H100，其FP16（俗称“半精度浮点数”）算力达到16P FLOPS（Floating Point Operations Per Second，每秒浮点运算次数）。此外，Nvidia还推出了Nvidia DGX GH200超算集群等产品。

4.2 Nvidia DGX A100的总体设计

Nvidia DGX A100是一款革命性的产品，Nvidia以一些形式对其系统设计进行了部分公开，这里基于公开资料对Nvidia DGX A100的设计进行剖析。

从Nvidia DGX A100的技术规格书（Technical Specifications）可以看出，Nvidia DGX A100整机有2台AMD EPYC Rome 7742处理器、8个Nvidia A100 SXM GPU和8张Mellanox CX6 IB 200G HDR/200G RoCE网卡。实际上，较大的服务器厂商都具备设计和制造这样一台服务器的能力，但如何让如此之多的高性能硬件协同工作，并对特定的工作负载进行优化，则是Nvidia在这一产品设计过程中反复考虑的。

Nvidia DGX A100的主要部件如图4-2所示。

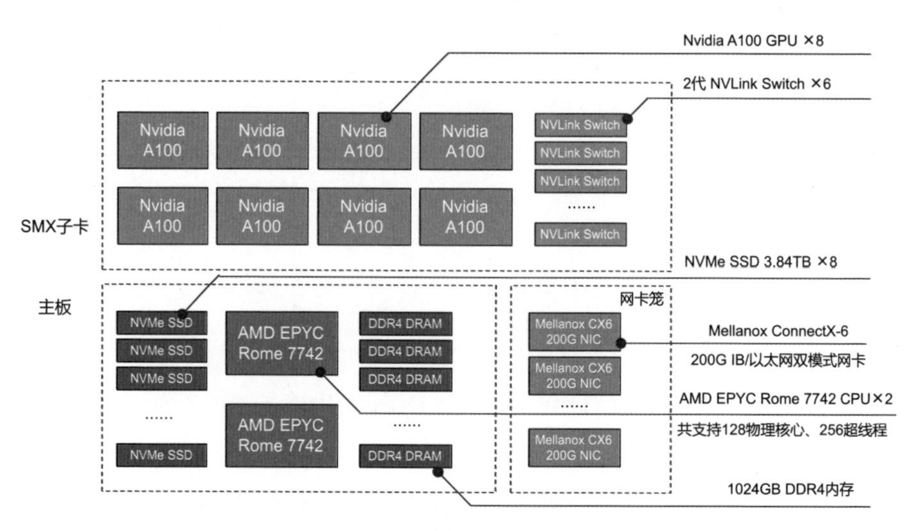

图4-2

其中有：

- 2颗AMD Rome 7742CPU，每颗都有64个AMD Zen2核心，整机128物理核心。
- 1024GB DDR4内存，每颗CPU都分到512GB内存。
- 8块Nvidia A100 SXM GPU。
- 6个Nvidia NVSwitch，用于实现8块Nvidia A100 GPU通过NVLink交换。
- 9+1张Mellanox ConnectX-6双模式网卡，每张卡都支持200G IB（EDR）和200G以太网，可以在IB模式和以太网模式之间切换，并向下兼容速率较低的工作模式。
- 8块3.84TB NVMe SSD。

Nvidia DGX A100的总体设计如图4-3所示。

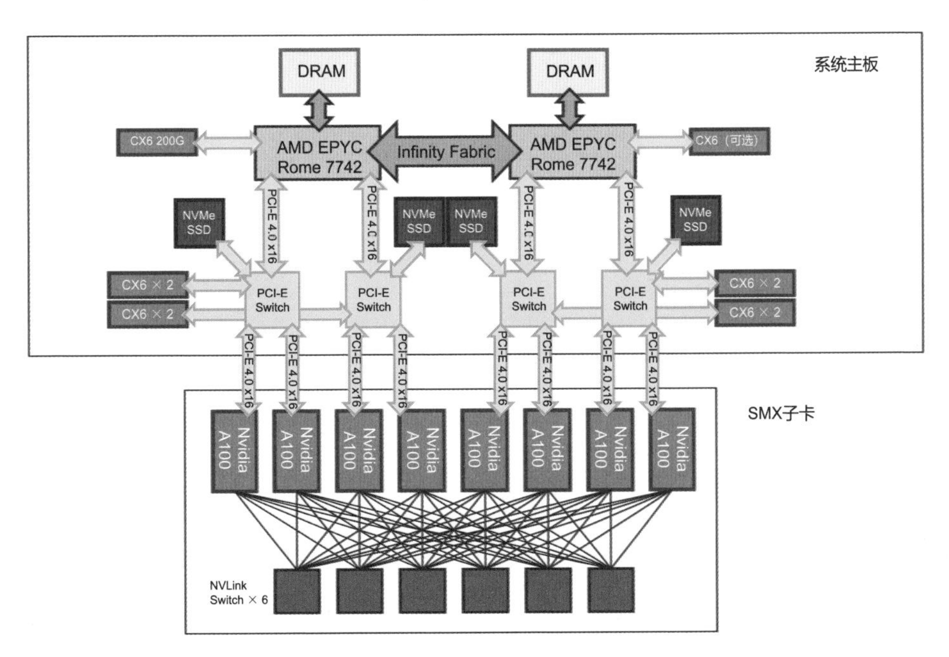

图4-3

可以看出，Nvidia DGX A100整机分为两部分：系统主板和SXM子卡，其中包括CPU与内存子系统、PCI-E子系统、存储子系统和GPU子系统。下面逐步剖析Nvidia DGX A100 CPU与内存子系统的设计。

4.3 Nvidia DGX A100 CPU与内存子系统的设计

在Nvidia DGX A100的主板上安装了两台AMD Rome 7742处理器，在每颗处理器上都有512GB的DDR4 DRAM，并可扩充至1 024GB，整机内存容量可扩充至2 048GB。

AMD Rome是AMD EPYC系列的第二代处理器，针对AMD EPYC第一代Naples处理器的一些缺陷（如跨NUMA访问时延影响性能等）做了充分的优化。每颗AMD Rome 7742都支持64物理核、128超线程、主频2.25GHz，爆发频率（类似Intel的睿频）可达3.4GHz。每个CPU都提供了256MB的L3 Cache、128个PCI-E 4.0通道和8个DDR4 内存通道。在Nvidia DGX A100上通过lscpu命令输出的CPU相关信息如图4-4所示。

```
Architecture:          x86_64
CPU(s):                256
Thread(s) per core:    2
Core(s) per socket:    64
Socket(s):             2
CPU MHz:               3332.691
CPU max MHz:           2250.0000
CPU min MHz:           1500.0000
NUMA node0 CPU(s):     0-15,128-143
NUMA node1 CPU(s):     16-31,144-159
NUMA node2 CPU(s):     32-47,160-175
NUMA node3 CPU(s):     48-63,176-191
NUMA node4 CPU(s):     64-79,192-207
NUMA node5 CPU(s):     80-95,208-223
NUMA node6 CPU(s):     96-111,224-239
NUMA node7 CPU(s):     112-127,240-255
```

图4-4

我们很容易注意到，Nvidia DGX A100的CPU有2台AMD处理器，为什么有8个NUMA node呢？这是由AMD EPYC处理器的设计决定的。

AMD EPYC处理器采用Zen系列架构，其中Rome这一代的架构为Zen2。以

Rome 7742为代表的Zen2系列处理器的内部架构如图4-5所示。

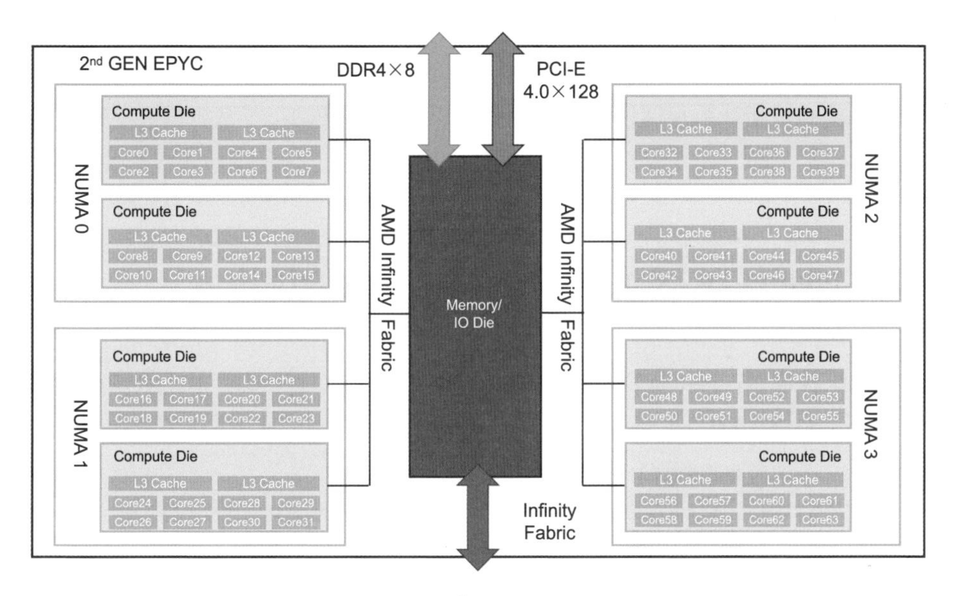

图4-5

可以看出，每颗Rome 7742都有4个NUMA，每个NUMA都有2个Compute Die，总计8个Compute Die。每个Compute Die内部又都分为2个LLC（Last Level Cache，最后一级缓存）单元，每个LLC单元都有4个物理核及8个超线程，共享一块16MB的L3 Cache。整颗CPU有16个LLC单元，共64个物理核、128个超线程、256MB L3 Cache。

AMD EPYC Rome这一代处理器，相比于上一代Naples，在硬件架构上做了一个重大改进：把DRAM控制器和PCI-E控制器等I/O功能集成到CPU中的IO Die上了。熟悉早期x86计算机架构的读者可以看出，IO Die在实质上相当于过去CPU的Northen Bridge（北桥）。

注意，在Rome 7742中，各个Compute Die与Memory/IO Die之间互通使用的是Infinity Fabric技术。同时，Memory/IO Die也可以通过Infinity Fabric与另一台处理器的Memory/IO Die互通。也就是说，在多处理器互通的场景中，AMD的Infinity Fabric技术相当于Intel的QPI/UPI技术。

Rome处理器的PCI-E控制器也在Memory/IO Die中实现。单颗Rome处理器最多可支持128个PCI-E 4.0通道（Lane），但对于双路系统，还会占用每台处理器的48个PCI-E通道线路进行处理器之间的互通，因此，双路系统最多只能支持160个PCI-E 4.0通道。为了让2台Rome 7742处理器连接到Nvidia DGX A100整机中的各类高性能计算存储设备，Nvidia DGX A100对PCI-E子系统进行了特殊的设计。

4.4 Nvidia DGX A100 PCI-E子系统的设计

我们注意到，Nvidia DGX A100整机有8张Nvidia A100 GPU卡，最多有10张Mellanox CX6 IB/RoCE网卡、8块3.84TB的NVMe SSD，所需的单设备PCI-E通道数量、设备数量和PCI-E通道总数如表4-2所示。

表4-2

设备	单设备PCI-E通道数量	设备数量	PCI-E通道总数
Nvidia A100 GPU	16	8	128
Mellanox CX6 IB/RoCE 网卡	16	10	160
NVMe SSD	4	8	32
总计			320

除此之外，Nvidia DGX A100与其他服务器类似，还需要一些低速I/O设备、BIOS/BMC等，这些设备都需要直接或间接地通过PCI-E通道连接到CPU。

前面提到，在基于AMD EPYC Rome的双路系统中，整机只有160个PCI-E 4.0通道可用。那么，为了满足Nvidia DGX A100中这些设备连接到CPU的需求，工程师们在Nvidia DGX A100中引入了PCI-E Switch。

与常见的Ethernet Switch、IB Switch或FC-SAN Switch类似，PCI-E Switch是一种将多条PCI-E总线互联互通的设备。Broadcom、Microsemi和Texas Instruments等厂商均有PCI-E Switch芯片产品。PCI-E Switch可以用于以下两种场景中。

（1）多个能够支持Root Complex（根联合体，简称“RC”）功能的PCI-E设备的对等互联。

（2）在Root Complex支持的PCI-E通道数量不足的情况下，对PCI-E通道进行扩展。

我们可以把第2种场景类比为以太网交换机的有收敛组网，当CPU通过Root Complex对多个PCI-E设备同时进行高并发读写时，或者多个PCI-E设备通过Root Complex向主存储器发起DMA时，PCI-E Switch到Root Complex的带宽会成为瓶颈，也就是所谓的Incast（多打一），如图4-6所示。

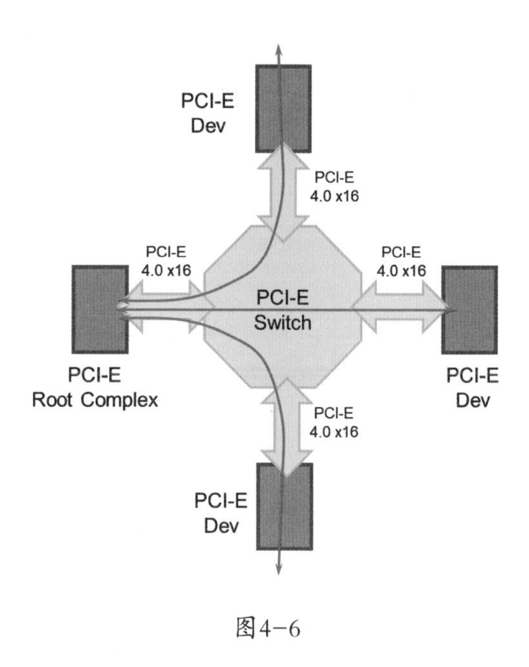

图4-6

从图4-6可以看出，三台PCI-E设备同时通过PCI-E Switch的x16端口对PCI-E的Root Complex发起读写，而PCI-E的Root Complex也通过x16端口连接到PCI-E Switch。在这种情况下，Root Complex到PCI-E Switch的带宽就成为了系统的瓶颈。

但是，在Nvidia DGX A100中，两个CPU内部的Root Complex通道总数是少于Nvidia DGX A100中各类核心部件对PCI-E通道数量的需求总量的。如何避免使CPU的PCI-E通道成为整个系统的性能瓶颈呢？

在Nvidia DGX A100中，工程师们采取了针对性的设计，在使用PCI-E

Switch扩展来自CPU的PCI-E通道时，兼顾了数据的流向。

Nvidia DGX A100的PCI-E子系统的总体设计如图4-7所示。

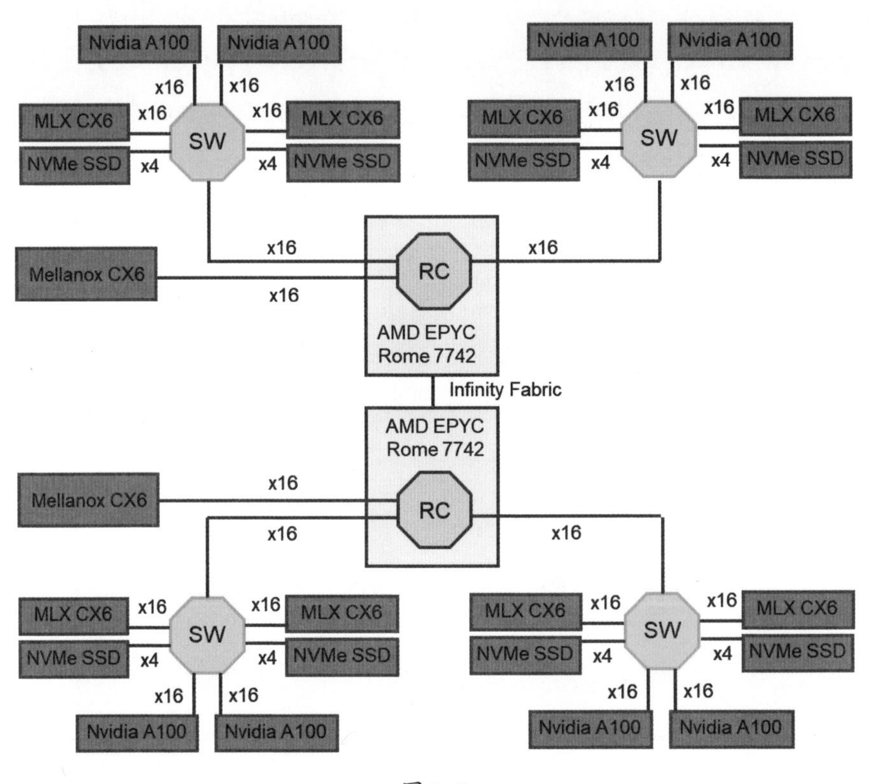

图4-7

在Nvidia DGX A100的PCI-E子系统中有4个PCI-E Switch，每个PCI-E Switch都通过16个PCI-E 4.0通道连接到CPU（也就是upstream端口），还通过两个PCI-E x16通道连接了两张Mellanox CX6 RoCE/IB网卡，两个PCI-E x16通道连接了两个Nvidia A100 GPU，两个PCI-E x4通道连接了两块NVMe SSD，downstream端口的通道总数为16×2+16×2+4×2 = 72。

为了避免使PCI-E Switch的upstream通道成为性能瓶颈，在调度GPU时会建立绑定关系，将同一PCI-E Switch下的一个Nvidia A100 GPU、一张Mellanox CX6 网卡和一块NVMe SSD绑定为一组。具体的PCI-E设备分组如图4-8所示。

图4-8所示的红色虚线框表示一个PCI-E分组，在应用调度GPU时，能让

GPU通过PCI-E Switch直接访问同一组内的NVMe SSD，并通过同一组内的Mellanox CX6网卡实现跨服务器节点的GPU之间的互访。

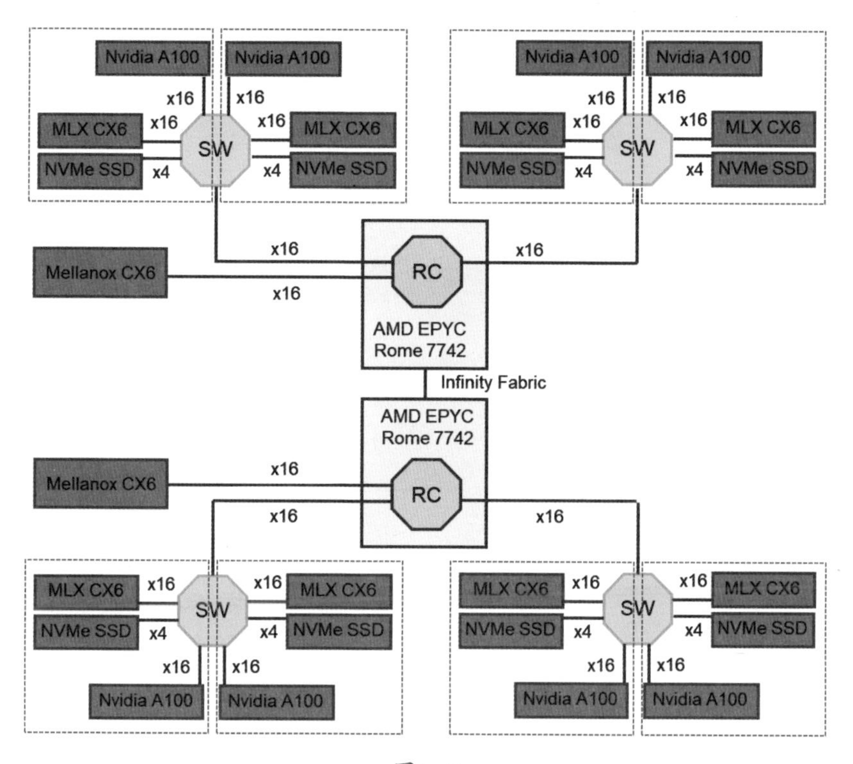

图4-8

我们发现，在Nvidia DGX A100中，跨服务器的GPU之间的互访可以通过与GPU配对的Mellanox CX6网卡实现，那么，同一台服务器的两块GPU之间的互访是如何实现的呢？这将在下一节展开介绍。

4.5 Nvidia DGX A100 NVLink子系统的设计

在大模型等训练场景中，对多颗GPU协同的技术需求催生了Nvidia DGX A100这样的具有多张GPU卡的服务器。在GPU的协同工作中，最常见的就是一个GPU访问其他GPU的内存，其数据流向如图4-9所示。

图4-8所示的一个关键要素是GPU Interconnection，也就是GPU之间的通

道。在早期的GPU设计中，GPU之间通过PCI-E总线实现互访，但此种方式需要绕行PCI-E Switch或PCI-E Root Complex，有时延与性能方面的瓶颈。因此，Nvidia推出了NVLink技术来实现GPU之间的互通。

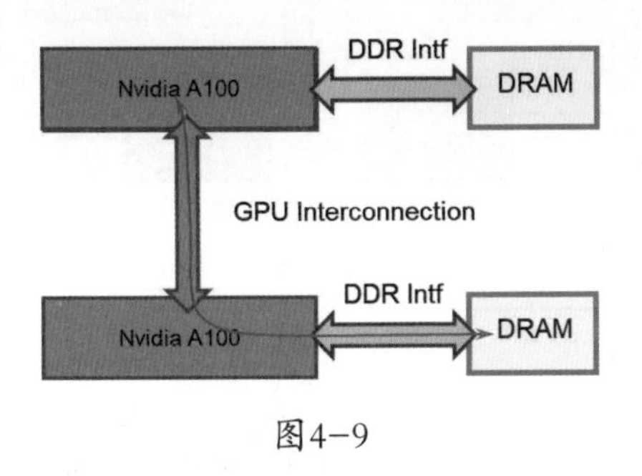

图4-9

与PCI-E Switch类似，Nvidia提供了NVLink Switch，用于多路NVLink之间的交换。Nvidia DGX A100中的NVLink Switch支持NVLink 3.0，每颗NVLink Switch芯片都可以支持18路NVLink 3.0端口的交换，总吞吐量可达1 800GBps。

前面提到，每张Nvidia A100 GPU卡都有6个NVLink端口，那么，8张Nvidia A100 GPU卡就需要6颗NVLink Switch实现全连接的互联互通，如图4-10所示。

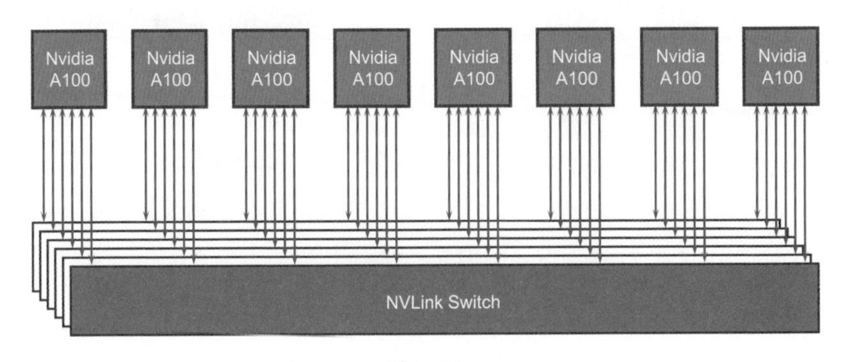

图4-10

当Nvidia A100需要进行互访时，Nvidia A100内部的crossbar会将数据均分到6条NVLink总线，并且通过NVlink Switch转发到目的GPU上，其互访的数据流向如图4-11所示。

如图4-11所示，当有两张Nvidia A100 GPU卡互访时，发送方产生的数据会被根据一定的负载均衡算法，均匀分配到6个NVLink Switch，再转发到接收方。图中6种不同颜色的箭头代表均匀分配后数据的流向。这样，在同一台服务器中，Nvidia A100 GPU之间互访的需求就得以解决了。

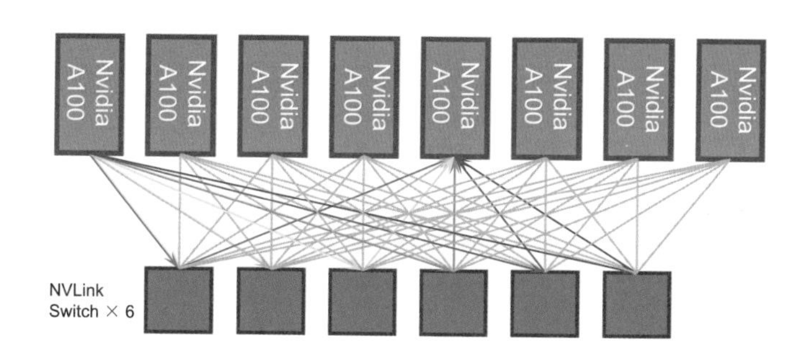

图4-11

那么，NVLink Switch在Nvidia DGX A100的什么位置安装呢？实际上，Nvidia为8颗A100提供了一块专用的子卡，子卡上有6块NVLink Switch，并且可以提供8个SXM接口，安装8张Nvidia A100 SXM GPU卡，通过NVLink实现互联互通。SXM子卡的内部架构如图4-12所示。Nvidia A100 GPU与SXM子卡之间的接口为PCI-E x16接口和NVLink 2.0 x6接口。实际上，Nvidia的SXM接口就是这二者的集合。

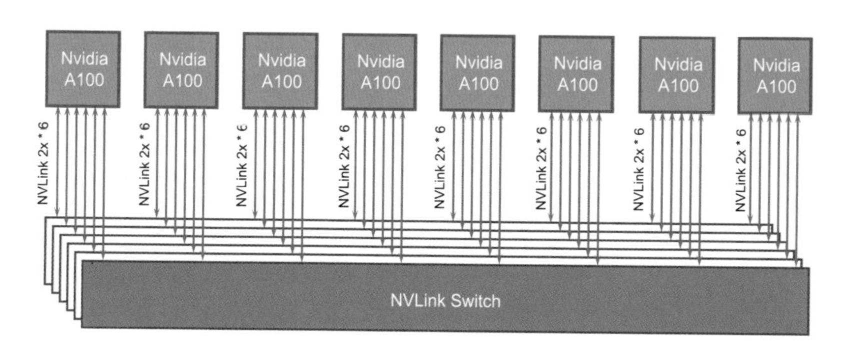

图4-12

4.6　其他辅助子系统的设计

与其他工业标准服务器类似，在Nvidia DGX A100中也存在一系列辅助子系统，举例如下。

- 系统盘：操作系统被安装在该部件上，需要能够被UEFI识别，并从系统盘进行引导。
- 系统网卡：为CPU所用的网卡，可以通过该网卡远程访问服务器。
- BMC（Baseboard Management Controller，基板管理控制器）：服务器带外管理组件，能够对服务器进行上下电、硬件运行状态监控及挂载虚拟光驱引导等监控管理。
- 其他低速I/O组件。

这些组件在设计上与普通服务器没有明显差异，读者可以自行查阅业界常见服务器厂商提供的技术资料学习。

4.7 本章小结

Nvidia DGX系列产品是Nvidia基于机器学习应用的特点而规划设计的GPU服务器产品，创新性地使用了AMD处理器，并且在PCI-E、NVLink、RDMA网卡和NVMe SSD等部件上为机器学习计算做了特殊的优化，提供了以下三种特殊的GPU访问通路。

（1）GPU与同一台服务器的其他GPU之间通过NVLink快速交换数据。

（2）GPU读写同一台服务器上的NVMe SSD。

（3）GPU与其他服务器上的GPU通过RDMA网卡快速交换数据。

GPU的这些数据读写与交换操作，在本质上都是服务于机器学习的分布式训练的，比如在2.3节中提到的数据并行和模型并行。在大型训练场景中，GPU每天进行读写与交换的数据量有可能在PB级别。

那么，如何保证数据读写和交换的效率、正确性和可靠性呢？

第5章将介绍Nvidia在机器学习场景中为了解决以上问题而设计的软硬件融合的I/O框架体系。

第 5 章

机器学习所依托的I/O框架体系

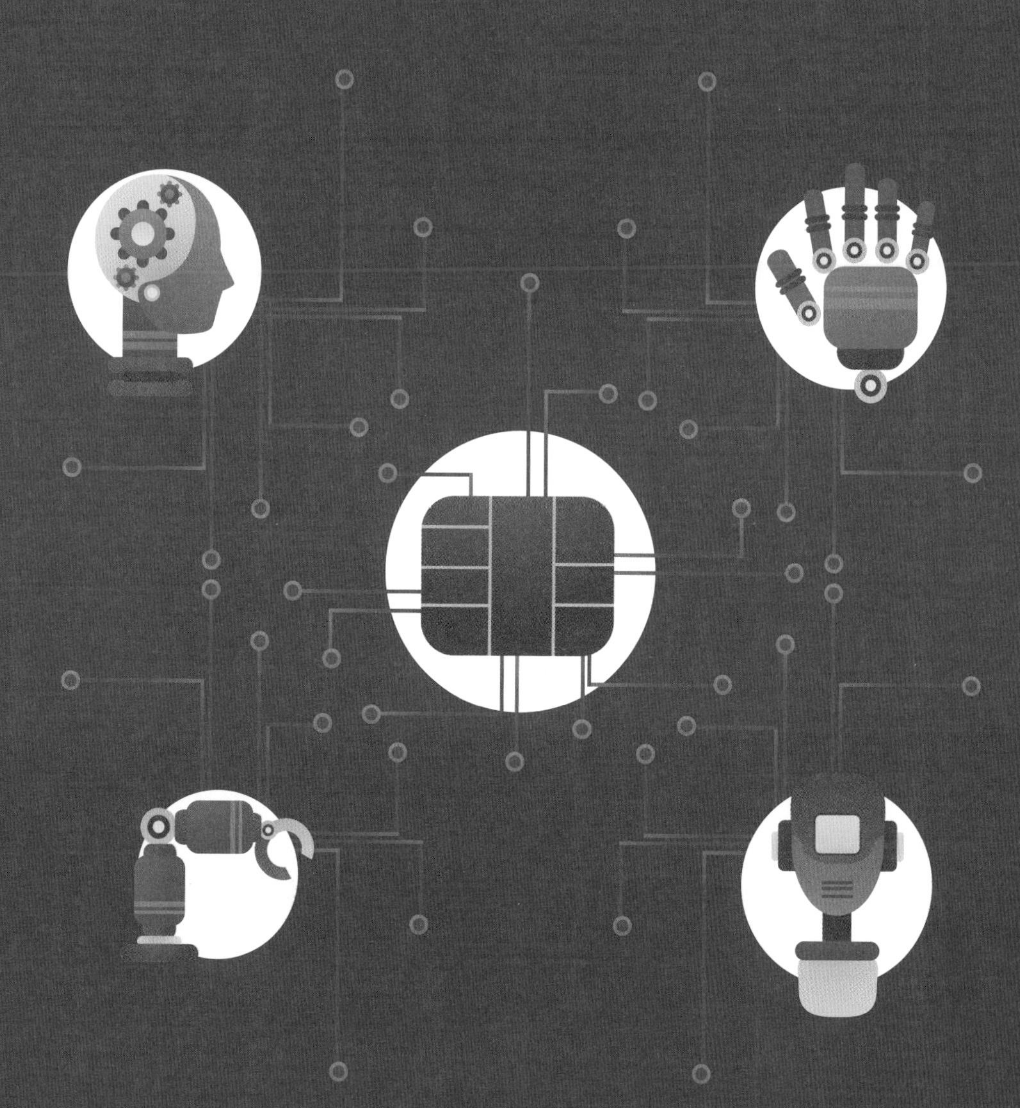

大规模机器学习应用程序所需的硬件基础架构，是一个大型的分布式计算机系统。在冯·诺依曼（John von Neumann）提出的计算机理论中，计算机分为ALU、控制器、存储器和输入/输出设备（I/O）四大部分。

背景知识：冯·诺依曼计算机体系结构

冯·诺依曼作为大数学家，参与了美国设计和制造原子弹的“曼哈顿计划”。在“曼哈顿计划”中，需要计算随机微分方程：

$$m\frac{\mathrm{d}^2x}{\mathrm{d}t^2}=-\lambda\frac{\mathrm{d}x}{\mathrm{d}t}+\eta(t)$$

其中，$\eta(t)$为服从高斯分布的一个随机数。

冯·诺依曼为了得出这一方程的数值解，动用了当时最先进的继电器计算机Harvard Mark I，还指导设计了更为先进的真空电子管计算机ENIAC。在这个过程中，冯·诺依曼对计算机有了更深入的理解，意识到了应当将计算机程序放在存储器中，而不是通过手工调整硬件开关和连线来对计算机进行编程。

1945年，冯·诺依曼基于这方面的思考，与其他团队成员联名发表了计算机发展史上著名的*First Draft of a Report on the EDVAC*（或称“101页报告”），提出以下观点。

- 计算机应当以运算单元为中心，运算单元连接存储器、控制器和输入/输出设备。
- 应当将计算机程序放在存储器中。
- 存储器是按地址访问、线性编址的空间。
- 控制流由指令流产生。
- 指令由操作码和地址码组成。
- 指令和数据均以二进制编码。

满足以上观点的计算机被称为有“冯·诺依曼架构的计算机”。目前主流的计算机均基于冯·诺依曼架构设计和开发，有运算器（ALU）、控制器、存储器（内存）和输入输出设备（磁盘、网卡、键盘及显示器等）。

对于分布式计算机系统，其I/O设计也成为了影响分布式计算机系统处理性能的重要因素。典型的分布式I/O设计有虚拟化系统中常用的VirtIO，高性能计算中常用的HPFS，以及大数据平台依托的HDFS。对于AI计算，Nvidia也提供了对应的I/O设计框架——Magnum IO。

5.1 Magnum IO的需求来源

Magnum的字面意思是“巨大的”，在生活中可以指1.5升的大酒瓶等事物。Nvidia将“Magnum”作为自己为AI计算设计的I/O框架的名称，其用意是显而易见的：Nvidia认为在巨大的数据量面前，计算、存储与网络的基础架构设计，应当做一次大的革新。

在2.3节中提到，TensorFlow能够工作在分布式训练模式下，将计算任务分发送给多个GPU进行处理。在分布式训练模式中，会涉及以下问题。

- CPU对其他节点上的GPU下发GPU指令。
- GPU和GPU之间的交互，比如交换彼此计算出的权重、取均值等。
- GPU与本地存储设备的交互，比如读取模型和样本。
- GPU与远端存储设备的交互，比如读取其他节点上的模型和样本。

对于如何解决这些问题，Nvidia给出答案：让GPU使用尽量短的路径实现直通，也就是GPU Direct。

特别地，由于GPU之间进行数据交换时的吞吐率相当高，有可能达到每卡每秒10GB的数量级，所以我们需要让这些数据交换尽量不涉及CPU，实现彻底的旁路（Bypass）和硬件卸载（Hardware Offload）。这就需要在软硬件融合设计层面予以充分考虑。

5.2 Magnum IO的核心组件

Magnum IO技术栈的总体框图如图5-1所示。

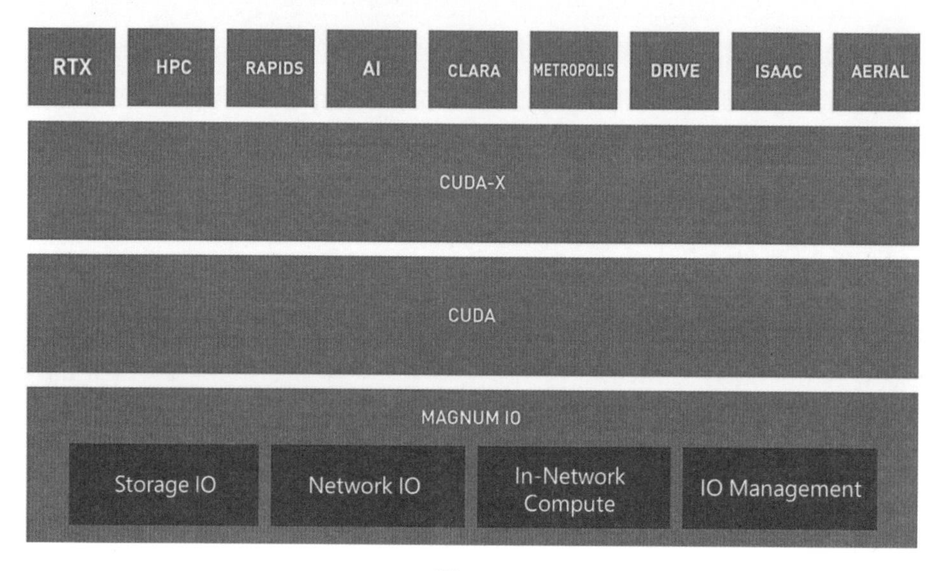

图5-1

可以看出，Magnum IO有四大核心组件：Storage IO、Network IO、In-Network Compute和IO Management。实际上，这几大组件都是GPU Direct的一部分，或者是支撑GPU Direct运行的保障体系。

GPU Direct是Nvidia开发的一项技术，可实现GPU与其他设备（例如主机内存、其他GPU、网络接口卡NIC或存储设备）之间的直接通信和数据传输，而不涉及CPU。

在传统的计算机体系架构中，在两个PCI-E/PCI设备之间传输数据时，必须通过CPU搬运数据，这会导致严重的CPU资源浪费及传输延迟增加。GPU Direct就是这一问题的解决方案。

GPU Direct包括GPU Direct Shared Memory、GPU Direct P2P、GPU Direct RDMA和GPU Direct Storage等技术。

5.3　服务器内部的GPU互通

由于GPU运算往往涉及大量数据（GB级别）搬运，所以如果从系统内存到GPU内存都通过CPU搬运数据，那么会给CPU造成不小的负担，因此从2010年开始，Nvidia推出了GPU Direct Shared Memory技术。

GPU Direct Shared Memory的实现如图5-2所示。

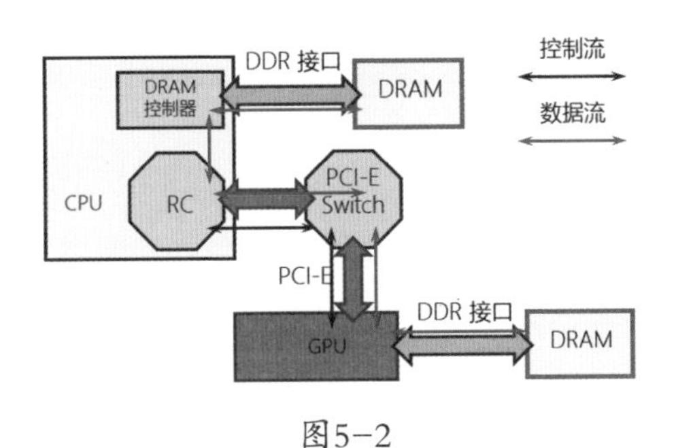

图5-2

如果GPU需要从GPU内存（显存）复制一部分数据到系统主存（内存），那么在没有使用GPU Direct的情况下，GPU需要将这部分数据从显存复制到GPU驱动在系统内存中可以访问的DMA缓冲区（也就是操作系统初始化时分配给GPU驱动的缓冲区），再让CPU把这块数据从DMA缓冲区复制到用户态。而如图5-2所示，在使用GPU Direct Shared Memory之后，可以让GPU直接把数据从显存写到应用程序可以使用的用户态内存地址。也就是在内存空间视图上实现了共享，减少了一次数据复制，大大减少了对CPU的占用，也减少了内存搬运导致的访问延迟。

2011年，Nvidia又推出了GPU Direct P2P（Peer-to-Peer）技术，增加了对同一PCI Express总线上GPU之间的Peer to Peer（P2P) Direct Access和Direct Transfers的支持。GPU Direct P2P数据平面的工作原理如图5-3所示。

可以看出，GPU之间可以通过PCI-E总线互相访问对方的内存，比如在调用cudaMemcpy()时，CUDA就会调用CPU和GPU相关的指令，执行通过PCI-E 总线传输的跨GPU的内存复制操作，CPU仅对GPU发放复制指令，自身完全不参与内存复制。

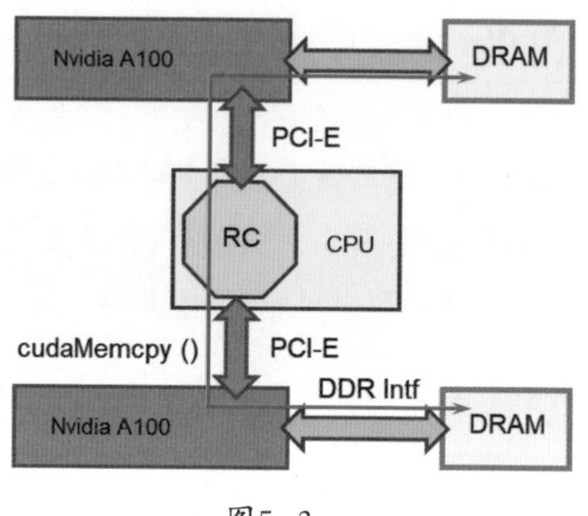

图5–3

但是，PCI-E也存在带宽和时延的限制，比如PCI-E 3.0 x16的带宽理论值为128GBps，且PCI-E总线需要经过PCI-E的Root Complex，I/O路径较长。在多路服务器系统中，如果有2张GPU卡需要跨CPU通信，则还需要经过CPU之间的总线，比如Intel QPI等，I/O路径就更长了。因此，2016年，Nvidia推出了新一代的NVLink来解决这一问题。

实际上，NVLink并非最新的GPU互联技术。早在1998年就出现了将2张GPU图形卡进行连接，提供双倍的图形处理性能的技术，该技术由3dfx推出，最早应用于3dfx Voodoo 2和3dfx Banshee 消费级的图形卡上，被称为"SLI技术"。Nvidia在收购3dfx后也获得该技术，并在Nvidia Geforce系列消费级的GPU上引入了该技术，可以将2～4张GPU卡进行互联。通过SLI互联的Nvidia Geforce卡如图5-4所示。

图5–4

对于企业级的专用计算GPU，Nvidia则将NVLink作为SLI的上位替代。NVLink拥有更大的带宽和更低的时延。各代NVLink的带宽如表5-1所示。

表5-1

NVLink代次	NVLink总带宽(Gbps)	每个GPU的链路数	Nvidia GPU代次
1代	160	4	Pascal
2代	300	6	Volta
3代	600	12	Ampere
4代	900	18	Hopper

作为对比，16个PCI-E 3.0、4.0、5.0通道的理论带宽为128Gbps、256Gbps、512Gbps，约合16GBps、32GBps、64GBps，与NVLink有数量级的差别。

最初的NVLink只支持点对点的互通，比如图5-5所示的2张Nvidia A100通过NVLink进行互联。

图5-5

图5-5所示有2张Nvidia A100 GPU卡，在每张卡上都有3个NVLink接口，每个接口都有2个NVLink通道。Nvidia推出了NVLink Bridge，可用于实现两张卡的NVLink桥接，每个NVLink Bridge都提供2个NVLink通道的桥接，2张Nvidia A100需要3个NVLink Bridge才可以实现点对点连接。如果在服务器中有超过2张Nvidia GPU卡，无法通过NVLink Bridge将其全部连接起来，那么只能两两配对连接。

为解决这一问题，Nvidia又开发了NVLink Switch这种组件。初代NVLink

Switch支持NVLink 2.0，可以与Volta这代GPU配合使用，支持18个Port，每个Port的带宽都为50GBps。第二代NVLink Switch支持NVLink 3.0，与Ampere GPU（如Nvidia A100）配合使用，支持36个Port，每个Port的带宽依然都为50GBps。

在Nvidia DGX A100中使用的是第二代NVLink Switch，在SXM Board上总共有6个NVLink Switch，每个NVLink Switch都通过2个Port连接到Nvidia A100 GPU。Nvidia A100 GPU通过NVLink Switch 2.0互联的方式如图5-6所示。

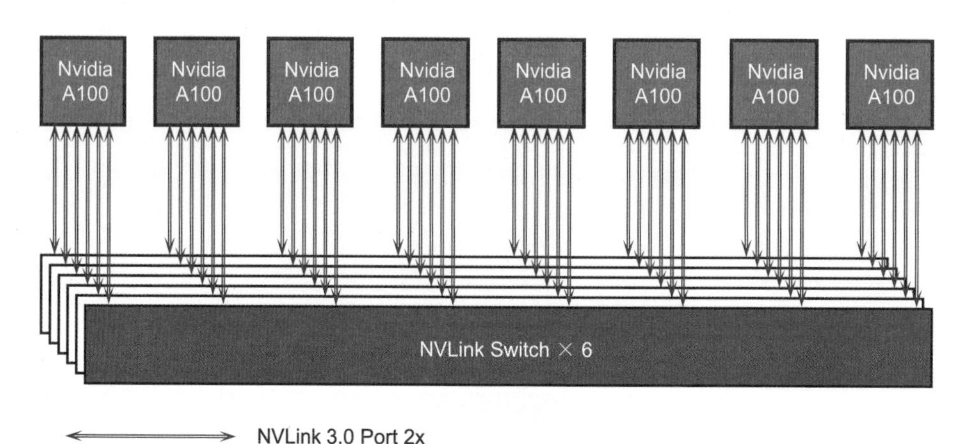

图5-6

如图5-6所示，每张Nvidia A100 GPU卡都有12个NVLink 3.0 Port，每2个Port连接到一个NVLink Switch 2.0，12个NVLink 3.0 Port刚好被分配给6个NVLink Switch 2.0。而每个NVLink Switch 3.0都有36个Port，实际上Nvidia DGX A100只使用了其中的16个Port（连接8张Nvidia A100 GPU卡），还有20个Port处于闲置状态。目前业界只有Google的a2-megagpu-16g云服务器支持整机16张Nvidia A100 GPU卡，它的内部架构如图5-7所示。

可以看出，16张Nvidia A100 GPU卡可以通过NVLink Fabric实现无阻塞互通，也就是占用了NVLink Switch的32个Port。那么，在NVLink 2.0的36个Port中，剩下的4个Port的用途是什么呢？

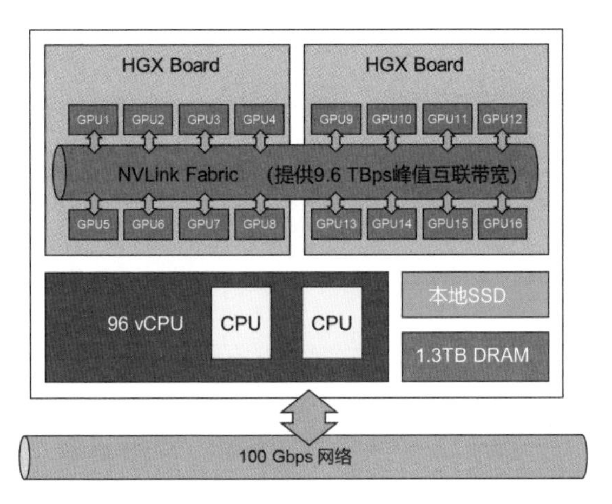

图5-7

实际上，NVLink最初的设计目的是这样的：除了可以提供Nvidia GPU之间的互通，还可以提供Nvidia GPU与IBM Power8 CPU之间的高速互联。图5-8所示是IBM于2016年发布的高性能计算系统Minsky的架构图，可以看出，Minsky整机有2颗Power8 CPU，Power 8 CPU通过NVLink连接Nvidia Tesla P100 GPU。除此之外，业界没有CPU与GPU通过NVLink互联的其他系统方案。

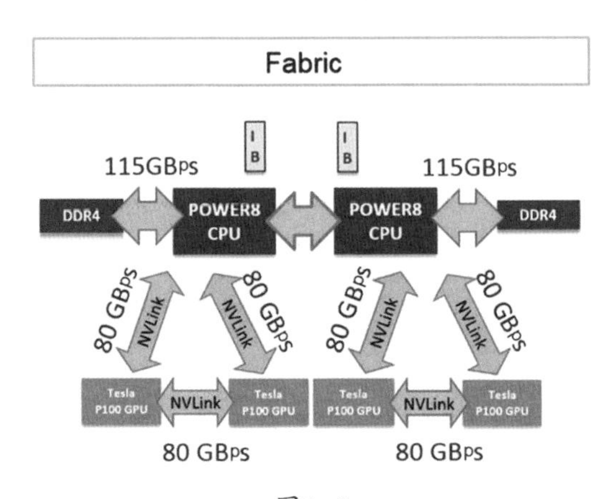

图5-8

看到这里，谜底终于揭开了：NVLink Switch 1.0和NVLink Switch 2.0 在考虑到8～16张GPU卡互通的同时，还特地保留了IBM Power CPU专属的NVLink Port。这也就是为什么这两代NVLink Switch的Port数量是18和36，而不是16和32。

如果我们关注NVLink技术规格的细节，那么还会注意到，除了NVLink 1.0，各代NVLink的工作频率均为25GBaud。

有一定通信基础的读者会发现，在以太网等可以跨越服务器节点的通信系统中，不会使用25GBaud这样的整数频点，而会使用比通信速率稍高的频点，比如万兆以太网的工作频率为10.312 5GBaud，25G以太网的工作频率为25.781 25GBaud等。

这是因为，考虑到通信中的误码是不可避免的，以太网等通信链路层的MAC（Medium Access Control，媒体访问控制）层提供了FEC（Forward Error Correction，前向纠错）机制，以增加冗余的传输位来对抗误码，比如10G和25G以太网常用的66b/64b编码等。在增加FEC机制后，如果我们期望数据通信速率为25Gbps，那么通信波特率就需要高于25GBaud。

由于NVLink没有引入这一机制，因此，对于跨服务器节点的GPU通信，实际上采用NVLink是不可行的。

如何解决这一问题呢？5.4节会进行讲解。

5.4 跨服务器节点的GPU通信

Nvidia通过基于NVLink的GPU Direct P2P技术实现机箱内GPU之间的直接互访，但由于电气性能方面的限制，NVLink和PCI-E总线均无法实现跨服务器节点的GPU通信。

我们先看看跨服务器节点的CPU通信是如何实现的。

早在2000年前后，在高性能计算领域就出现了RDMA技术的应用。早期的RDMA是基于IB网络的，2018年前后开始出现基于以太网的RoCE。

RDMA是一种绕过对端CPU，让对端网卡直接访问对端系统内存的技术，其架构如图5-9所示。

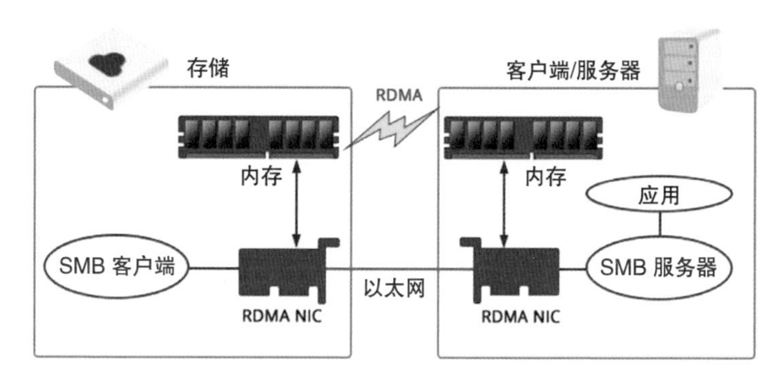

图5-9

在支持RDMA的系统中，如果需要使用RDMA访问远端内存，那么不需要调用Linux操作系统中的标准Socket，而是通过RDMA专用的API实现，比如ibv_create_qp()、ibv_post_send()和 ibv_poll_cq()等。

Mellanox对RDMA的发展起到了举足轻重的作用。在IB网卡、RoCE网卡和IB交换机等网络适配器和网络设备领域，Mellanox一直占据着主导地位。2019年，Nvidia在收购了Mellanox后，开始将RDMA/RoCE技术引入GPU通信领域，这就是GPU Direct RDMA。Nvidia的GPU Direct RDMA经历了很多代次的演进。最初的GPU Direct RDMA版本支持第三方PCI-E设备直接访问GPU内存，其数据流向如图5-10所示。

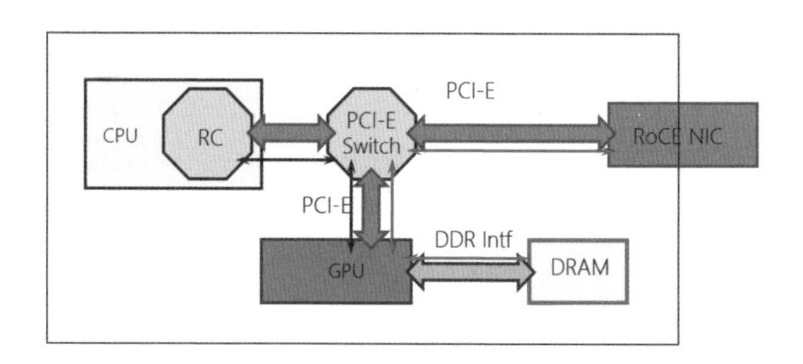

图5-10

在图5-10中，基于GPU Direct RDMA，网卡可以与远端GPU直接通信，CPU参与控制路径、传输队列准备、传输前后的控制机制。数据直接从GPU显存向RDMA网卡发送，对端RDMA网卡在接收数据后直接将其传输到GPU显存。这样既减少了CPU的参与，也减少了数据要搬运/复制的动作，跨机通信延迟大幅减少。

进一步地，Nvidia又推出了GPU Direct RDMA Async，允许GPU和第三方设备直接同步，CPU不参与GPU应用程序的关键路径。该技术从CPU层面接管了控制平面的操作，进一步加快了GPU网络通信的速度。

如图5-11所示，在GPU Direct RDMA Async的通信过程中，GPU直接控制网卡收发RDMA信令及数据包，网卡在收到该信令及数据包后，也不需要经过CPU，直接与GPU进行控制平面和数据平面的交互，彻底抛开CPU，进一步提升了系统运行效率。

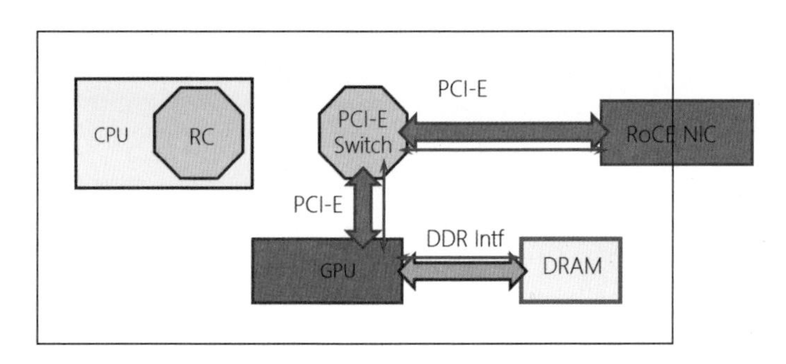

图5-11

5.5 RDMA的两种实现

我们发现，无论是哪种跨服务器的GPU通信，RDMA技术都是其所依托的基石。RDMA是独立于TCP/IP协议栈的一个单独的协议栈，与TCP/IP类似，由操作系统内核提供支持。我们知道，操作系统支持特定功能的前置条件，是在计算机上安装了支持该功能的硬件，RDMA也不例外。

目前RDMA的实现有两种路线：IB和RoCE，前者可以被认为是Mellanox的私有化实现，后者是对以太网功能方面的增强。二者之间的共同点：RDMA不允许丢包重传。如果将1MB的数据拆分为1 024个1KB的数据包进行传输，那么丢失任何一个数据包都会导致这1MB数据包的重新传输，而不仅仅是丢失的1KB数据包的重新传输。也就是说，即使数据链路层发生了极少量的数据包丢失，也都会严重地影响RDMA的数据传输效率。

这里用一个量化的例子来说明问题：主机A通过RDMA读取主机B上的内存，数据块大小为64MB，每个数据包的MTU（Maximum Transmission Unit，最大传输单元）都为1024字节，以太网的丢包率为万分之一。在这种情况下，两台主机的传输速率几乎为0。这是因为，在主机B上，64MB数据会被拆分为65 536个数据包发送，只有每个数据包都被主机A成功接收，这64MB数据才算发送成功。如果每个数据包的丢包概率都为0.01%，那么总的发送成功概率是$(1-0.01\%)^{65\,536}$，约为0.001 42。在这个例子中，主机B的网卡实际上一直在发送数据包，但没有任何实质性进展。

IB由于引入了类似Token Ring（IEEE 802.5）的令牌桶流控机制，所以在数据链路层可以保证数据包的可靠传输，但以太网并没有此种机制，无论是以太网层还是IP层，均是“尽力”传输，特别是在以太网交换机出现incast的情况下，是无法避免丢失数据包的。因此需要以太网交换机、网卡和操作系统协议栈层面的相互配合，实现基于负反馈的流控机制，在下游处理能力不足或网络节点出现incast现象时，能够进行一系列反压动作来避免丢包，才能够支持RoCE的顺利运行。无损以太网由此而来。

无损以太网对RoCE的支持依赖以下关键特性。

- PFC（Priority-based Flow Control，基于优先级的流量控制）：当交换机的缓存使用量超出水线（Water Mark）时，会向上游发送PFC反压包（Pause帧），要求上游交换机降低发送速率，以延缓本节点缓存被打满的情况出现。

- ECN（Explicit Congestion Notification，显式拥塞通知）：在交换机的缓存使用量超出水线时，会在IP头部增加ECN域的标识，接收端在收到带有该标识的IP数据包后，会向发送端发出CNP（Congestion Notification Packet，拥塞通知报文），实现端到端的拥塞管理，从根本上解决拥塞恶化的问题。

- ETS（Enhanced Transmission Selection，增强传输选择）：将流量按照服

务类型分组，可以保证RoCE的重要流量不丢包。

- DCBX（Data Center Bridging Exchange Protocol，数据中心桥能力交换协议）：通过对LLDP（Link Lauer Discovery Protocol，链路层发现协议）的扩展自动同步网络中各个交换机节点的能力参数，包括PFC/ETS等设置。

图5-12所示展示了在构建无损以太网时RoCE各关键特性的作用。可以看出，PFC和ETS是从接收端到发送端每一跳上都需要启用的，ECN的工作范围是发送端和接收端之间，DCBX的工作范围是接收端或发送端与其首跳网络节点（接入交换机）之间。

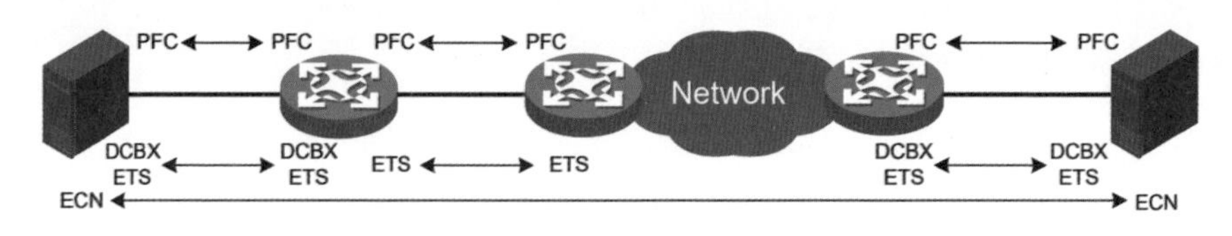

图5-12

目前业界除Mellanox Spectrum交换机外，基于Broadcom StrataXGS芯片和基于盛科交换芯片的以太网交换机也可以支持RoCE。

5.6　GPU对存储的访问

在CUDA和TensorFlow等GPU开发框架中，常见的另一种I/O操作是GPU从存储设备中获取数据。在传统的计算机I/O模型中，GPU从存储设备中获取数据的流程如下。

（1）CPU向NVMe SSD发起读请求，将数据缓冲区地址传递给NVMe SSD控制器。

（2）NVMe SSD控制器从存储颗粒中读取数据，并通过DMA写入CPU内存的数据缓冲区。

（3）GPU通过GPU Direct Shared Memory从CPU内存的数据缓冲区中读取

数据。

可以看出，在这个过程中需要CPU的DMA机制的介入，在需要读取较大数据的情况下，对CPU内部总线带宽资源的占用也是可观的。Nvidia的解决思路就是让GPU绕过CPU，直接从NVMe SSD中读取数据，这一技术被称为“GPU Direct Storage”。

背景知识：NVMe SSD

NVMe（Non-Volatile Memory Express，非易失性存储主机控制器接口规范）是一个逻辑设备接口规范，与传统的SCSI/SAS、ATA/SATA等存储协议并列，为基于SSD的存储设备提供了一个低时延、内部并发化的界面规范，使得主机的软硬件可以充分利用SSD存储的并行操作能力。

历史上，大多数SSD都使用SATA（ATA协议）或SAS（SCSI协议）等接口与计算机南桥（South Bridge）或其他存储控制器连接。但是，SATA主要被设计用于HDD（Hard Disk Drive，机械硬盘）驱动器的接口，而HDD使用微机电设备读写，与直接操作固态颗粒的SSD差异很大，且部分SSD的性能已受到SATA/SAS最大吞吐量的限制。

NVMe协议的出现突破了这些限制。NVMe SSD使用的是PCI-E总线，可以直接连接到CPU，无须经过南桥或其他HBA卡等存储控制器。传统的SATA连接只能支持一个队列，一次只能接收32条数据。而NVMe存储支持最多64K个队列，每个队列的深度也可达64K，在多CPU并发读写的情况下大大减少了时延，提升了性能。

由于NVMe协议使用的是PCI-E通道，各NVMe SSD实际上都是PCI-E总线上的一个设备，所以只要能访问该设备的PCI-E配置空间和IO-BAR，就可以使用NVMe SSD。这使得虚拟机或远程服务器访问NVMe SSD变得更为容易。

GPU Direct Storage与非GPU Direct Storage的工作方式对比如图5-13所示。

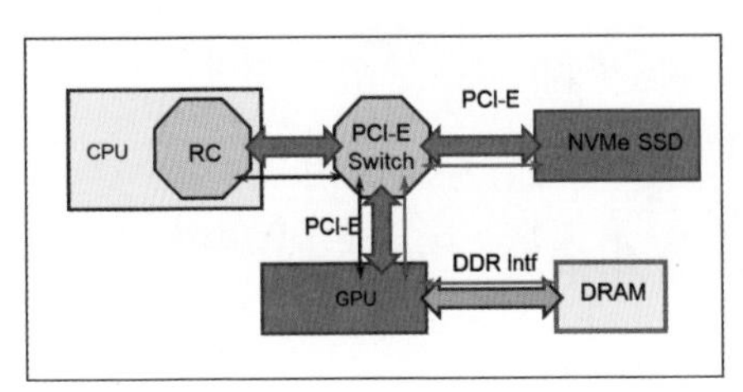

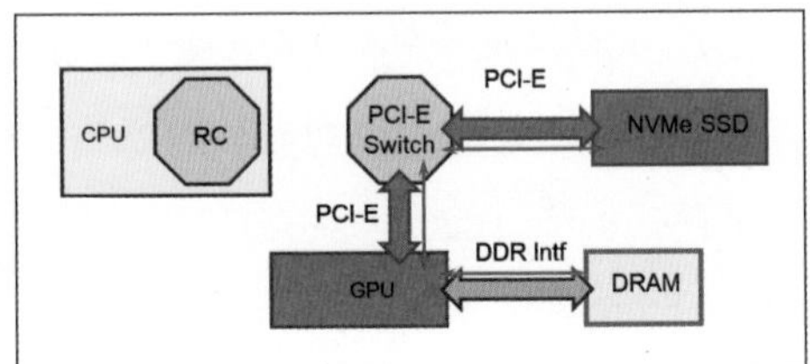

控制流　　数据流

图5-13

可以看出，在左侧非GPU Direct Storage的工作场景中，数据要从NVMe SSD经过CPU的内存控制器，被搬运到系统主内存，再由GPU经过CPU的内存控制器搬运到GPU内存。而在右侧GPU Direct Storage的工作场景中，CPU在控制平面和数据平面均被旁路，GPU可以直接从NVMe SSD中读取数据。

5.7 Magnum IO所依赖的其他支撑技术

要实现Magnum IO，除了需要其核心协议GPU Direct RDMA，还需要一系列其他技术的支撑。下面挑选其中一些重要的支撑技术进行介绍。

5.7.1 DPDK（Data Plane Development Kit，数据平面开发套件）

DPDK并非新事物，由Intel在2011年推出，对Linux操作系统的架构进行了补充和增强，其实质是改变传统Linux操作系统中，数据包的收发和处理必须经过系统中断、内核态到用户态切换，以及内存复制等的一系列高开销流程，以打破业界对Intel x86+Linux平台不适合作为网络高性能转发平面的认知，为SDN+NFV在体系架构层奠定基石。

Nvidia在2019年收购Mellanox后，从Mellanox那里获取了大量DPDK相关的技术。在DPDK 21.11版本中，Nvidia引入了GPUdev库，实现了将GPU的内存映射为DPDK可访问的用户态内存，进而让CPU通过DPDK收发GPU内存，无须切换到内核。

5.7.2 DPU（Data Processing Unit，数据处理器）

Nvidia在收购Mellanox后，还获取了Mellanox Connect-X系列智能网卡技术。Mellanox Connect-X网卡具备一定的可编程能力，在支持RoCE、DPDK和SRIOV的基础上，还可以基于二次开发程序，对数据包的包头进行指定字段的提取、Hash值的计算，并基于Hash值将数据包分发到网卡的各个硬件队列，从而均分到各个CPU。

Nvidia在延续Connect-X系列智能网卡产品的同时，又开发了Bluefield系列DPU，大大增强了其可编程能力，可以在DPU上进行vSwitch（OVS或OVS-DPDK）和SPDK的卸载，避免海量数据的吞吐在虚拟化场景中大量消耗CPU内存。

5.7.3 MPI Tag Matching

在分布式高性能计算中，MPI是标准的并发计算协同信令协议，被广泛用于跨核/线程、跨CPU和跨节点的计算任务同步。MPI既可以基于IB网络，也可以基于普通的TCP/IP和以太网。

由于MPI实际上是在传递高性能计算的同步控制信令，所以其数据包丢失、重传或延迟会导致计算任务被阻塞的时间超出预期。因此，在Mellanox Connect-X 5网卡上，Nvidia提供了MPI Tag Matching功能，能够识别Eager和Rendezvous两种MPI数据包，优先收发、卸载包头并将数据包DMA发送到指定的内存缓冲区，以保障HPC的信令被高效、可靠地传输和处理。

5.8 本章小结

对于大模型训练等分布式机器学习计算场景，GPU之间的数据交换和GPU对持久化存储的访问，增加了若干数量级。如果这些GPU I/O访问都需要CPU介入，那么不但会大大增加CPU的负担，也会增加GPU的I/O时延，从而降低训练效率。

Nvidia为了将CPU从辅助GPU I/O的重复工作中解放出来，规划、设计了Magnum IO框架，通过GPU Direct、NVLink、GPU Direct RDMA和GPU Direct Storage等一系列技术，为GPU之间的数据交换和GPU访问持久化存储提供了高效率、低时延的I/O机制。

在Magnum IO体系中，RoCE网络扮演了基石的角色。第6章将介绍如何为GPU集群构建RoCE网络、存储网络和业务网络，将独立的GPU服务器组建为高效的计算集群。

第6章

GPU集群的网络设计与实现

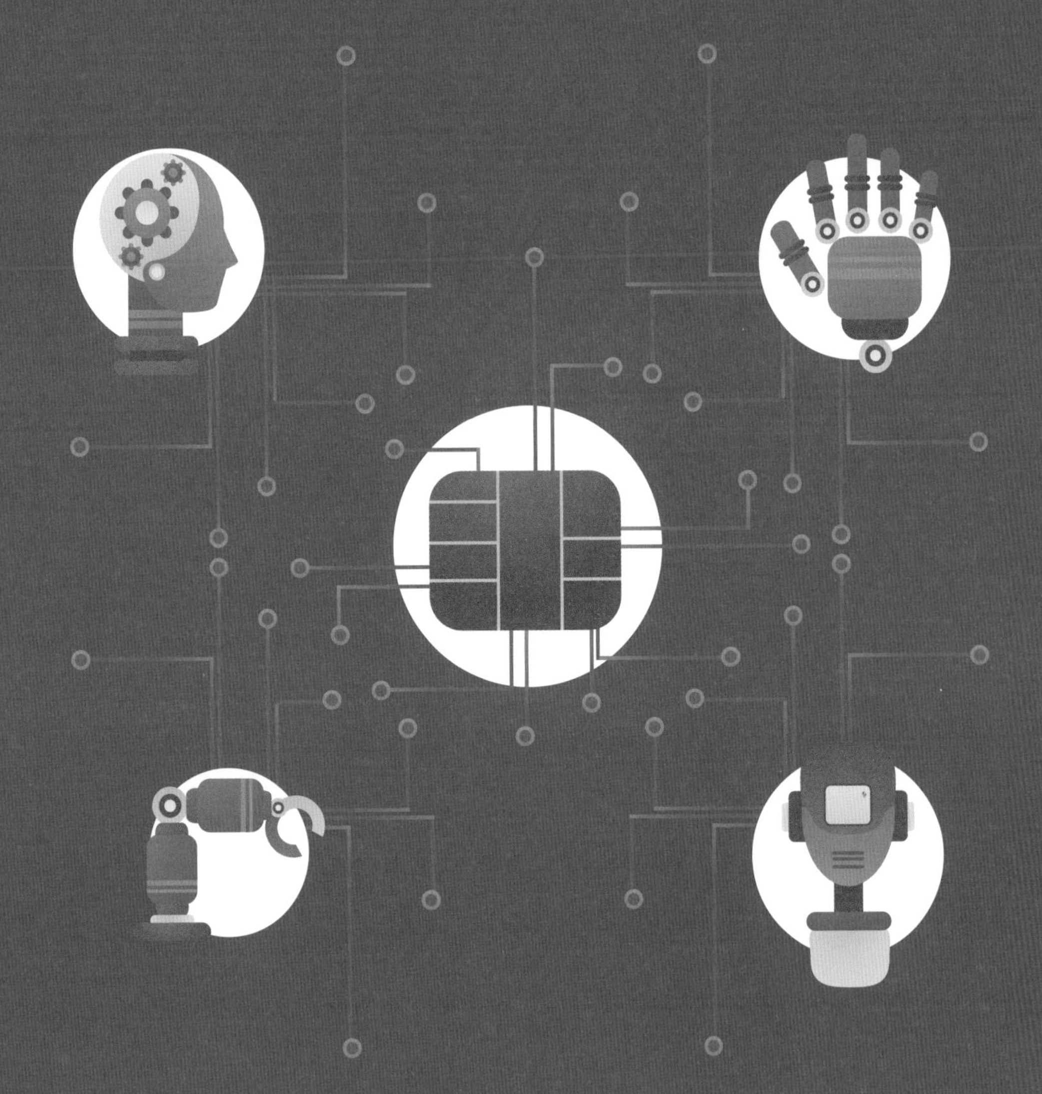

在第4章中提到，Nvidia DGX A100整机能够提供2.5 P FLOPS的计算性能，但面对大模型训练等大型计算场景，仍可能无法满足业务的需求。对于此种场景，就需要将多台Nvidia DGX A100组成机器学习计算集群。

若要将以Nvidia DGX A100为代表的GPU服务器组成机器学习计算集群，就需要提供以下支持。

（1）多张Nvidia A100 GPU卡之间的跨节点互访，使GPU可以通过GPU Direct技术访问其他节点上GPU的内存。

（2）各台GPU服务器到专用的高性能存储集群之间的互访，以及高性能存储集群之间各节点的数据副本同步。

（3）用户登录各台GPU服务器操作系统的通道，以及各主机CPU平面的通信，包括Underlay层宿主机、Overlay层虚拟机或Kubernetes容器的互通。

也就是说，为了充分发挥GPU集群的性能，我们需要为机器学习计算集群实现三张网络：RoCE计算网络、存储网络和业务网络。对于这三张网络的实现，有以下两种思路。

（1）使用IB网络实现RoCE计算网络，使用以太网/IP网络实现存储网络和业务网络。由于IB网络的封闭性（Mellanox事实上独家垄断了IB网卡、IB网络设备及连接部件），其在扩容成本、维护成本和未来供应链安全等层面都并非最优选择。

（2）三张网络均由以太网/IP网络实现，并考虑合并存储网络和业务网络。这种思路目前越来越常见，特别是在Broadcom推出以Trident-3为代表的支持无损以太网特性的交换机芯片之后，大型互联网企业往往倾向于采用该思路。随着RoCE的普及，越来越多的政府、企业、金融和公共事业用户也倾向于采用该思路。

下面详细分析三张网络的不同需求及解决方案。

6.1 GPU集群中RoCE计算网络的设计与实现

在4.4节中提到，Nvidia DGX A100为每张A100 GPU卡都配置了一张对应的Mellanox CX6网卡，在调度GPU时，会把网卡分配给这张GPU卡，也就是存在一对一的绑定关系。Nvidia DGX A100上各GPU绑定的Mellanox CX6网卡都为单口Infiniband/Ethernet卡，支持Infiniband HDR（200GBps）和100G以太网。在每台Nvidia DGX A100上都有8张网卡用于GPU互联，也就是说，RoCE交换机需要为每台Nvidia DGX A100都提供至少8个100G以太网接口。

先考虑简单的场景：当Nvidia DGX A100在4台以内时，单台32口100G以太网交换机就可以满足GPU互通的需求。但如果多于4台，就需要对组网进行特殊的设计。

使用32口100G盒式交换机为16台以内的Nvidia DGX A100构建的RoCE网络组网示意图如图6-1所示，其中，每台Nvidia DGX A100上的8张GPU RoCE网卡都各连接到一台接入交换机，接入层使用8台32口100G以太网交换机，每台都通过16个100G下行以太网接口连接Nvidia DGX A100，另外16个100G上行以太网接口连接核心交换层，8台32口100G交换机总计提供128个100G以太网接口作为上行。核心交换层通过4台32口100G交换机实现，实现汇聚层各台交换机之间的互联互通。

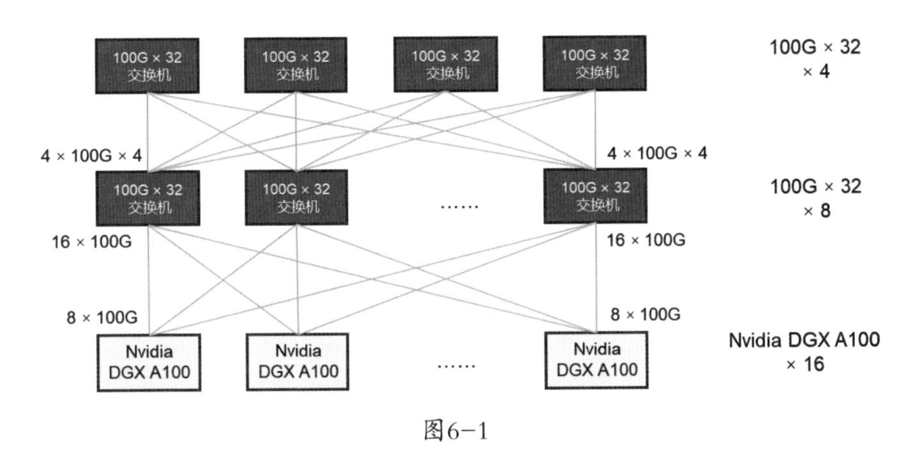

图6-1

在图6-1中，有以下三个细节值得注意。

（1）所有的接入层交换机下行（至服务器网卡）和上行（至核心交换层交换机）的带宽都是1.6TBps，收敛比为1，即“无阻塞交换”（Non-blocking Switch）。有组网设计经验的读者会想到，在传统IDC网络中，业务网络的组网收敛比在5：1以内，也就是上行带宽在下行带宽的1/5以内都是可以接受的。如果降低收敛比（增加上行带宽），就会减少每台接入交换机所能连接的服务器数量，增加交换机台数，从而增加网络建设成本。在为大型GPU集群设计RoCE计算网络时，之所以采用无阻塞交换设计，是因为考虑到RoCE本身对网络拥塞的敏感性，要尽可能避免incast情况的出现。

（2）由于GPU服务器内部各块GPU的互联互通都可以通过NVLink Switch实现，因此在设计网络时，每台接入交换机的16个下行以太网接口都应当连接16台GPU服务器上同等位置的以太网接口，如图6-2所示。其中，Nvidia DGX A100内部的两张Nvidia A100 GPU卡可以直接通过NVLink Switch互通，如蓝色箭头所示；在两台Nvidia DGX A100上，相同编号的GPU可以直接通过对应的交换机互通，如绿色箭头所示，两台Nvidia DGX A100上0号位置的GPU通过0号交换机互通。较为复杂的一种情况是不同节点上不同位置的GPU互通，对于这种情况，要通过接入层经汇聚层绕行后，抵达目的GPU，如红色箭头所示。

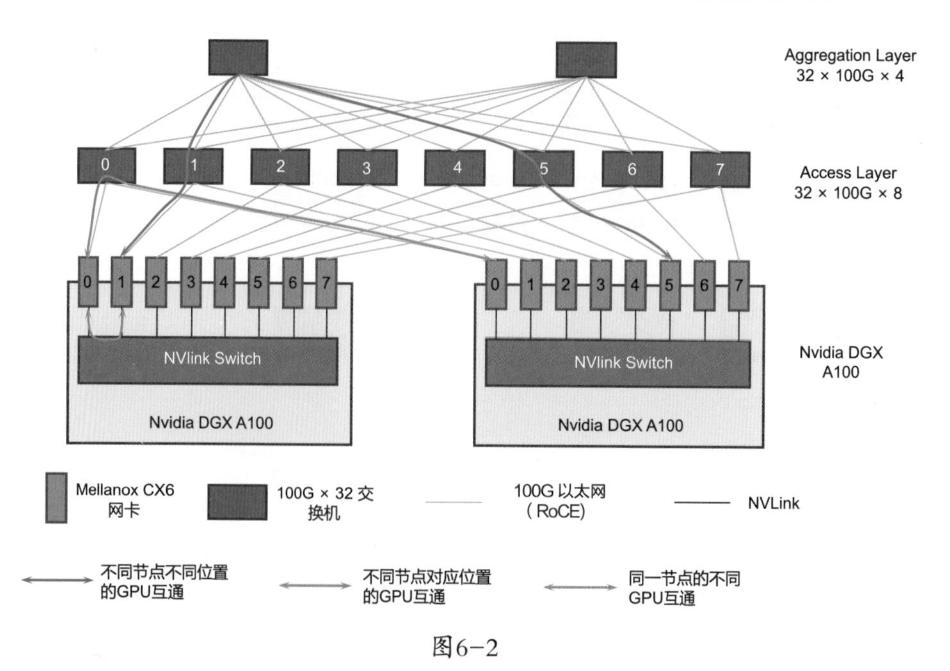

图6-2

（3）在Nvidia DGX A100台数增加的情况下，我们也可以在核心交换层使用更多接口的以太网交换机，比如使用基于Broadcom Tomahawk-3芯片实现的128口100G以太网的盒式交换机，但不建议使用框式交换机。这是因为框式交换机有更长的转发时延，且线卡的deep buffer等特性会进一步增加转发时延，不利于机器学习程序的高效运行。

在两层组网的极端情况下，可以将16台128口100G以太网交换机作为核心交换层，每台核心交换机都可以连接128台32口接入交换机，共计容纳256台Nvidia DGX A100。

Nvidia DGX A100使用的是Mellanox CX6网卡，每张卡都支持1个200G/100G以太网，网卡在正常情况下工作速率为200Gbps（QSFP56 SR4标准，4个通道，每通道50Gbps），与100G交换机连接时降速到100Gbps（QSFP28 SR4，4个通道，每通道25Gbps）运行。随着QSFP-DD等400G以太网技术的成熟，我们还可以使用200G以太网接口下行且400G以太网接口上行的交换机来构建RoCE网络。这样一方面可以减少上行线路的数量，另一方面可以充分发挥RoCE网卡的能力。

目前，业界有基于Broadcom Trident-4芯片的200G/100G下行-400G上行的交换机产品，比如支持24口200G/100G下行和8口400G上行的产品形态。考虑到整网需要实现无阻塞交换，我们只使用其中16个200G以太网接口连接Nvidia DGX A100的RoCE网卡，来构建网络接入层。对于网络核心交换层，则可以使用8台基于Broadcom Tomahawk-5芯片的128口400G交换机构建，组网如图6-3所示。

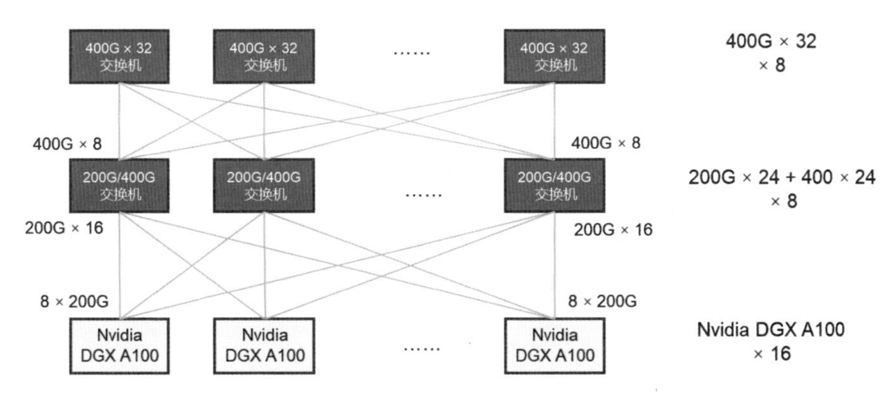

图6-3

如果我们有多于256台Nvidia DGX A100服务器组建集群，那么还可以构建接入-汇聚-核心的三层网络。当然，对于一般用户，这种情况出现的可能性非常小，感兴趣的读者可以自己思考应当如何规划和设计网络。

6.2 GPU集群中存储与业务网络的设计与实现

对于GPU集群中的存储与业务网络，可以借鉴常见的云计算宿主机组网设计与实现。需要注意的是，Nvidia DGX A100标配了2个100G以太网接口，还可另选配2个100G以太网接口。如果采用标配的以太网接口，则建议将存储与业务网络合并设计，在选配另外2个100G以太网接口时，可以将存储与业务网络分离设计。

对于数据中心网络的设计，如何找到合适的收敛比是一个需要充分考虑的问题。在机器学习场景中，业务网络的收敛比设计标准可以较为宽松，但在存储网络的设计方面需要有更深层次的思考。

在自动驾驶等需要大量图像和视频作为机器学习训练素材的场景中，GPU集群有可能每天拉取PB级的素材进行训练，SIL（Software In the Loop，软件在环仿真）也会在每天产生PB级别的仿真数据。当然，在这样的场景中，建议使用单独的存储网络，同时合理控制存储网络的收敛比，使之不超过2：1。在没有特殊的与分布式存储之间的大吞吐量读写需求时，存储网络与业务网络才可以合并，收敛比控制在3：1以内是可以接受的。

先看看较小规模下的设计。

如果Nvidia DGX A100服务器不超过20台，那么我们使用2台32口100G以太网交换机，就可以实现Nvidia DGX A100服务器的互联，并在每台交换机上都分配8个100G以太网接口作为上行使用。此外，在每台交换机上都保留2个接口作为堆叠或M-LAG互通口。同时，整网核心交换机也可以为其他25G组网的普通服务器集群提供100G的上行交换通道。

一个20台以内的小规模Nvidia DGX A100服务器集群的业务/存储网络方案

如图6-4所示。

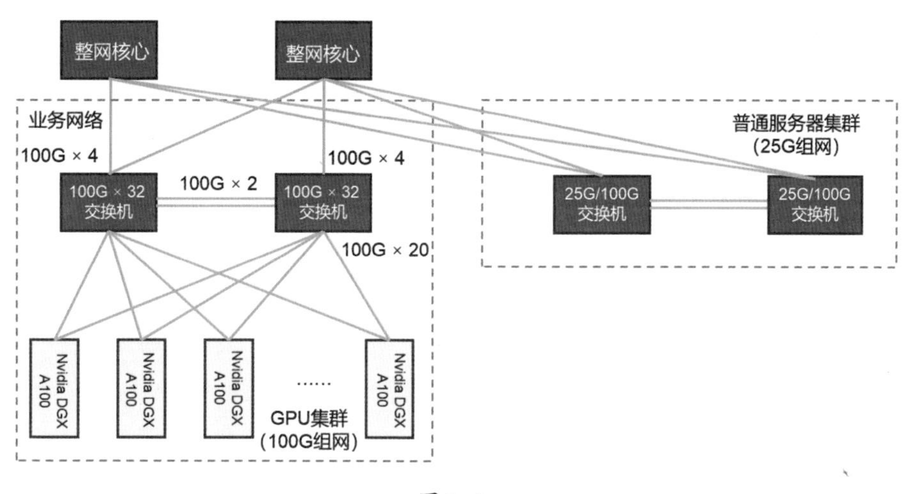

图6-4

对于有超过20台Nvidia DGX A100的大中规模集群，我们可以对图6-4加以扩展。在图6-5所示的较大规模的Nvidia DGX A100集群业务网络中，我们将20台Nvidia DGX A100作为一组，每组都连接2台32口100G以太网交换机，每台32口100G以太网交换机在提供20个100G以太网接口作为下行以太网接口的同时，也提供了2组上行以太网接口分别连接到每台核心交换机，每组4个100G以太网接口，共8个100G以太网接口，收敛比为20：8，在可以接受的范围内。与图6-4中的组网类似，核心交换机也可以为其他25G组网的普通服务器集群的网络区域提供100G的上行交换网络。

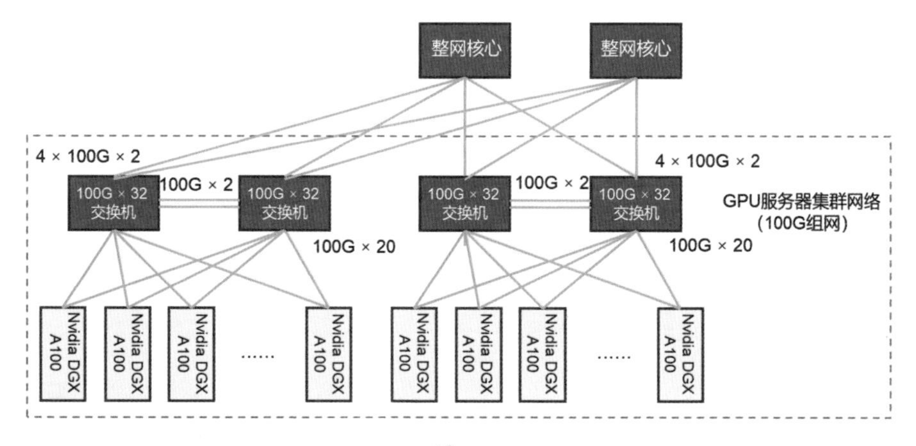

图6-5

由于业务网络没有极端敏感的时延、抖动和丢包率等QoS需求，所以对业务网络使用框式交换机是完全可以接受的。目前，国内和海外均有大容量、高密度框式交换机产品，可在占用6U甚至更少的机柜空间的情况下，提供双主控+CLOS交换架构，整机有近200个100G以太网接口，在使用2台核心交换机构建网络的情况下，可以为近1000台GPU服务器提供100G业务网络的互联互通。

背景知识：CLOS架构

CLOS网络是一种多级交换网络，最早在1953年由美国贝尔实验室的科学家Charles Clos提出。当时，美国的电话网在高速发展中，而纵横制电话交换机的容量难以满足万门以上通话的需求（程控交换机在1965年才由贝尔实验室发明），因此，Charles Clos提出了一种使用多台小容量电话交换机搭建大容量交换网的方案，如图6-6所示。

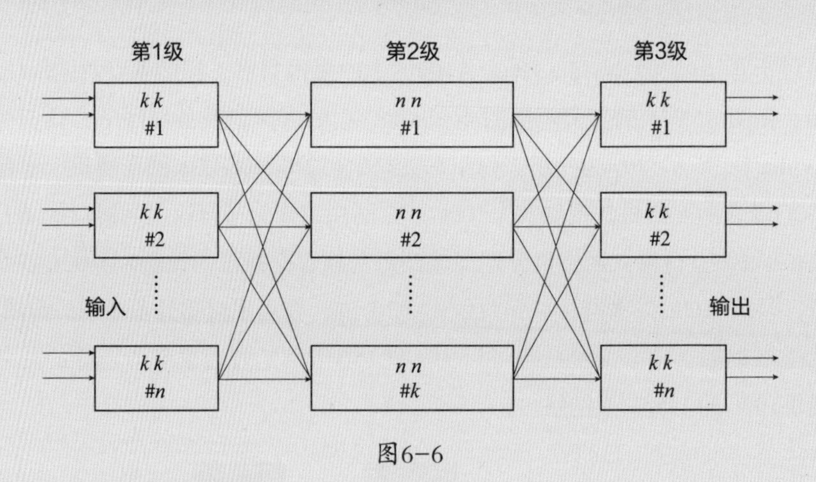

图6-6

最简单的CLOS架构分为三级，在第1级，也就是CLOS架构的输入阶段，有k个输入设备，每一个输入设备都有n个输入和k个输出。第2级是中间部分，构成它的Crossbar Switch有k个。在每一个输入阶段交换设备与每一个中间阶段交换设备之间只有一个连接。第3级是输出阶段，总共有n个输出阶段设备，每一个输出阶段设备都有k个输入和n个输出。在每一个中间阶段交换设备与每一个输出阶段交换设备之间都只有一个连接。

如果三级CLOS交换网络的容量还无法满足超大规模交换的需求，那么我们还可以设计五级、七级CLOS交换网络。由于CLOS架构是无阻塞、支持递归、可无限扩展的，所以我们可以通过集成多个小规模交换矩阵来构建一个大规模交换网络，以解决交换矩阵规模和交换网络需求之间的矛盾。

在2010年后，CLOS交换架构又一次绽放光芒。在大数据、云计算、5G和AI等涉及海量数据的业务驱动下，为了用中小型的交换芯片构建一张大型交换网络，网络工程师们想到了半个多世纪以前的CLOS交换架构，并将其应用于网络设备的设计和开发工作中。在高端路由器和高端交换机设备中普遍采用了CLOS架构，以实现设备的大容量和易扩展等特性，满足海量数据的交换和转发需求。

在自动驾驶等特殊的训练场景中，有可能需要设计一张专门的存储网络。Nvidia DGX A100可在标准配置以外选配另一张Mellanox CX6双口100G QSFP28网卡，我们可以将选配的网卡作为存储网络接口卡。对应地，分布式存储服务器也需要通过专用的存储网络接口卡连接到该存储网络。

与业务网络类似，如果Nvidia DGX A100服务器不超过20台，那么我们可以采用较为简单的组网方式。小规模Nvidia DGX A100服务器集群的存储网络如图6-7所示。

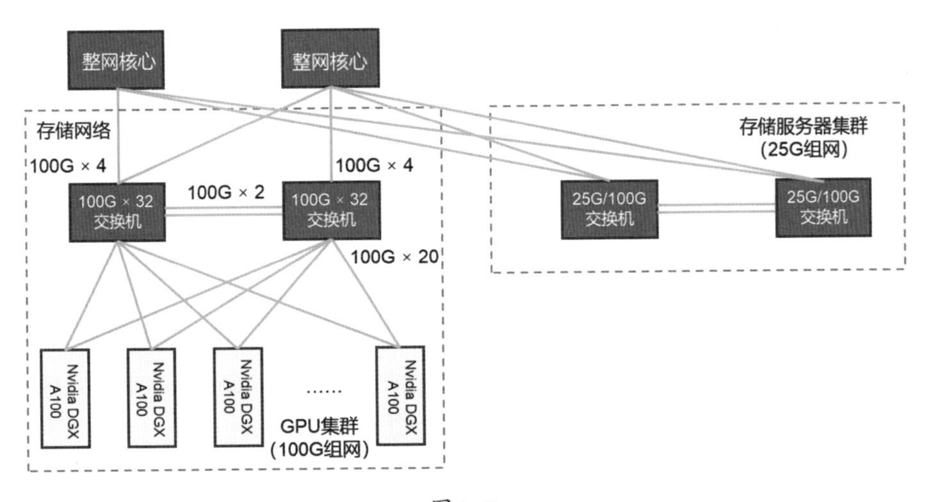

图6-7

图6-7实际上与图6-4大同小异。考虑到存储网络的业务特点，这里采用了低收敛比的设计方式，收敛比为20：8，每台32口100G交换机都提供20个下行以太网接口、8个上行以太网接口。同时，存储服务器的网络接口无论是25G以太网接口还是100G以太网接口，都可以通过接入交换机连接到整网核心交换机。

在Nvidia DGX A100服务器超过20台的情况下，我们可以参照图6-5对独立的存储网络进行扩展。大中规模Nvidia DGX A100服务器集群的存储网络如图6-8所示。

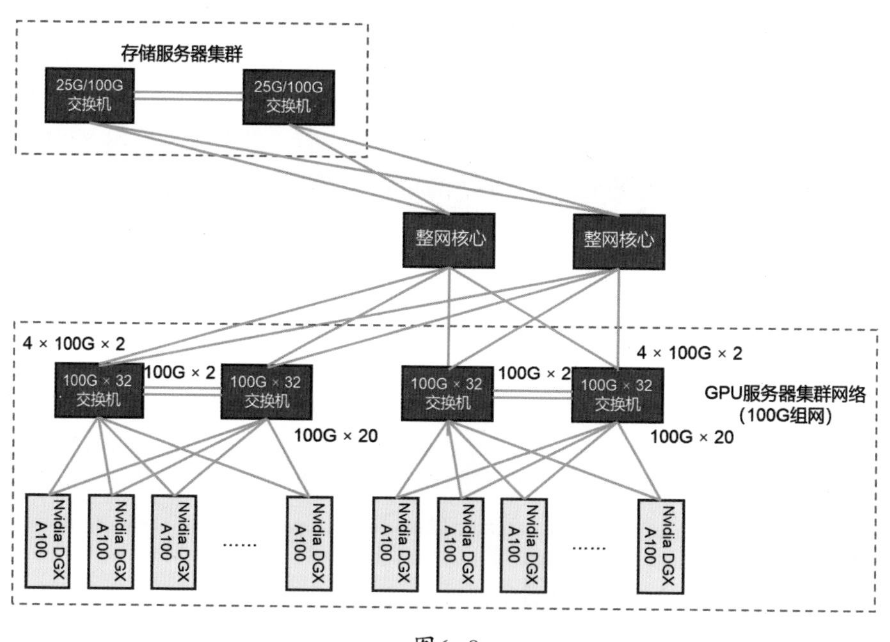

图6-8

图6-8实际上也与图6-5类似：每20台Nvidia DGX A100都被视为一组，每组都连接2台32口100G交换机，每台32口100G交换机都在提供20个100G以太网接口作为下行以太网接口的同时，提供2组上行以太网接口分别连接到每台核心交换机，每组提供4个100G以太网接口作为上行以太网接口，共8个100G以太网接口，收敛比为20：8。存储服务器的25G或100G独立存储网络也可以通过对应规格的接入交换机，连接到核心交换机的100G以太网接口。

是否使用独立的存储网络，与机器学习业务有可能使用的分布式存储系统密切相关，后面会进行详细讲解。

6.3　GPU集群中带外管理监控网络的设计与实现

GPU服务器属于服务器中的一种。在各类计算机的定义中，服务器与个人计算机或工作站不同，其最大的差异是什么呢？

对于这个问题，业界有不同的观点，比如基于计算机的性能划分、基于计算机的体系结构（CPU指令集）划分、基于计算机的物理形态（机架式、塔式或框式）划分，以及基于计算机运行的操作系统划分等。实际上，这些划分都是不准确的，难免出现交叉的情况，比如部分工作站也可能使用关键业务服务器上的常见UNIX操作系统。

真正准确的划分是，服务器应当有带外管理模块。带外管理模块也被称为"BMC"（Baseboard Management Controller，板级管理控制器），可以：控制服务器的上下电；对服务器进行内部状态监控；远程修改服务器的BIOS/UEFI设置；挂载虚拟光驱重装系统等。即使服务器本身的CPU、内存或硬盘等关键部件发生故障，带外管理模块也可以正常工作，并向管理员报告这些故障。1998年，Intel、Dell、HP和NEC等厂商联合为BMC提出了一个接口标准：IPMI（Intelligent Platform Management Interface，智能平台管理接口），从此，BMC成为了所有服务器的标配。在BMC的帮助下，运维团队可以通过网络对服务器进行远程维护，无须进入机房，这大大提升了工作效率，降低了工作成本。

目前，几乎所有服务器的BMC都可以通过一个独立的以太网接口连接到网络。这个以太网接口被称为"带外管理口"，也被称为"IPMI口"。服务器的操作系统是不感知这个以太网接口的存在的，通过IPMI也无法访问服务器上运行的任何网络服务，包括HTTP、SSH、FTP及数据库等。管理员在通过IPMI口连接到BMC后，可以使用IPMI标准工具，让BMC帮助自己做各种远程维护工作。因此，在任何数据中心的组网工作中，都应当考虑连接IPMI口的带外管理网络的设计与建设。

目前，IPMI口主要为双绞线介质传输的千兆以太网1000 BASE-T，并在近20年前就成为成熟的技术，业界符合该标准的以太网交换机价格也变得低廉，可用于组建低成本的GPU训练集群带外管理网络，如图6-9所示。

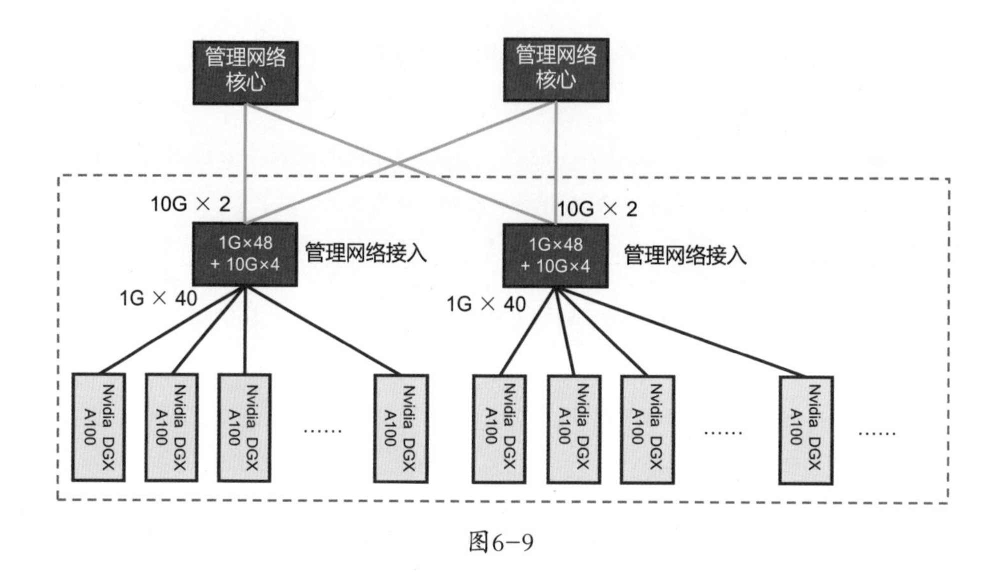

图6-9

在图6-9中，每40台Nvidia DGX A100的IPMI口都通过千兆以太网连接到管理网络接入交换机，每台管理网络接入交换机都通过2个10G以太网接口连接到2台管理网络核心交换机。由于带外管理网络很少有较大的数据流量，所以这样的组网设计完全能够满足任何服务器集群的带外管理需求。

6.4 GPU集群中网络边界的设计与实现

我们建设计算机集群的目的是对外提供服务。因此，在规划和设计计算机集群网络时，也应当为集群外部的访问提供网络通道。同时，基于对信息安全和IP地址资源等因素的考虑，也应当对集群内、外部网络进行一定程度的隔离设计。

此外，考虑到多租户共享GPU集群资源的情况，GPU集群网络也需要支持多租户隔离的虚拟化Overlay网络。由于虚拟化Overlay网络的存在，我们应当充分考虑这样的场景：Overlay网络对外提供服务，两个或多个Overlay网络之间互联互通，虚拟化Overlay网络访问Underlay物理网络。

这里先分析GPU集群外部访问GPU集群内部业务的需求。

对GPU集群内部业务的访问，既有可能来自企业或组织内部的专线连接，也有可能来自互联网，二者的安全级别有较大差异。对于来自专线连接的访问，我们允许其通过专线直接访问集群内部业务；而对于来自互联网的访问，其应当先经过防火墙等安全设备，再经过SDN NFV网关，才可以访问集群内部业务。

基于以上考虑设计的GPU集群业务网络及网络边界如图6-10所示。

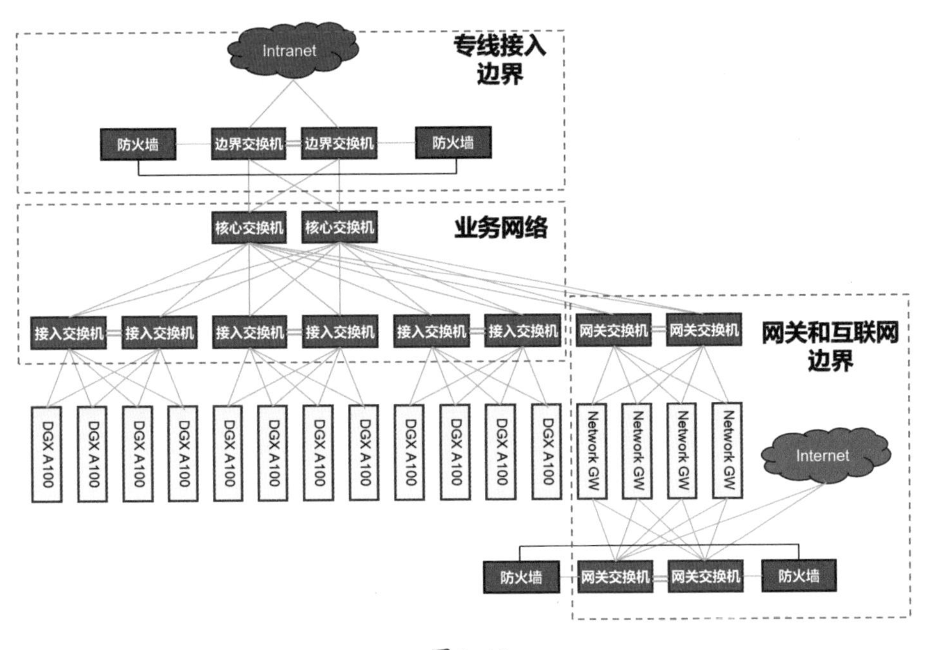

图6-10

在图6-10中，来自专线的访问可以直接连接到业务网络，为了提升安全性，在边界交换机上增加了一对防火墙设备。而来自互联网的访问需要先经过防火墙，再通过NFV网关，才可以访问集群内部网络。NFV网关可以采用地址转换（Network Address Translation，NAT）的方式对集群内部网络做进一步的保护，相关数据流向如图6-11所示。

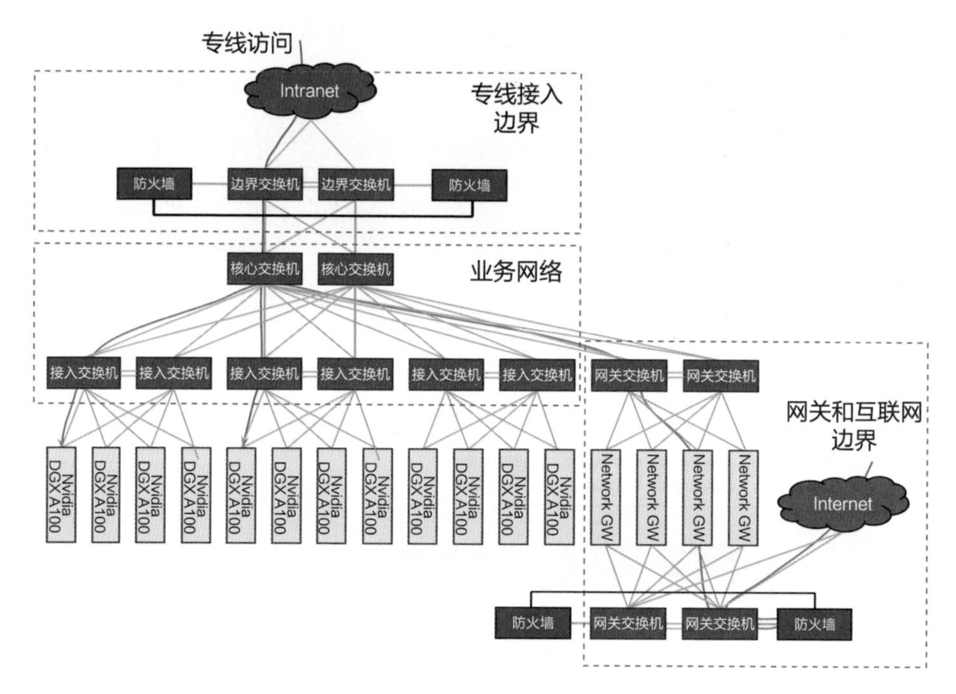

图6-11

从图6-11可以看出，对于来自互联网的访问（绿色箭头），其需要先绕行防火墙，通过网关后再进入集群访问服务器，网关可以提供NAT或负载均衡等SDN NFV功能。而对于来自专线的访问（红色箭头），则可以直接由服务器处理，同时，边界交换机可以起到Overlay即隧道封装等作用。对于多租户网络Overlay层面的设计，将在后续的章节中详细介绍。

6.5 本章小结

由于机器学习业务的特殊性，在GPU集群内部会有非常大的东西向流量，特别是基于RoCE的GPU之间的数据交换，因此，对于GPU集群网络，需要在这方面做特殊考量，比如建设专用的RoCE网络。

对于GPU集群的业务网络和存储网络，在设计上与传统数据中心的业务/存储网络相差不大，但需要充分考虑到100G网络接口服务器与25G网络接口服务器的混合组网等因素，并基于实际的业务需求考虑是否合并存储网络和业务网络。

为了实现对GPU服务器的远程监控管理，我们还应当设计一张带外管理网络，连接到各台服务器的IPMI接口，用于对服务器进行远程开关机、监控运行状态、维护BIOS/UEFI设置及挂载虚拟光驱引导等。

为了让GPU集群外部可以访问GPU集群内部服务，还需要为业务网络设计与外部连接的边界，并根据不同访问来源的安全等级做出差异化设计。注意，对于GPU集群，只有业务网络需要与专线或互联网等外部网络实现互联互通，RoCE网络和存储网络是不需要与外部互通的。

在本章中还提到，对于多租户使用的GPU集群，需要考虑到网络的虚拟化隔离，为不同的租户提供隔离的虚拟化Overlay网络。实际上，在GPU集群服务于多租户的情况下，涉及的核心内容是GPU的虚拟化调度，在第7～8章中将详细介绍该核心内容。

第7章

GPU板卡级算力调度技术

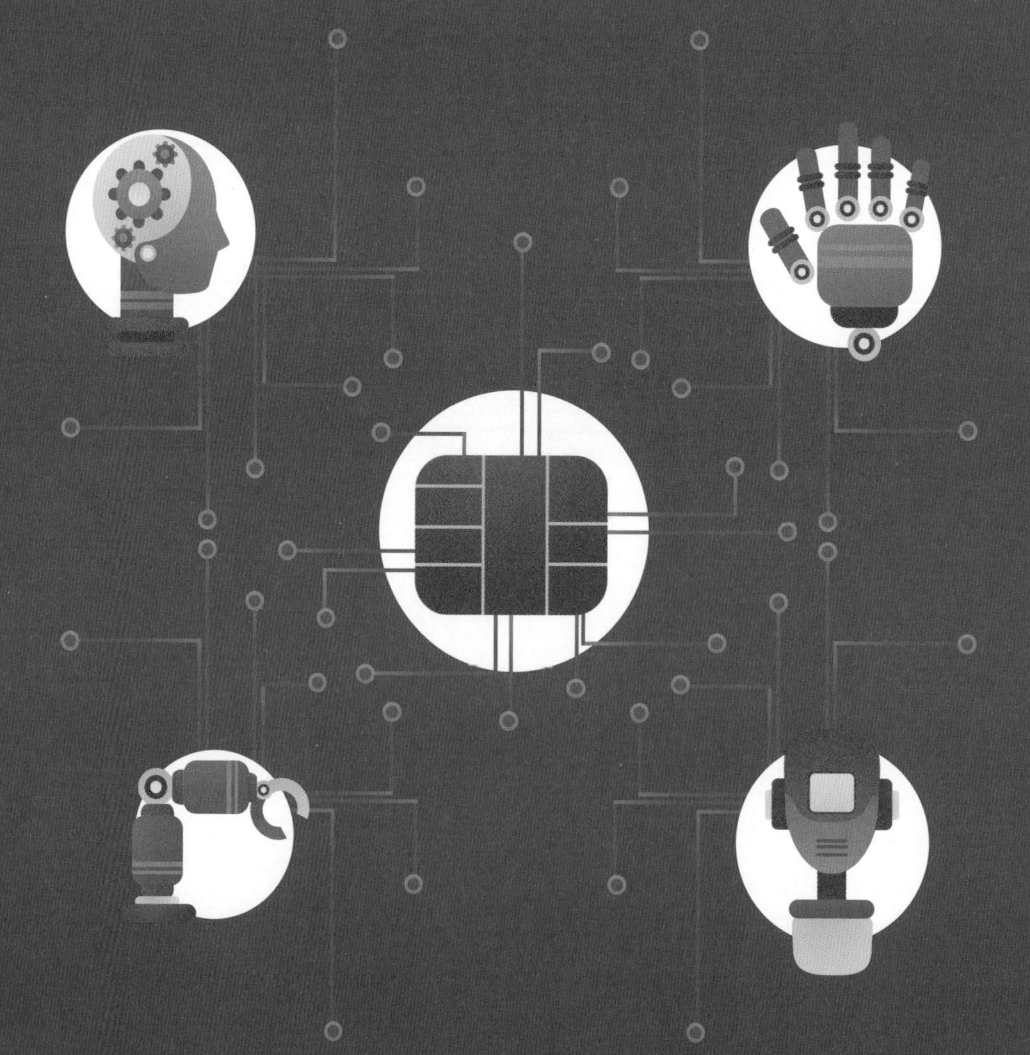

前6章介绍了进行AI计算的算法及该算法所需的硬件，还介绍了在适应AI的计算硬件上高效开发AI算法的框架，以及实现分布式AI计算所需的I/O系统。基于这些，我们就可以建设一个适用于单一AI训练任务的算力中心了。

当然，为AI建设的IaaS和PaaS平台不仅仅用于单一训练任务。对AI产业链有所了解的读者，可能会了解到AI相关硬件的采购成本：目前Nvidia最新款的训练型的GPU卡单卡售价可达30万元以上，8张GPU卡的GPU服务器整机价格往往超过300万元。因此，如果建设的AI算力集群仅用于单一训练任务，那么无疑是巨大的浪费。

显然，我们需要构建一个算力分配调度系统，将宝贵的GPU资源分配给不同的任务及租户使用。考虑到业务需求、系统架构和成本，为AI训练而设计的GPU调度系统可以基于现有的成熟的云计算技术构建而成，无须重新“造轮子”。下面简要介绍可用于AI算力调度分配的云计算相关技术，以及这些技术需要为AI算力调度分配而改进的要点。

7.1 基于虚拟化技术的GPU调度

虚拟化技术几乎是所有云计算系统的必备组件。目前业界主流的虚拟化技术为KVM（Kernel-based Virtual Machine，基于内核的虚拟机）。

KVM是一种在操作系统内核中实现计算机虚拟化的技术，由Qumranet公司在2006年创立，之后很快便成为了Linux操作系统中虚拟化技术的主流方案。Intel、Google、AWS、腾讯云等均为KVM的发展做出了贡献。目前，KVM已经成为Linux内核的一部分，基本上所有的Linux服务器版本都提供了KVM功能。

KVM支持PCI-E设备直通，也就是将一个PCI-E设备分配给一台虚拟机使用。在分配后，无论是宿主机还是其他虚拟机，都无法再使用这个PCI-E设备。我们在创建一台虚拟机时，把GPU直通到虚拟机，就可以让其他租户无法使用该GPU，实现将GPU调度给单一租户使用了，如图7-1所示。

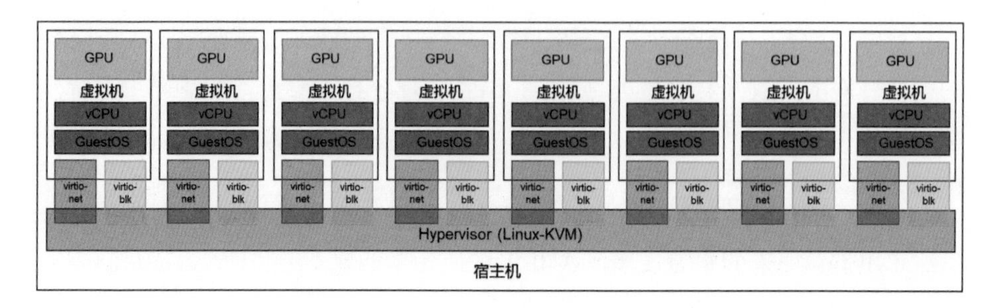

图7-1

在采用PCI-E设备直通方式且基于虚拟机调度GPU时，可以让每台虚拟机都独占至少1个GPU，并为其分配基于virtio-blk的虚拟块设备（云盘）和基于virtio-net的网络设备（弹性网卡）。

对PCI-E设备直通的实现涉及以下几点。

- 将PCI-E设备的中断绑定到虚拟机。
- 将PCI-E设备的配置空间地址、IO-BAR地址映射给虚拟机，使之可以访问。
- 将虚拟机为PCI-E设备分配的DMA缓冲区的VLA（Virtual Linear Address，虚拟机逻辑地址）映射到宿主机的HPA（Host Physical Address，宿主机物理地址）。

以上几点实际上是依托CPU及PCI-E控制器的硬件虚拟化技术实现的。这种硬件虚拟化技术的代表有Intel的VT-X和AMD的AMD-V。

以Intel的VT-X为例，VT-X实际上包括vAPIC（virtual Advanced Programmable Interrupt Controller，虚拟高级中断控制器）、IOMMU（Input Output Memory Management Unit，输入输出内存管理单元）和EPT（Extended Page Table，扩展页表）等技术。

vAPIC的作用是让每台虚拟机的操作系统都可以识别一个虚拟的APIC，并且将虚拟机上的外设产生的中断发送到虚拟机上的CPU Core。最初的KVM在内核中通过软件模拟的方式为每台虚拟机都模拟了这个虚拟的APIC，接管虚拟机操作系统对虚拟APIC的配置，并通过软件查表的方式将真实硬件的中断重定向到虚拟机的CPU上。由于该流程的效率较低，所以Intel引入了vAPIC技术，首先为所有虚拟机中每个CPU的vAPIC都实现了一套虚拟的寄存器，即virtual APIC Page，GuestOS在操作vAPIC时，操作的是真实的硬件，不会导致VM_Exit。

vAPIC对原来的中断投递体系也做了根本的变革。在没有硬件支持终端虚拟化时，KVM对Guest模式下的中断采取的是模拟方式。当来自IO APIC或PCI-E MSI（Message Signaled Interrupts）的外部中断到达时，KVM软件会根据内部的IRQ Routing机制找到中断投递的目标虚拟机上的目标CPU，向CPU注入中断，并让目标CPU产生一次VM_Exit和VM_Entry，让系统评估是否应当响应中断。可想而知，这大大增加了虚拟机的性能损耗。而vAPIC可以让虚拟机的CPU在Guest模式下评估是否需要响应中断，让系统运行效率大大提升。有了vAPIC，就可以让物理设备的中断透传到CPU。

熟悉PCI-E的读者可能了解，在PCI-E规范下，每个设备都有自身4KB的配置空间，PCI-E设备上的PCI控制器内部的所有寄存器都位于这4KB的配置空间中。由于在Intel x86的体系架构下，I/O地址空间只有64KB，因此在Intel处理器集成的PCI-E Root Complex（可将其视为PCI-E总线的总发起端）上，还集成了一个映射单元，将所有PCI-E设备的配置空间都映射为CPU的内存地址空间。这样，在驱动程序中，对所有PCI-E设备都不使用in和out这样的I/O指令进行操作，而是使用普通的内存读写指令进行操作。

这样，虚拟机读写PCI-E配置空间的问题，与为PCI-E设备分配DMA地址的问题，实质上就成了一个问题——将PCI-E设备在宿主机上的配置空间地址和DMA地址映射成为虚拟机可以访问的地址。

CPU在访问物理设备在宿主机上的配置空间地址和DMA地址时，在寻址总线上发送的是HPA，而虚拟机内核与驱动程序访问的地址是经过MMU（Memory Management Unit，内存管理单元）映射的GVA（Guest Virtual Address，虚拟机虚拟地址）。二者之间的转换需要通过一个模块来实现。

IOMMU用于帮助虚拟机将GVA和GPA与HPA进行相互转换。

虚拟机GuestOS在启动时，会找到Hypervisor给它分配的直通PCI-E设备，并调用对应的驱动程序对PCI-E设备的配置空间进行虚拟化。此时，在虚拟机对PCI-E配置空间进行读写的指令中，包含的地址为GVA。CPU上的MMU可以通过GVA结合VPID（Virtual Processor IDentifier，虚拟处理器标识符），把GVA“翻译”为HPA最后访问到实际的配置空间。类似地，在访问DMA地址时，MMU也会做这种“翻译”工作，使得虚拟机GuestOS感受不到自己在虚拟机中，就可以直接操作分配给它的物理PCI-E设备。

PCI-E设备直通的实现，在ARM架构处理器上，与x86架构处理器又有一定的差异。以ARM v8-A架构的Aarch64模式为例：对于将PCI-E设备中断绑定到虚拟机的需求，在ARM v8-A的GICv3上提供了相关机制。GIC（Generic Interrupt Controller，通用中断控制器）可以类比Intel的APIC，其主要作用：接受硬件中断信号并进行简单处理，通过一定的设置策略，将中断信号分配给对应的CPU Core进行处理。ARM v8-A的GICv3架构如图7-2所示。

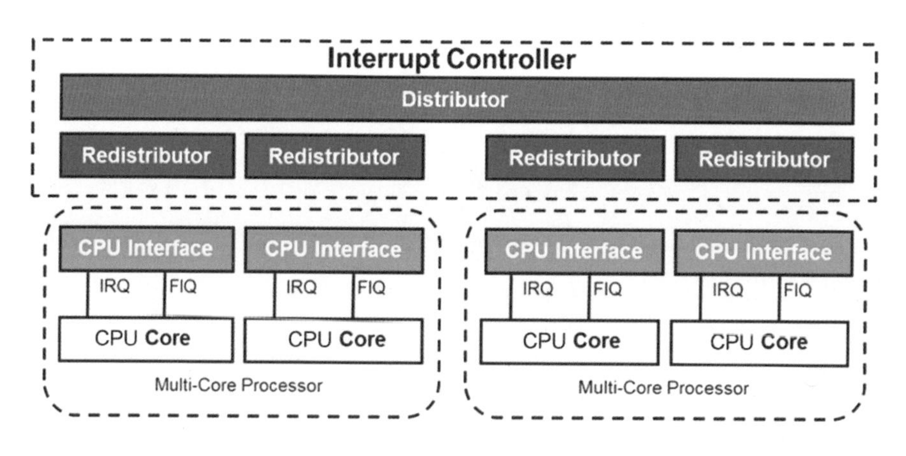

图7-2

GICv3包含以下组件。

- Distributer：用于管理SPI（Shared Peripheral Interrupt，共享外设中断），可以类比Intel x86_64的APIC，能基于CPU的配置，将到来的中断源派发到Redistributer。

- Redistributer：用于管理PPI（Private Peripheral Interrupt，私有外设

中断）、SGI（Software Generated Interrupt，软件生成中断）、LPO（Locality-specific Peripheral Interrupt，本地特殊外设中断），并将这些中断发送到CPU Interface。

- CPU Interface：将中断传输给CPU Core。
- ITS：用来解析LPI中断。

其中，Distributer、Redistributer和ITS在GIC内部实现，而CPU Interface在CPU Core内部实现。GPU这样的PCI-E设备产生的MSI中断属于SPI，可以通过对GICv3进行编程，将MSI定向到特定的CPU Core。

如果我们只能将MSI中断定向到特定的CPU Core，那么在一个CPU Core上运行多台虚拟机（也就是超分）的情况下，怎样区分多台虚拟机，并将PCI-E设备的MSI发送给其绑定的虚拟机呢？由于GICv3本身不支持硬件虚拟化，所以只能在ARM版本的BSP（Board Support Package，板级支持包）中KVM相关的模块修改且实现。

ARM处理器将中断重定向到虚拟机的流程如下，如图7-3所示。

（1）直通设备发起的IRQ到达GIC。

（2）GIC的中断分发器Distributor把物理的IRQ分发到CPU Interface。

（3）Hypervisor从Physical CPU Interface中读取中断信息。

（4）Hypervisor发现此中断是某虚拟机内的直通设备触发的，于是通过写GIC List Register重新注入一个虚拟IRQ（即vIRQ）到GIC中。

（5）GIC产生vIRQ并将其发送给vCPU。

（6）vCPU接收vIRQ，并将其交给运行在这个vCPU上的GuestOS接管，通过与Virtual CPU interface交互来处理后续的中断任务。

可以看出，与Intel APIC相比，ARM的中断虚拟化有较大的差异，需要软件预处理PCI-E设备产生的中断，将其发送到虚拟机进行最终处理。

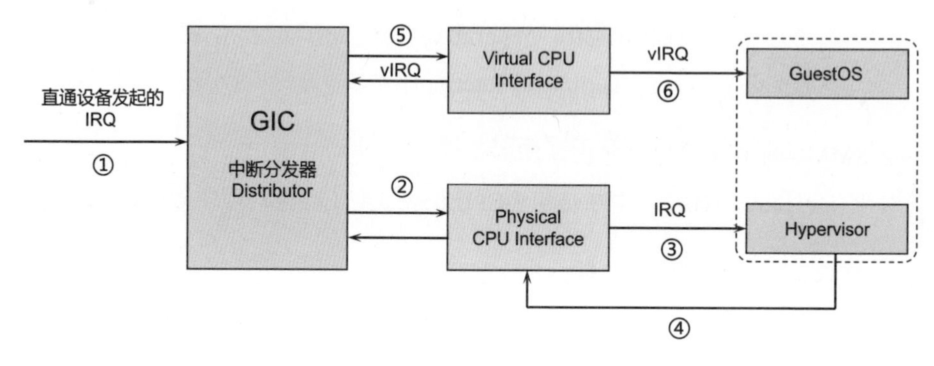

图7-3

若要实现PCI-E设备直通给虚拟机，还需要实现DMA的重映射和其他I/O寄存器的重映射。在ARM体系架构中，SMMU（System MMU，系统内存管理单元）能够提供该能力，如图7-4所示。

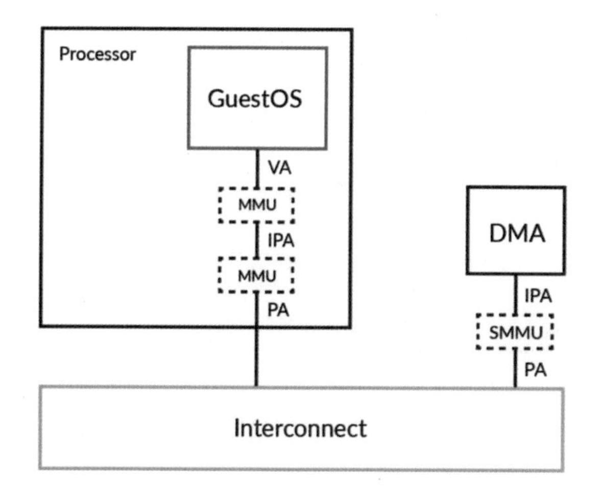

图7-4

在ARM体系架构的设计者看来，在虚拟化应用场景中，地址翻译往往分为两个阶段。

- 阶段一：VA（Virtual Address，虚拟地址）到GuestOS认为的IPA（Intermediate Physical Address，物理地址）之间的转换。
- 阶段二：IPA到PA（Physical Address，真实物理地址）之间的转换。而

SMMU既可以同时支持两个阶段的转换，也可以单独支持每个阶段的转换。

SMMU的出现，为直通设备的DMA重映射提供了可能。直通设备在发起DMA时，只需获取IPA，之后便可由SMMU来做阶段二的处理，以达到安全、高效访问PA的目的。

在ARM v8-A架构的中断虚拟化和IO/DMA虚拟化的配合下，我们就可以将GPU、配合GPU的网卡及NVMe SSD直通给虚拟机使用。

背景知识：ARM架构的三种类型

在经典架构ARM11之后，ARM推出的新一代架构以Cortex命名，并将其根据不同的市场定位分为A、R和M三类。

- A代表Application，定位为丰富OS平台和用户应用程序的设备，比如服务器、手机、机顶盒或智能电视等，支持硬件虚拟化及64bit大型物理地址访问等大型系统所需的特性。
- R代表Realtime，定位为有可靠性、高可用性、容错功能、可维护性和实时响应功能的嵌入式系统，有较高的计算性能和较强的安全性。
- M代表Embedded，定位为高能效、成本功耗敏感的嵌入式系统，比如汽车与工业控制、家用电器和医疗器械等，优先考虑成本和功耗。

7.2 基于容器技术的GPU调度

在KVM/QEMU配合CPU的I/O虚拟化后，我们能够实现为每台虚拟机都分配独占的GPU，并配合其他相关硬件，用户可以非常方便地在虚拟机上运行基于CUDA和TensorFlow开发的机器学习应用。

然而，与机器学习几乎同时出现的另一种趋势——云原生，使得机器学习应用的发展对GPU的调度技术提出了新的需求。

云原生实际上是一种基于云计算体系的软件开发、部署和运维方法论，强调从规划阶段开始就将应用程序和服务设计为云环境下的原生应用，以实现高可用性、可扩展性和灵活性。云原生的核心理念如下。

（1）微服务架构：基于“低耦合，高内聚”的原则，将应用程序和服务拆分为多个微服务单元，从而提升应用程序的可维护性和可扩展性。

（2）自动化管理与运维：自动化管理和部署应用程序、服务，从而提高效率和可靠性。

（3）持续开发/持续交付：使用自动化流水线从源代码构建制成品，并交付到测试环境和生产环境。

（4）容器化：将微服务单元打包为容器镜像，使得程序运行在容器中，基于容器平台的轻量化、弹性伸缩能力和开放性等特性，在实现应用程序的可移植性的同时，为前三点的落地提供坚实的基础。

可以看出，云原生实际上指的就是将应用拆分为微服务，将各微服务的可执行文件构建为容器镜像，以容器化方式运行，并接受Kubernetes等容器编排平台及Istio微服务治理组件相互配合进行调度。

那么，在AI应用微服务化和容器化后，依托于GPU及其附属I/O硬件的AI应用程序应该如何调用GPU等硬件呢？

早期版本的Kubernetes通过硬编码的方式，在主干代码中实现了将Nvidia的GPU直通给容器Pod独占使用。这样做的缺点是显而易见的：如果未来还需要实现将网卡、NVMe SSD或FPGA卡等其他PCI-E设备直通给容器Pod，那么需要这些卡的制造商将包含了这些PCI-E设备Vendor ID和Device ID等硬件相关信息的调度代码合入Kubernetes主分支。

显然，这种设计违反了UNIX/Linux操作系统设计准则中的以下三条。

（1）低耦合，高内聚：减少模块之间的耦合，尽量在一个模块中实现高度相关的功能。

（2）提供机制而非提供策略：尽量提供机制给应用或用户调用，而不是代替应用或用户设想业务处理策略和逻辑并实现。

（3）对修改封闭，对扩展开放：在扩展功能时避免直接修改代码，而是留有为扩展功能设计的接口。

这也违反了Kubernetes设计的Out-of-tree理念，也就是尽量避免将设备相关的代码放入Kubernetes的主线分支（Code Tree），而是使用插件实现。

2018年，Nvidia通过修改Kubernetes，实现了将工作节点上的GPU等设备直通给容器Pod使用，同时禁止其他容器使用该设备。引入这一修改的项目被称为"Device Plugin"。

Device Plugin的工作原理如图7-5所示。

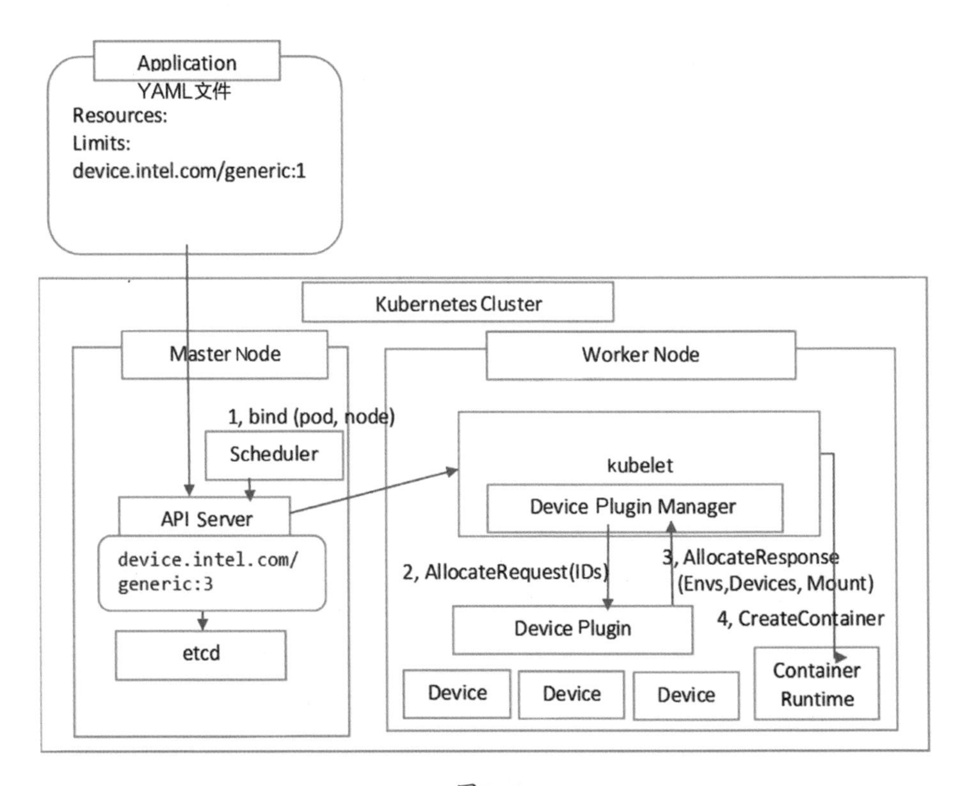

图7-5

Kubernetes通过Device Plugin把一个设备分配给容器的流程如下。

（1）Kubernetes在Worker Node（工作节点）集群里面，找到与GPU资源请求匹配的节点，把Pod分配到这个节点。

（2）在分配完毕以后，Worker Node上的kubelet创建容器。当kubelet发现Scheduler发来的资源请求包含GPU时，会调用Device Plugin Manager找一个可用的GPU并将其指定给容器。

（3）Device Plugin找到这个GPU的路径/文件名（在Linux操作系统中万物皆文件）和相关环境变量，把它们返回给kubelet。

（4）kubelet将收到的路径/文件名指定Namespace，使之与该容器的Namespace一致，这样其他容器就无法访问这个路径/文件名，即让GPU被这个容器独占使用。

我们发现，Linux操作系统中的所有设备都以文件的形式呈现，而Kubernetes Device Plugin实际上是将这种特殊的文件设为某一容器独占使用，并且这种特殊的文件对应的设备可以为各类设备，包括但不限于GPU。因此，业界也出现了各类其他Device Plugin，包括网卡和FPGA卡等。

2019年，随着Mellanox并入Nvidia，Kubernetes Device Plugin又增加了对RDMA的IB/RoCE网卡的支持。这样，运行在Kubernetes的Pod中的AI应用就可以通过CUDA和TensorFlow来调用GPU运算了，还可以通过支持RDMA的网卡进行高性能的内存数据传输，如图7-6所示。

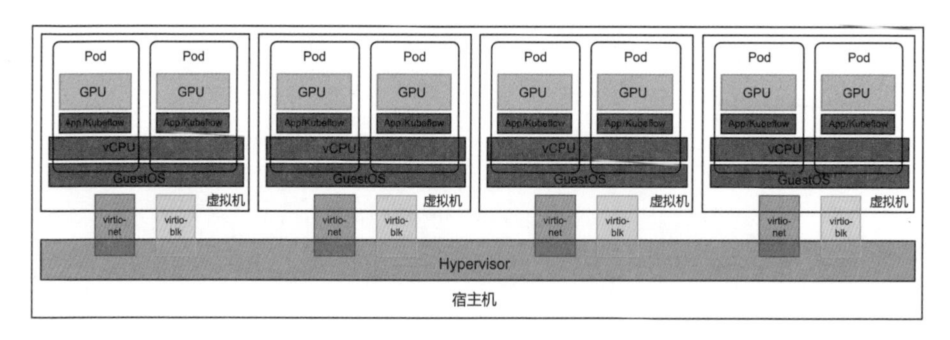

图7-6

剩下一个问题：GPU有可能是通过GPU Direct Storage读写本地NVMe盘

的，这在Kubernetes中应当如何实现呢？

实际上，答案很简单：我们之所以要让GPU和RDMA网卡直通给容器Pod，是因为如果不这样做，那么容器使用的Namespace机制会限制应用进程访问未分配给容器的硬件，因此必须在内核中将这些硬件设置为与容器进程的Namespace一致，才可以让容器中的应用使用这些硬件。而GPU在访问NVMe SSD和RDMA/RoCE网卡时，并不需要通过操作系统的驱动机制，而是直接访问硬件，因此不会受到Linux操作系统中Namespace机制的限制，也无须实现容器直通硬件。

通过容器调度的GPU与RDMA网卡、NVMe SSD等其他硬件交互时，系统架构和数据流向如图7-7所示。

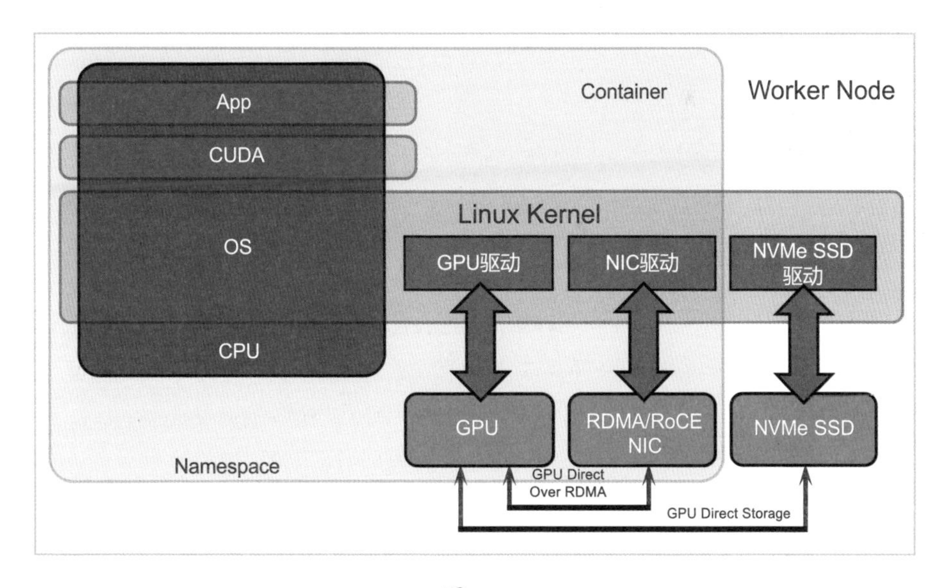

图7-7

容器中的应用可以使用直通给容器的GPU和RDMA/RoCE网卡，通过CUDA等框架调用GPU运算，并通过RDMA进行内存数据交换。同时，GPU在通过GPU Direct技术使用NVMe SSD或RDMA/RoCE网卡时，并不受到操作系统Namespace的限制。

7.3 本章小结

为了实现将GPU集群调度给不同的应用和租户使用，这里在云计算平台中常见的虚拟化技术和容器技术的基础上，增加了将GPU直通给虚拟机或容器的支持，使得虚拟机或容器中的应用可以使用GPU进行运算。

特别地，基于Kubeflow等云原生机器学习框架开发的容器化机器学习应用，在Kubernetes Device Plugin的支持下，能够通过Kubernetes的调度能力，将GPU调度给不同的微服务，来实现一定程度的GPU复用。

对于提供GPU计算服务的云计算场景，我们还可能需要将一张GPU卡或一颗GPU芯片提供给不同的应用甚至租户使用，这就需要实现GPU的虚拟化调度。第8章将详细介绍GPU的虚拟化调度技术。

第 8 章

GPU虚拟化调度方案

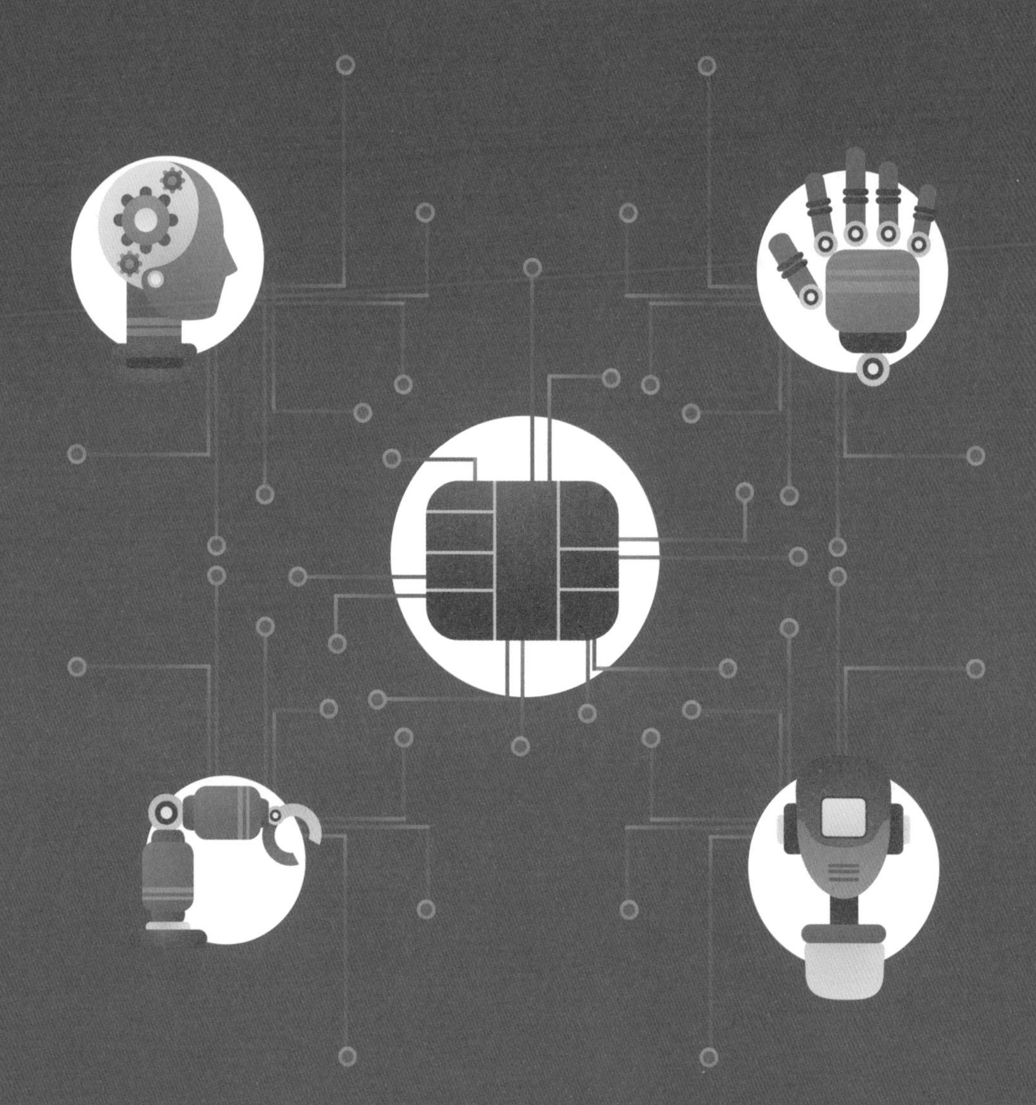

在7.1节和7.2节中我们发现，无论是基于虚拟机的PCI-E设备直通，还是基于Kubernetes的Device Plugin，对GPU调度的颗粒度都是整颗GPU芯片，这样，是不能将一颗GPU芯片共享给多个应用使用的。然而，在实践中，将GPU共享给多个应用使用是很常见的需求，特别是对于推理场景，往往不需要一直使用整颗GPU芯片的算力资源。因此，将昂贵的GPU分享给其他应用的能力就变得非常有价值。

因此，无论是GPU厂商、云计算厂商，还是开源社区，都推出了一系列GPU虚拟化方案。

相对于CPU及其他外设的虚拟化而言，GPU虚拟化是新鲜的事物。因此，我们可以使用类比的方法，参照CPU及其他外设的虚拟化需求，来看GPU虚拟化应当实现的需求。

1. 硬件复用需求

我们首先应当实现硬件复用需求。“复用”（Multiplexing）一词最早用于通信领域，指在一条物理信道上同时承载多路通话或数据业务。在通信领域，常见的复用方式有时分复用（Time Division Multiplexing）、码分复用（Code Division Multiplexing）、空分复用（Space Division Multiplexing）和波分复用（Wavelength Division Multiplexing）。显然，对于计算机硬件而言，可以考虑的就只有时分复用和空分复用两种方式。

对于x86或ARM处理器，可以将一台虚拟机绑定到一个或多个CPU Core/超线程上，而将另一台虚拟机绑定到其他CPU Core/超线程上。显然，这属于空分复用方式。对于CPU占有率不高的应用，也可以将若干虚拟机绑定到同一个CPU Core/超线程上，也就是“超分”（Over Provisioning），这属于时分复用。

对于GPU虚拟化，也出现了空分复用和时分复用这两条不同的技术路线。但是，无论哪条路线，都应满足虚拟化的第二个需求：隔离性。

2. 隔离性需求

隔离性需求指的是，应用在使用硬件时，应当无法感知其运行环境是独占的硬件，还是虚拟化的硬件，也无法越界访问其他虚拟化实例中的硬件资源。同时，虚拟化硬件中运行的应用异常也不应当影响其他虚拟化实例中运行的应用。

在CPU虚拟化中，这一点可以通过CPU的硬件来实现，如Intel的VT-X、ARM的Non-root Mode、Exception Level和Memory Virtualization等特性，能够实现硬件层面的虚拟化隔离。而GPU虚拟化如何实现这一点，也是各种虚拟化流派的工作重点。

3. 可运营需求

在隔离性需求的基础上，还应当实现一个需求：可运营需求。在多租户的虚拟化或云计算平台上，运营方应当向租户承诺各租户实际可得的资源量，并且通过技术手段限制租户超量使用。对Linux-KVM而言，可以从操作系统层面为虚拟机分配CPU Core和内存容量等资源，并有效地限制虚拟机使用超出分配量的资源。对GPU虚拟化而言，这一特性也属于运营层面的重要需求。

为了实现这些需求，GPU硬件厂商和云软件厂商都提出了一系列解决方案。而业界领先的腾讯云、阿里云等云计算厂商则另辟蹊径，与开源社区合作共同创建了qGPU、cGPQ等应用时分复用方法，为容器平台实现GPU虚拟化的方案。

下面详细介绍这些GPU虚拟化方案的异同之处。

8.1 Nvidia的GPU虚拟化调度方案

Nvidia（英伟达）作为GPU领域的Top供应商，从2010年起就推出了GPU虚拟化的方案，其大致的发展路线图如图8-1所示。

在图8-1中，GPU虚拟化的发展路线分为三个阶段：以vCUDA为代表的API Remoting阶段、以GRID vGPU为代表的Driver Virtualization（驱动虚拟化）阶段，以及以MIG为代表的Hardware Virtualization（硬件虚拟化）阶段。

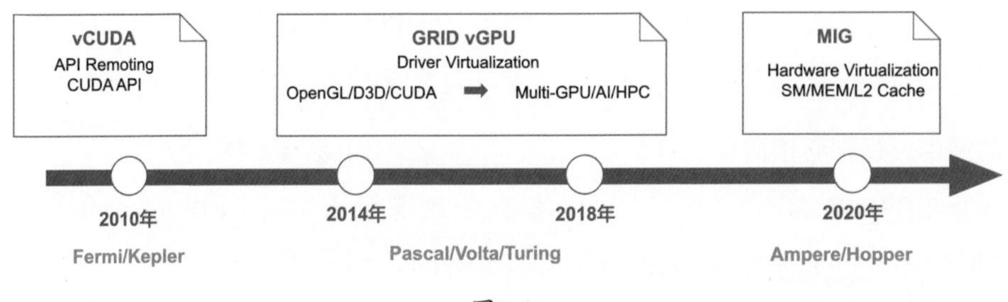

图8-1

8.1.1 API Remoting与vCUDA

vCUDA技术出现于2010年前后，其实现思路是：在虚拟机中提供一个物理GPU的逻辑映像——虚拟GPU，在用户态拦截CUDA API，在虚拟GPU中重定向到真正的物理GPU上执行计算。同时，在宿主机上基于原生的CUDA运行时库和GPU驱动，运行vCUDA服务端，接管虚拟GPU拦截的CUDA API，同时进行计算任务的调度。

vCUDA的工作原理如图8-2所示。

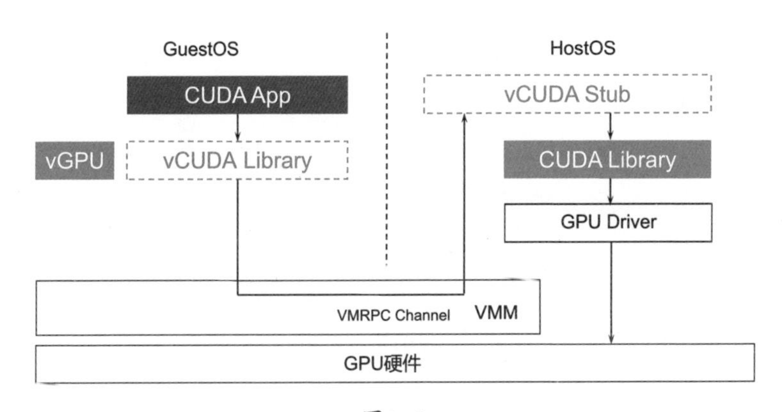

图8-2

从图8-2可以看出，虚拟机的CUDA运行时库被替换为vCUDA，其作用就是拦截来自CUDA App的所有CUDA API调用。vCUDA运行时库会在内核中调用vGPU驱动（或称之为“客户端驱动”），vGPU驱动实际的作用就是通过虚拟机到宿主机的VMRPC（Virtual Machine Remote Procedure Call）通道，将CUDA调用发送到宿主机。宿主机的vCUDA Stub（管理端）接收到CUDA调用后，调用宿主机上真正的CUDA运行时库和物理GPU驱动，完成GPU运算。

在客户端驱动处理API之前，还需要向管理端申请GPU资源。每一个独立的调用过程都必须向宿主机的管理端申请GPU资源，从而实现GPU资源和任务的实时调度。

显然，vCUDA是一种时间片调度的虚拟化技术，也就是"时分复用"。此种实现对于用户的应用而言是透明的，无须针对虚拟GPU做任何修改，而且也可以实现非常灵活的调度，单GPU能服务的虚拟机数量不受限制。但缺点也是显而易见的：CUDA API只是GPU运算使用的API中的一种，业界还有DirectX/OpenGL等其他API标准，而且同一套API又有多个不同的版本（如DirectX 9和DirectX 11等），兼容性非常复杂。

Nvidia如何在下一代GPU虚拟化技术中解决这一问题呢？

8.1.2　GRID vGPU

Nvidia在2014年前后推出了vCUDA的替代品——GRID vGPU。

GRID vGPU是一种GPU分片虚拟化方案，也可以被认为是一种半虚拟化方案。"分片"实际上还是采用"时分复用"。

GRID vGPU的实现原理如图8-3所示。

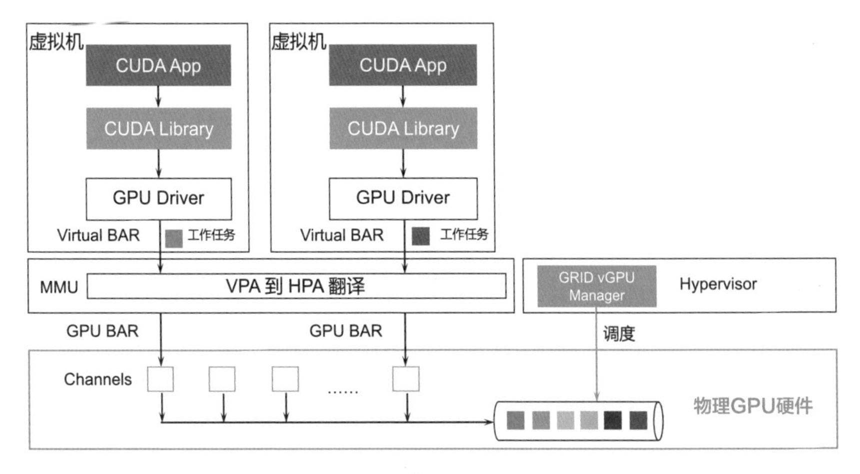

图8-3

在图8-3中，虚拟机中的CUDA应用调用的是原生的CUDA运行时库，但GuestOS（虚拟机操作系统）中的GPU驱动并不是访问GPU物理的BAR（Base Address Register），而是访问虚拟的BAR。

在进行计算工作时，GuestOS的GPU驱动会将保存待计算Workload的GPA通过MMIO CSR（Configuration and Status Register）传递给HostOS中的GPU驱动，从而让HostOS的GPU驱动拿到GPA并将其转换为HPA，写入物理GPU的MMIO CSR，也就是启动物理GPU的计算任务。

物理GPU在计算完成后，会发送一个MSI中断到HostOS的驱动，HostOS的驱动根据Workload反查提交这个Workload的vGPU实例，发送中断到对应的虚拟机中。虚拟机的GuestOS处理该中断，直到完成计算Workload，上报CUDA和应用，vGPU计算过程处理完毕。

vGPU方案也被称为MPT（Mediated Pass Through，受控直通）方案。该方案的思路是：将一些敏感资源和关键资源（如PCI-E配置空间和MMIO CSR）虚拟化，而GPU显存的MMIO则进行直通，并在HostOS上增加一个能够感知虚拟化的驱动程序，以进行硬件资源的调度。这样，在虚拟机中就可以看出一个PCI-E设备，并安装原生的GPU驱动。

该方案的优势在于，继承了vCUDA的调度灵活性，并且不需要替换原有的CUDA API库，解决了上一代vCUDA的兼容性问题。该方案的缺陷在于，宿主机上的驱动为硬件厂商所控制，而该物理GPU驱动是实现整个调度能力的核心。也就是说，该方案存在着对厂商软件的依赖，厂商软件可以基于这个收取高额的软件授权费用。

8.1.3 Nvidia MIG

在业界的推动下，Nvidia又在2020年前后更新了一代GPU虚拟化方案MIG（Multi-Instance GPU）。MIG的实现原理如图8-4所示。

我们对比图8-3和图8-4会发现，MIG与vGPU的相同点在于，虚拟机上的CUDA运行时库和GPU驱动均为原生版本。但其差异在于，MIG上看到的GPU

设备实际上是真实物理硬件的一部分，其BAR和MMIO CSR的背后都是真实的物理硬件。

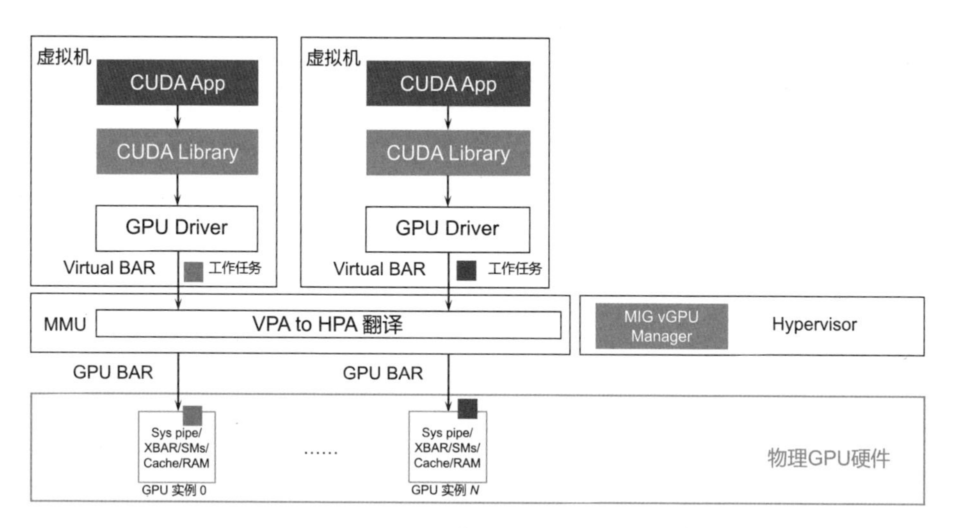

图8-4

这是Nvidia在Nvidia A100和Nvidia H100等高端GPU上引入的硬件能力，它不仅能将一个GPU芯片虚拟出7个实例，提供给不同的虚拟机使用，还可以为虚拟化的实例分配指定的GPU算力和GPU内存，这实际上是一种空分复用，也就是硬件资源隔离（Hardware Partition）。

硬件资源隔离所带来的一个重要价值就是硬件故障隔离。在前两种方案中，从本质上说，GPU侧并没有实现真正的故障隔离，一旦某个提交给Nvidia的CUDA作业程序越界访问了GPU显存，其他虚拟机的CUDA应用就都有可能在抛出的异常中被中止。而MIG提供了硬件安全机制，不同MIG实例中的程序不会相互影响，从而从根源上解决了这一问题。

MIG看起来是一个完美的方案，但实际上并非如此。

首先，MIG只在高端的训练GPU上才得到了支持，但实际上推理场景需要使用GPU虚拟化技术来实现多应用共享GPU的可能性更大；其次，MIG支持的实例数受硬件设计限制，目前只能支持7个GPU实例；最后，MIG只支持CUDA计算，对于渲染等其他场景不支持。

因此，工程师们也构思了更多的方案，特别是云计算厂商也推出了一系列基于容器的GPU调度方案。

8.2 其他硬件厂商的GPU虚拟化调度方案

我们暂且先搁置前一个话题提到的基于容器的GPU调度，来看一看业界其他硬件厂商的GPU虚拟化方案。

实际上，在GPU领域，除了Nvidia，就只有AMD和Intel两家厂商尚可被称为“有存在感”，其他厂商一般都只是在特定的细分领域具备竞争力。因此，这里先分析这两家厂商基于自己的思路推出的GPU虚拟化方案。

8.2.1 AMD的SRIOV方案

AMD的GPU虚拟化思路是SRIOV（Single-Root Input/Output Virtualization），也就是遵循PCI-SIG发布的SRIOV规范，来实现GPU的硬件资源隔离，其实现原理如图8-5所示。

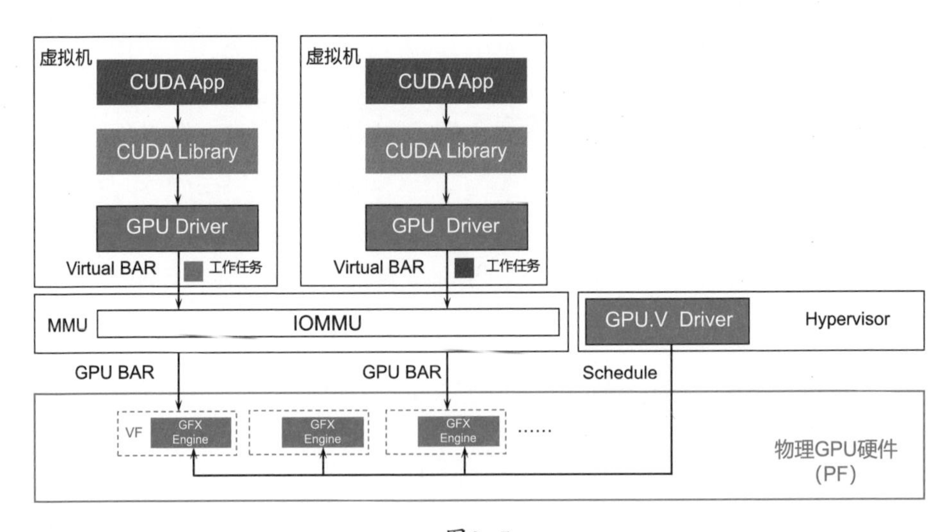

图8-5

在图8-5中，AMD的GPU本身为PCI-E SRIOV的PF（Physical Function），而每个虚拟化实例都为一个VF（Virtual Function），并直通给一个虚拟机。虚

拟机使用原生的CUDA App和GPU驱动访问VF设备，提交计算任务，并在GPU中完成计算。

但是，GPU的SRIOV仅仅提供了PCI-E TLP层的VF能力，不提供类似网卡SRIOV的硬件资源隔离能力。也就是说，任何一个虚拟机的CUDA程序越界访问GPU内存，都会导致其他虚拟机的CUDA应用被异常终止。

这是因为，SRIOV虚拟化实际上更适合网卡这种无状态的硬件设备。在网卡中，唯一有状态的就是TX/RX队列，而各队列之间本来就采用了严格隔离的硬件设计，将队列分配给VF就能够实现各VF硬件资源的隔离。

但GPU的复杂度远超网卡。GPU实际上是一个高度并发的向量计算机，其内部有各种计算单元、缓存和RAM控制器。在GPU中，如果需要实现硬件级别的虚拟化隔离，那么其难度甚至超过Intel在x86中引入VT-X系列特性。就连在CPU中的硬件虚拟化隔离有深厚积累的Intel，也采用了类似Nvidia vCPU的MPT方案来实现GPU虚拟化，而没有采取SRIOV这样的硬件虚拟化隔离方案。

8.2.2　Intel的GVT-G方案

Intel 的GVT-G（Graphics Virtualization Technology-G）与Nvidia的GRID（vGPU）类似，在HostOS中为GuestOS虚拟一个完整的GPU设备，并在HostOS中处理GuestOS中驱动对GPU进行的控制平面和数据平面的所有操作。由于虚拟机会将vGPU视为一个真实的GPU，因此不需要替换驱动就可以直接使用。

GVT-G与Nvidia的GRID架构非常类似，缺陷也类似。在较新的Intel桌面处理器上（11代 Tiger Lake之后），其核芯显卡已经抛弃GVT-G，改为使用类似AMD的SRIOV方案实现GPU虚拟化。

8.3　云厂商与开源社区基于容器的GPU虚拟化调度方案

在前文中，我们可以得到一个初步结论：基于空分复用或硬件资源隔离的GPU虚拟化技术，要么难以实现故障隔离，要么在灵活性上有较大的限制。那么，我们如果期望拥有较好的虚拟化颗粒度的灵活性，还能够实现故障隔离和硬件资源隔离，就只能使用时分复用的方式。

我们从另一个维度考量计算资源的调度技术会发现，传统的虚拟化（如XEN和KVM等）实际上都是以空分复用技术为主导的。即使开启了CPU超分，也只是在空分复用的基础上增加了时分复用。这与我们解决GPU虚拟化的思路其实是有很大分歧的。

因此，从计算资源调度技术选择路线层面，更为可行的方案是使用Kubernetes容器编排平台来实现GPU的调度。

容器本质上是Linux操作系统的一个进程，与普通进程的区别是前者通过Namespace进行了隔离，并经cgroups约束资源使用量。实际上，Linux操作系统只会通过这二者对一个进程的访问权限和资源申请进行约束，并不会将该进程或该容器绑定到任何物理硬件模块上。因此，容器技术从本质上说是时分复用的计算资源调度技术。各大云厂商的GPU虚拟化方案也都基于容器平台来实现。

8.3.1 TKE vCUDA+GPU Manager

TKE（Tencent Kubernetes Engine）是腾讯云的容器平台，其社区版本为TKEStack。业界也有基于TKEStack衍生出的其他商用容器平台，如灵雀云ACP等。

TKE的早期版本借鉴了Nvidia vGPU的思路，使用CUDA劫持技术来实现GPU虚拟化，其实现原理如图8-6所示。

GPU Manager的实现原理是，在容器工作节点（Worker Node）上增加GPU Manager，当Kubernetes/kubelet创建Pod时，GPU Manager调用vGPU Manager，为Pod通过Device Plugin的方式增加vGPU。同时，容器看到的libcuda.so等关键调用库被替换为软链接，这实际上是TKE提供的vCUDA运行时库。vCUDA运行时库会进行GPU资源的QoS和数据采集监控，最后调用真实的CUDA运行时库，让GPU进行计算。

vCUDA+GPU Manager方案的优势在于，调度颗粒度很细，可以大大提高CPU的资源利用率。另外，GPU Manager在工作节点上运行还可以实现GPU拓扑感知，提供最优的调度策略，做到对用户应用的无侵入。

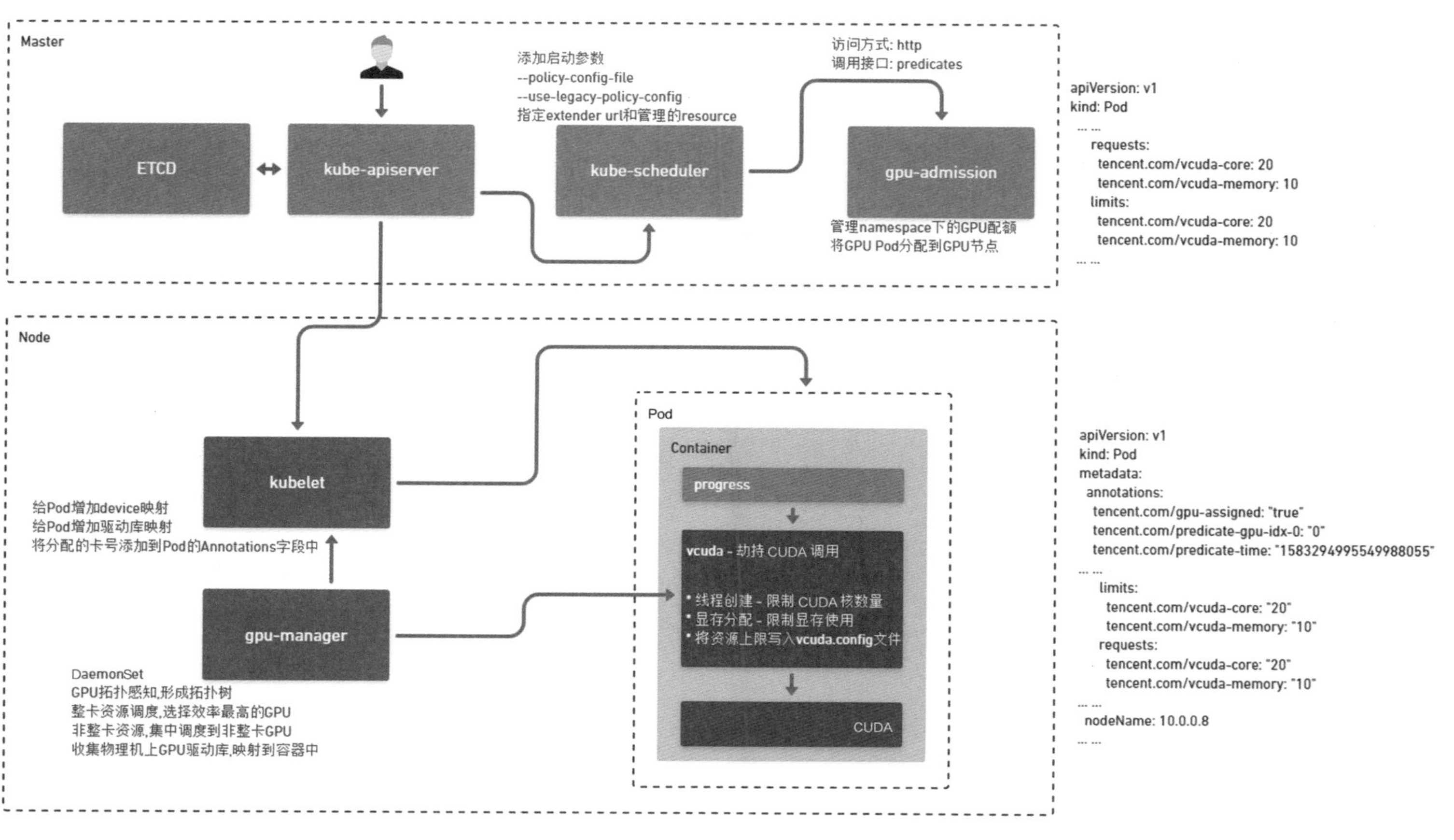
Master
ETCD
kube-apiserver
kube-scheduler
gpu-admission
添加启动参数
--policy-config-file
--use-legacy-policy-config
指定extender url和管理的resource
访问方式: http
调用接口: predicates
管理namespace下的GPU配额
将GPU Pod分配到GPU节点
apiVersion: v1
kind: Pod
... ...
requests:
tencent.com/vcuda-core: 20
tencent.com/vcuda-memory: 10
limits:
tencent.com/vcuda-core: 20
tencent.com/vcuda-memory: 10
... ...
Node
kubelet
gpu-manager
给Pod增加device映射
给Pod增加驱动库映射
将分配的卡号添加到Pod的Annotations字段中
DaemonSet
GPU拓扑感知,形成拓扑树
整卡资源调度,选择效率最高的GPU
非整卡资源,集中调度到非整卡GPU
收集物理机上GPU驱动库,映射到容器中
Pod
Container
progress
vcuda - 劫持 CUDA 调用
• 线程创建 - 限制 CUDA 核数量
• 显存分配 - 限制显存使用
• 将资源上限写入vcuda.config文件
CUDA
apiVersion: v1
kind: Pod
metadata:
annotations:
tencent.com/gpu-assigned: "true"
tencent.com/predicate-gpu-idx-0: "0"
tencent.com/predicate-time: "1583294995549988055"
... ...
limits:
tencent.com/vcuda-core: "20"
tencent.com/vcuda-memory: "10"
requests:
tencent.com/vcuda-core: "20"
tencent.com/vcuda-memory: "10"
... ...
nodeName: 10.0.0.8
... ...

图8-6

vCUDA+GPU Manager也有一些劣势。由于替换了原有的CUDA运行时库，所以需要vCUDA版本跟随CUDA运行时库版本，并进行跟随适配。此外，CUDA劫持也会造成5%左右的性能损耗。

百度MPS的GPU虚拟化方案与GPU Manager类似，也是一种GPU劫持方案，也具有类似的优缺点。

8.3.2 阿里云的cGPU

GPU虚拟化也是阿里云的一个投入重点。阿里云的相关技术叫作cGPU，其实现原理如图8-7所示。

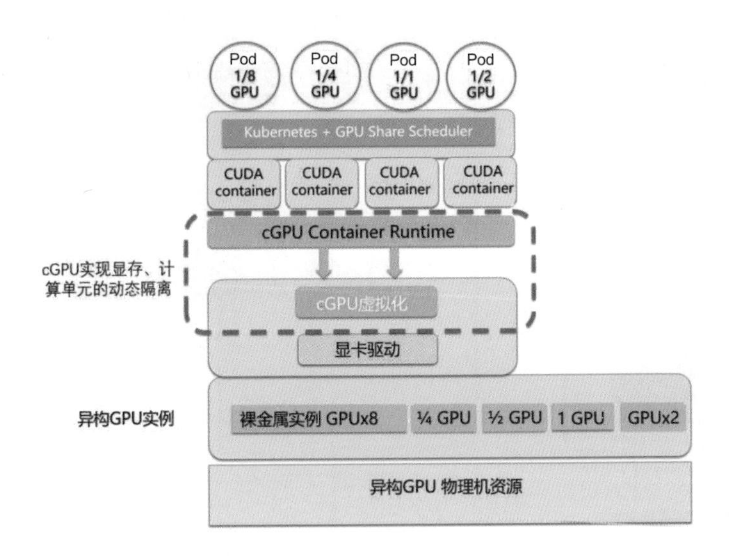

图8-7

cGPU的实现思路是：在操作系统内核层面进行调用劫持，利用内核模块cgpu_km虚拟出16个虚拟GPU设备，并通过Device Plugin提供给容器使用。当用户程序的工作请求下发到cgpu_km时，模块通过修改请求及回复来限制GPU显存资源。同时，cgpu_km也可以实现简单的算力调度，通过限制每个容器可下发到kernel的时间片来进行算力资源的隔离。

cGPU的优点是：不需要替换CUDA运行时库，能兼容其他非CUDA的API。其缺陷是：虚拟设备会有一定的性能损耗。此外，由于cGPU没有实现

GPU上下文切换（Context Switch），因此无法终止发往GPU的任务。这意味着，在需要实现真正的算力时间片隔离的场景中，无法暂停前一个任务，以将GPU时间片分配给后一个任务，而是必须等待前一个任务运行完成后，才可以把GPU时间片分配给后一个任务。这会导致租户实际得到的时间片多于云服务商对用户承诺的时间片。这对云服务商而言是一种资源浪费。

8.3.3　腾讯云的qGPU

腾讯云的qGPU是新一代的GPU虚拟化方案，其实现思路与阿里云的cGPU类似，如图8-8所示。

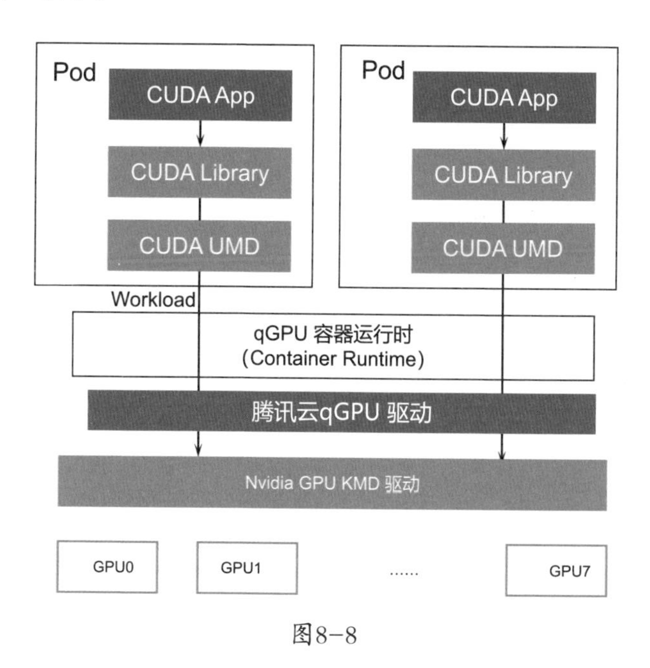

图8-8

腾讯云的qGPU也是一种内核劫持共享GPU方案，在内核中添加一个qGPU驱动，拦截来自各容器CUDA运行时库的申请显存和计算作业等请求，从而实现显存资源与计算资源隔离。

特别地，qGPU为不同的容器维护了不同的GPU Context（GPU上下文），以实现真正的故障隔离和时间片隔离。

实际上，qGPU的第一个字母q就代表QoS，它是业界首个真正能实现GPU

QoS的GPU虚拟化算力调度方案，也可以实现离线业务（训练场景）和在线业务（推理场景）混合部署在同一个GPU容器集群，从而进一步充分利用GPU资源。

8.4 本章小结

由于GPU算力的成本较为高昂，业界提出了将一颗物理GPU芯片分享给多个应用使用的需求。Nvidia、AMD和Intel都推出了在现有GPU驱动层和硬件上加以改造的方案，如SRIOV、vCUDA、GRID vGPU和MIG等。但这些方案都有一定的缺陷，如规格受限、性能损耗较高等。

以腾讯云和阿里云为代表的互联网云计算厂商则基于自身对Kubernetes容器编排平台技术和操作系统的理解，提出了基于容器的时分复用方案，如腾讯云的qGPU和阿里云的cGPU等方案，取得了更好的硬件兼容性、调度实时性和服务质量保障（QoS）能力。

第9章

GPU集群的网络虚拟化设计与实现

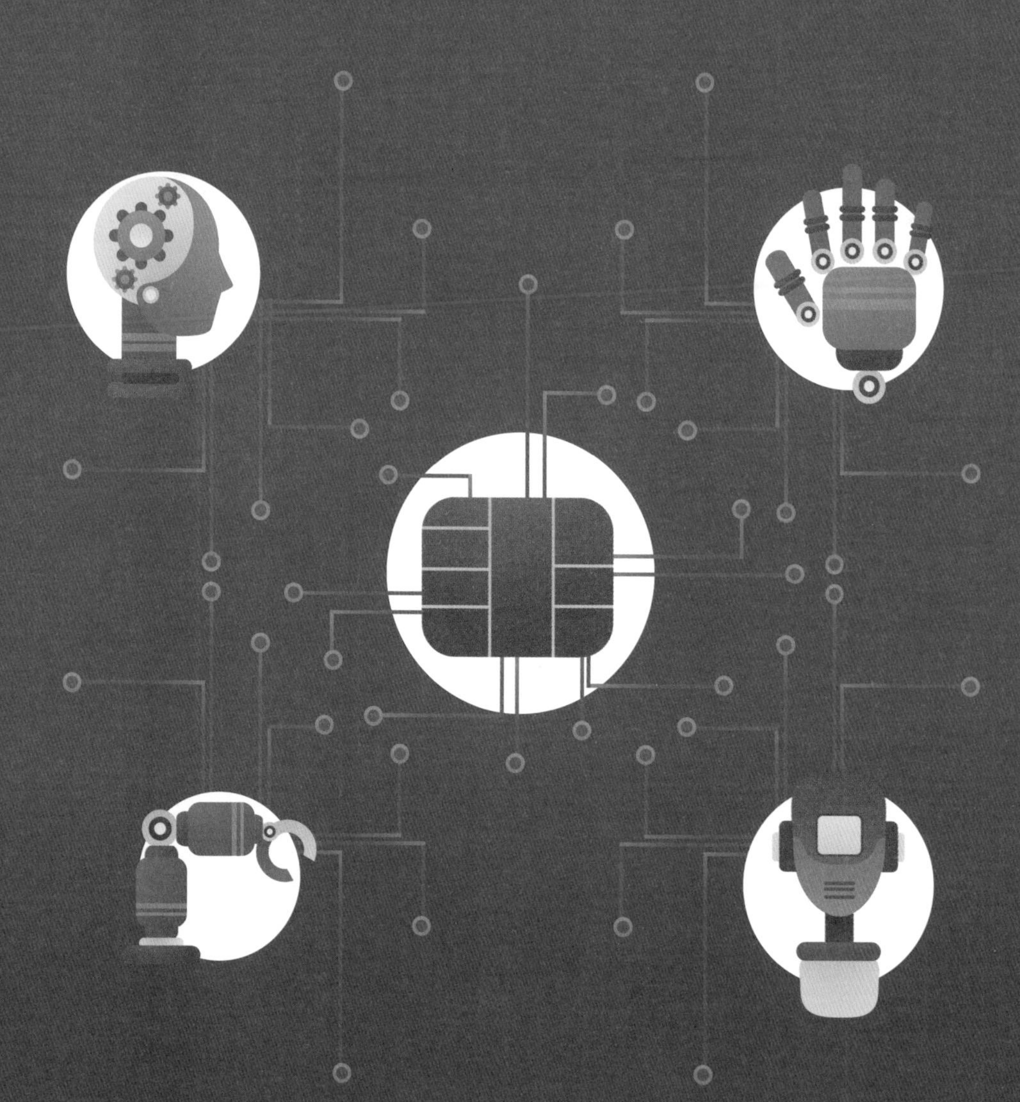

目前主流的GPU集群的资源调度技术实际上是基于虚拟化和容器的云计算技术。在引入云计算技术后，我们就可以将GPU计算资源分配给不同的租户使用，并且通过网络隔离使得每个租户都只能看到自己申请的GPU资源，如带有GPU的虚拟机和带有GPU的容器集群等。

网络隔离技术也被称为“网络虚拟化技术”，它是云计算技术的核心技术之一。它需要解决以下几个重要问题。

- 如何为不同租户及租户的不同应用构建虚拟化的网络，使得不同的虚拟化网络服务实例可以使用重叠的IP地址，并且看不到其他虚拟化网络服务实例中的节点。
- 如何实现多个虚拟化网络的互联互通。
- 虚拟化网络中的各个节点如何访问物理网络中的节点。
- 由虚拟化网络中多个节点构成的集群如何使用统一的IP地址和域名对内外访问者提供服务。

下面分析运行机器学习业务的GPU集群对网络的需求，并设计相关的方案。

9.1 基于SDN的VPC技术：网络虚拟化技术的基石

我们首先来分析网络隔离的需求和技术发展历程。

在云计算平台等大中型集群上，为了把计算资源分配给多租户使用，需要为每个租户提供专属的VPC（Virtual Private Cloud），使得租户的网络与其他内外部网络隔离。VPC网络又被称为“Overlay网络”，如图9-1所示。

图9-1展示了在云计算平台中，通过网络隔离技术在Underlay网络上虚拟化出多个Overlay网络的场景。我们可以将Overlay理解为一个VPN，不同租户所在的Overlay是逻辑上完全隔离的，看起来就是一个自己私有的云网络，因此被称为VPC。

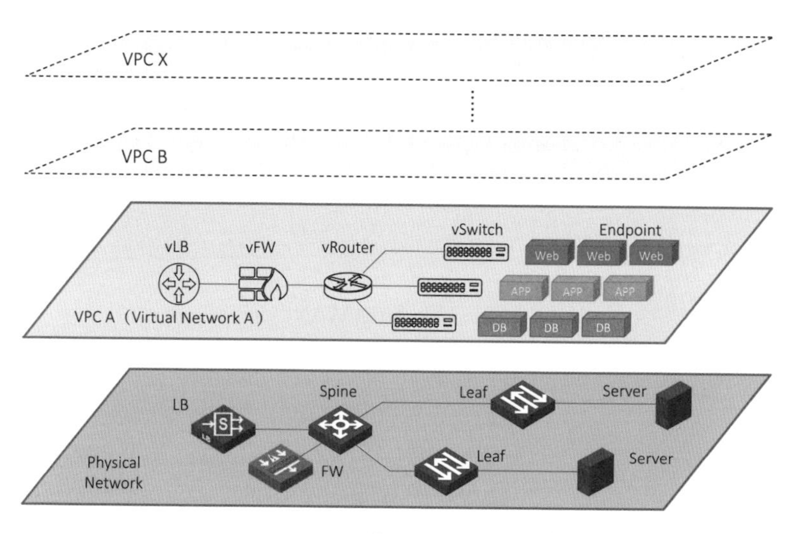

图9-1

VPC技术的前身是“大二层”技术。在云计算技术出现的早期，为了让虚拟机从一台宿主机迁移到另一台宿主机后，还可以使用原来的IP地址，便出现了“大二层”技术，也就是在三层IP网络中建立一个二层隧道，如TRILL（Transparent Interconnection of Lots of Links）或VPLS（Virtual Private LAN Service）等。但这些“大二层”技术存在泛洪数据包过多、无法自动化配置和标准化情况不佳等缺陷，因此很快就被业界淘汰。

案例：某欧洲国家数据中心“大二层”方案

欧洲著名的互联网搜索引擎公司Y，期望基于现有Spine-Leaf架构的数据中心物理网络建设多个“大二层”网络。考虑到拥有的IPv4地址即将耗尽，需要使用IPv6部署业务，而当时主流的“大二层”技术尚不支持IPv6，Y公司决定使用VPLS（Virtual Private Link Service）技术作为数据平面，使用MP-BGP作为控制平面，实现L2 Over L3的“大二层”网络，并同时支持IPv4和IPv6的双栈。

但是，在若干VPLS L2网络需要互通时，就要在MP-BGP上通过route target的配置实现，繁重的配置工作使得Y公司网络管理员不堪重负，最终在VXLAN技术出现后，Y公司全面转向通过VXLAN构建“大二层”网络，并且暂缓对IPv6的进一步支持。

2014年前后，随着OpenStack Neutron从Nova计算模块中剥离成为独立的模块，以及OpenFlow的兴起，出现了基于SDN（Soft Defined Network）+VXLAN（Virtual eXtensible Local-Area Network）的网络虚拟化技术。OpenStack的VPC模型如图9-2所示。

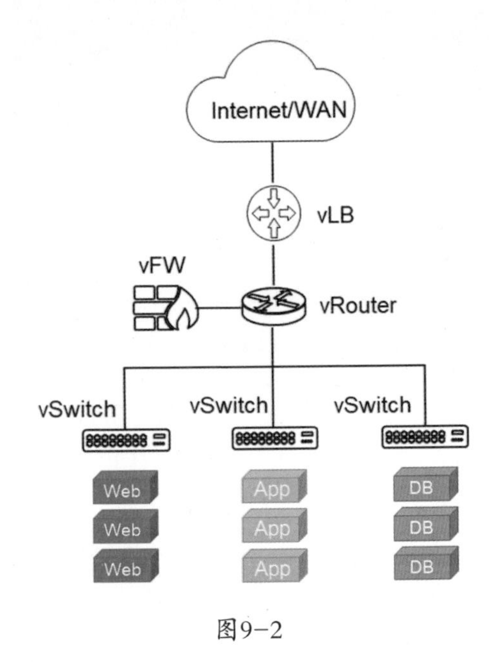

图9−2

在图9-2中，在每台OpenStack的宿主机上都运行着一个虚拟交换机OVS（Open Virtual Switch），用于执行网络查表转发的功能，实现虚拟机与物理网络的互通。由于OVS为软件实现，这种网络方案被归类为SDN的一种。OpenStack Neutron可以选择VXLAN网络方案来实现Overlay网络隔离。

VXLAN是一种将以太网封装在UDP报文中的封装技术，它的封装转发原理如图9-3所示。

在图9-3中，宿主机上的OVS在接收到来自虚拟机的数据包，并发现数据包的目的地址在其他宿主机上后，根据对端宿主机的IP地址构建VXLAN隧道，将虚拟机发出的原始数据包封装在VXLAN隧道中并发送给对端宿主机。对端宿主机接收到该VXLAN数据包后，会拆除VXLAN隧道封装，然后剥离出原始数据包，根据原始数据包的IP地址和MAC地址找到目的虚拟机，完成转发过程。

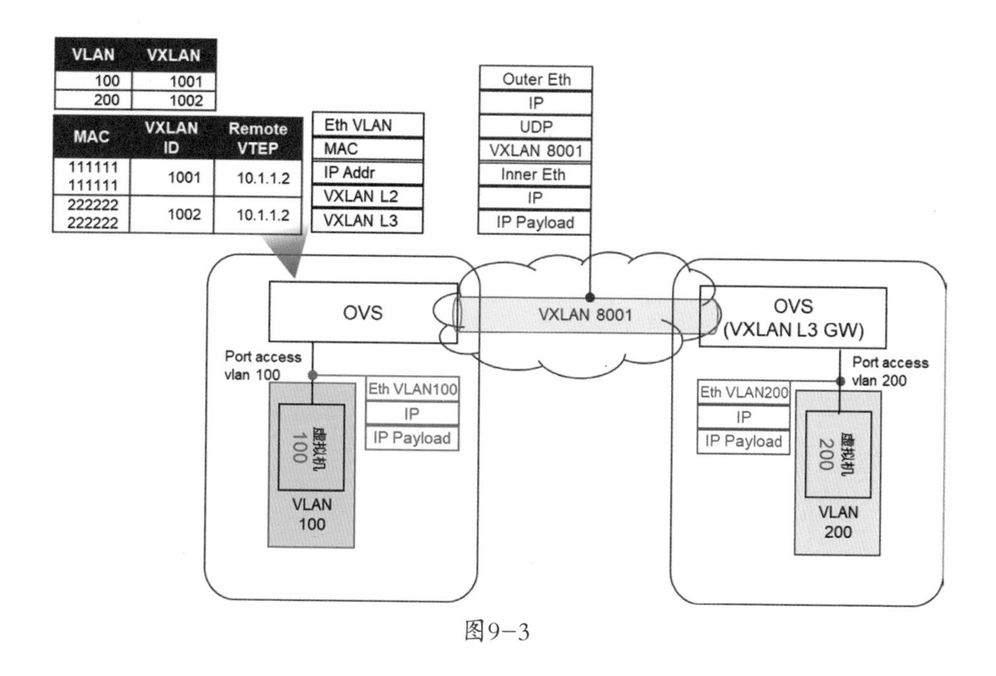

图9-3

在2015年后，随着Broadcom Trident 2+系列交换芯片的推出，业界也出现了基于硬件交换机实现VXLAN封装和解封装的方案，代替软件OVS作为VXLAN隧道的端点，以降低OVS对CPU的消耗。但是，由于交换芯片内部表项的限制，在容器技术大规模铺开后，云计算网络研发工程师们更倾向于使用基于DPDK的新版本vSwitch软件来实现Overlay的封装和解封装。

与此同时，也有一部分大型公有云厂商使用GRE隧道实现Overlay封装。GRE是Generic Routing Encapsulation（通用路由封装）的缩写，其封装的头部格式如图9-4所示。

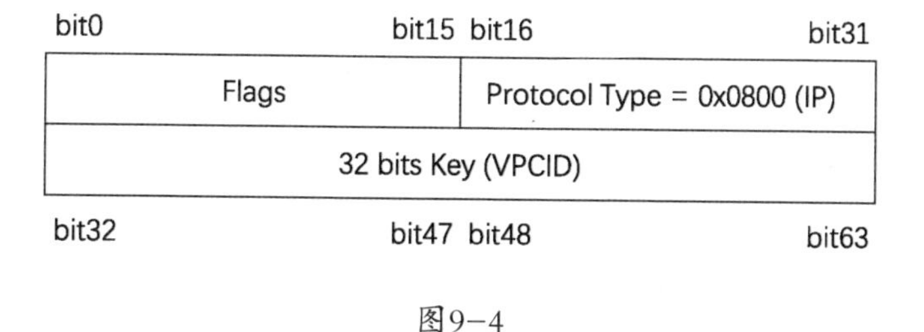

图9-4

在图9-4中，整个GRE头部的长度为8字节，其中第0字节和第1字节为标志位，第2字节和第3字节为协议类型。由于在VPC中实际上所有的节点均通过IP通信，GRE隧道只有可能封装IP报文，协议号应当为0x0800。GRE头部的第4~7字节为Key字段，在这里作为VPCID使用。注意到Key字段的长度为32bit，因此，使用GRE封装可以实现2^{32}=4 294 967 296，比VXLAN的VPC数量多了2^{8}=256倍，从而能够满足更多的租户和VPC的需求。此外，由于GRE隧道的头部只有8字节，加上附属的IP头部也只有28字节，比起VXLAN封装而言，有更高的处理效率和更低的网络封装开销。

用户在为自己的机器学习虚拟机或容器集群申请到VPC后，就可以为它们分配IP地址了。由于VPC是云上的内部网络，因此，可以申请的地址一般是RFC1918中指定的火星地址（Martian Address），也就是地球上不会实际出现的IP地址，如表9-1所示。

表9-1

网段地址/掩码	起始IP	结束IP	地址数量	备注
10.0.0.0/8	10.0.0.1	10.255.255.254	2^{24}=16 777 216	大型局域网
172.16.0.0/12	172.16.0.1	172.31.255.254	2^{20}=1 048 576	中型局域网
192.168.0.0/16	192.168.0.1	192.168.255.254	2^{16}=65 536	小型局域网

在RFC1918中，规定了保留这三段网段地址，用于大/中/小型局域网，不应当被发布到互联网，互联网上不会有任何路由指向这三段网段地址。如果用户需要从互联网或专线访问VPC内部对外提供的服务，应当访问哪个IP地址呢？

9.2 云负载均衡：机器学习网络的中流砥柱

如9.1节所述，在VPC中，对外提供服务的云服务器或容器Pod的IP地址都是VPC内部的“火星地址”，如10.10.100.100，在互联网中是不会有指向这个地址的路由的。那么，我们应当用什么办法让用户能够访问VPC内的这个节点呢？

在传统的数据中心中，一般会在网络出口部署“负载均衡器”（Service Load Balancer，SLB），实现将多个用户的请求分发给不同的物理服务器或虚拟机，如图9-5所示。

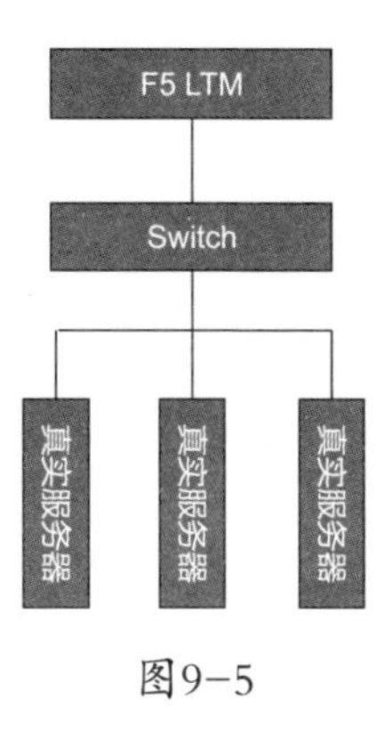

图9-5

在图9-5中，以F5 LTM（Local Traffic Manage）为代表的负载均衡器可以通过DNAT（Destination Network Address Translation）或HTTP反向代理等方式，让由若干真实服务器（Real Server，RS）构成的集群来分担用户请求，这在实现业务性能的横向扩展（Scale-out）的同时，也提升了应用的可用性。在OpenStack中也提供了LBaaS这一抽象模型，可以使用Nginx或LVS等开源软件作为负载均衡器，也可以使用负载均衡厂商设备。

然而，在机器学习时代，传统的负载均衡实现方式有可能成为限制业务发展的瓶颈。这是因为，虽然外网访问VPC内服务器集群的流量（或称之为“南北向流量”）不容易产生数量级的变化，但VPC内的东西向流量会显著增加（这也是Nvidia在Nvidia DGX A100这一代服务器中使用100G以太网卡作为业务网络接口的原因之一）。考虑到VPC内的东西向流量有可能达到每秒数百吉比特（Gb），并发连接有可能达到上亿个，我们需要扩展能力更强的负载均衡实现方式。

大型公有云厂商在实践中给出的最佳答案是，使用NFV（Network Functions Virtualization）的方式实现负载均衡。NFV的概念最初在2012年由OpenFlow基金会提出，指的是使用软件（特别是Linux开源软件）+ 工业标准服务器来实现负载均衡、防火墙或路由器等网络设备的功能，代替传统的F5、Palo Alto或Cisco等厂商的专用设备，从而节约成本，提升扩展性。在电信运营商的4G/5G移动通信网络建设中，也有采用NFV方式实现的核心网等网元组件。

在2017年以后，随着大型公有云厂商将自身独立研发的云计算技术向业界客户输出，NFV方式实现的云负载均衡也进入了广大用户的视野。

NFV方式实现的网络节点得天独厚的优势是，它有着良好的扩展性，在GPU集群建设运行初期，NFV可以在虚拟机中运行以节约资源，而业务量增长后可以使用独立物理机部署来提高性能，并将物理机台数横向扩展以取得更高的性能。实际上，NFV部署在一个独立的服务器资源池中，如图9-6所示。

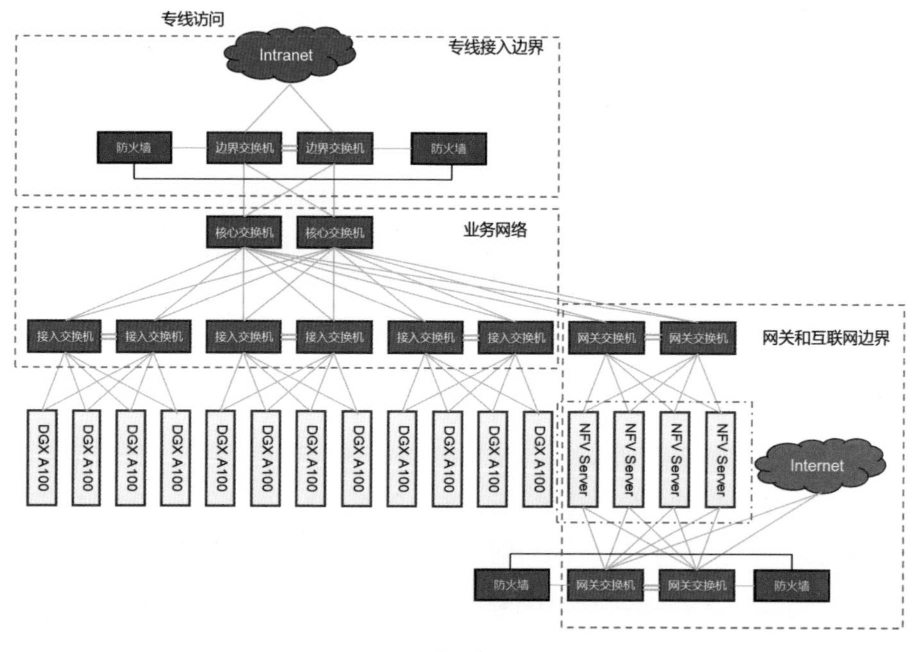

图9-6

在图9-6中，重点标出了NFV网关部署的物理机资源池位置（红色框出）。可以看出，NFV网关同时连接到集群内部网络（业务网络）和集群外部的互联网，也就是它还起到了内外网隔离的作用。来自外网的访问需要通过NFV网关才可被转发到集群内部网络，而集群内部的访问，如果目的地址是云负载均衡发布的VIP（Virtual IP）地址，那么也会绕行到NFV网关服务器，再分发给RS。由于NFV理论上具备无限扩展的能力，即使VPC内有再大的东西向流量，基于NFV的云负载均衡也不会成为性能瓶颈。

与传统的负载均衡类似的是，云负载均衡也有四层和七层两种工作模式。四层云负载均衡实际上是做DNAT操作，根据访问者的源IP（Source IP）、目的

IP（Destination IP）、源端口（ Source Port）、目的端口（Destination Port）及协议号（Protocol）构成的五元组（5-tuple），建立和查找连接会话表项，将目的IP和目的端口转换为后端RS的IP和服务端口，并将请求转发到RS上。对RS的回程流量也做反向转换，如图9-7所示。

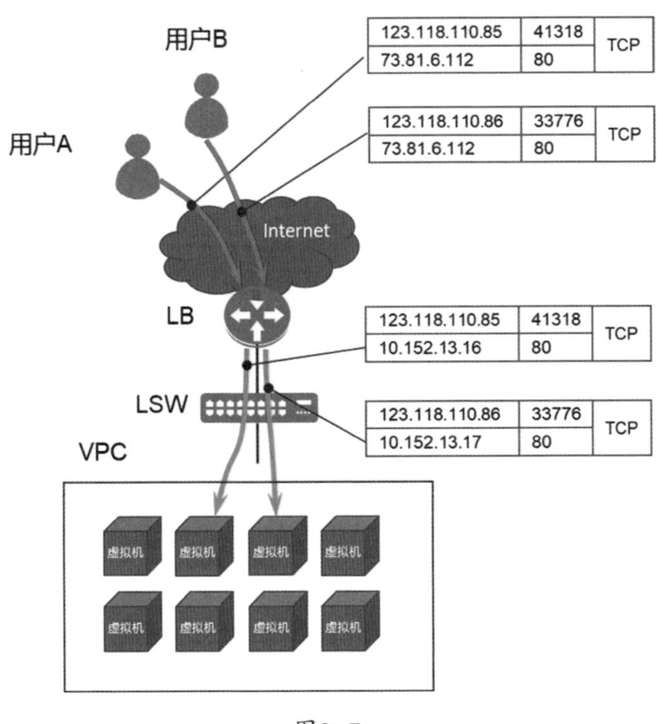

图9-7

在图9-7中，用户A的IP地址为123.118.110.85，而用户B的IP地址为123.118.110.86。云负载均衡实例对外发布的IP地址为73.81.6.112，服务端口为80，该云负载均衡实例后端有4个RS，IP地址分别为10.152.13.3、10.152.13.16、10.152.13.22和10.152.13.31。云负载均衡会根据特定的算法选定一个RS，将用户A的HTTP请求转发到RS上。常见的负载均衡算法有加权轮转算法、加权最小连接数及源地址散列等。

四层云负载均衡能够解决让RS集群使用统一的IP地址对外服务的需求，但一些与HTTP/HTTPS应用层相关的需求还需要负载均衡能够识别更深度的请求内容并加以处理。比如：

- 基于URL的转发，如将指向同一域名的不同URL转发给不同RS。
- 基于用户会话的转发，保证来自同一用户的链接被同一台RS处理。
- HTTPS相关功能，如HTTPS卸载为HTTP。

对于这些场景，七层云负载均衡有了其用武之地。七层云负载均衡对外呈现为一个HTTP/HTTPS服务器，接收来自用户的请求，解析请求中URL的关键参数后，重新构建一个HTTP/HTTPS请求发送给RS，并将RS返回的内容进行二次处理后发送给访问云负载均衡VIP的用户。七层云负载均衡的工作方式如图9-8所示。

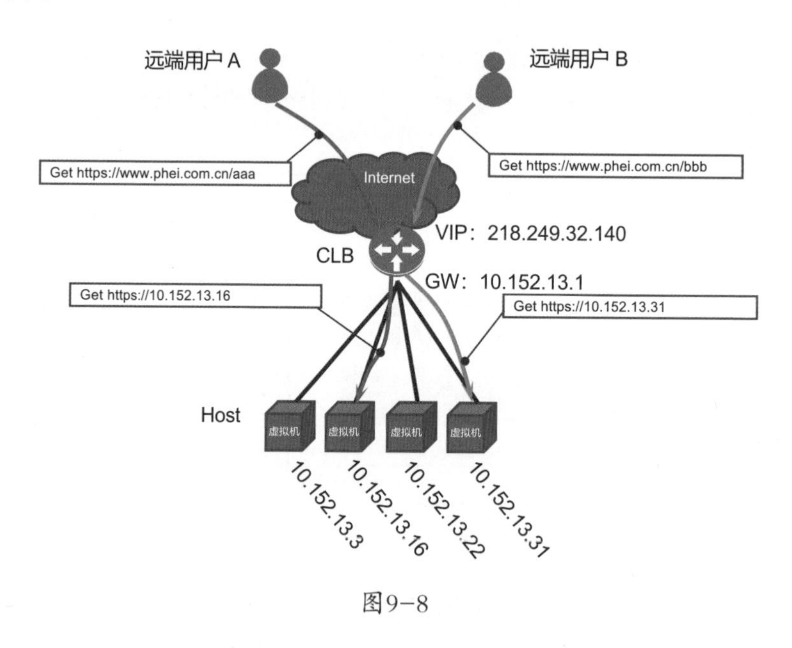

图9-8

在图9-8中，用户A访问URL：https://www.phei.com.cn/aaa，这个请求根据云负载均衡实例上配置的策略被转发到RS 10.152.13.16；而用户B访问的URL：https://www.phei.com.cn/bbb，这个请求会匹配云负载均衡实例上的另一条策略，被转发给10.152.13.31。在这个过程中，云负载均衡接收并解析来自用户的HTTP请求，向挑选出的RS实例发起HTTP请求，并将RS实例返回的HTTP内容返回给用户。由于七层云负载均衡的工作流程与内网用户通过代理服务器（Proxy Server）访问外网的工作流程类似，只是方向相反，这种工作方式也被称为“反向代理方式”。

对于HTTPS访问，反向代理方式需要解决一个问题：如果七层云负载均衡对外呈现的域名为www.phei.com.cn，但并不能提供有效的证书，向用户端证明自己是www.phei.com.cn，那么用户端浏览器会提示用户该网站的证书无效，可能是假冒网站。Chrome浏览器的警告信息如图9-9所示。

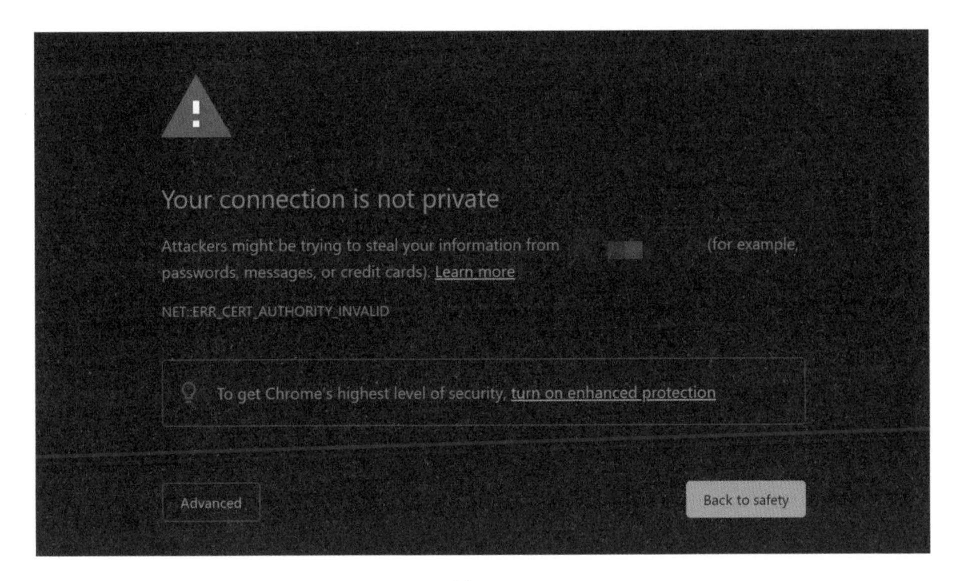

图9−9

从图9-9中可以看出，Chrome浏览器警告用户：Chrome检测到网站证书无效。Chrome发出这种警告的原因有可能是，用户访问了攻击者为窃取用户名和口令等信息制作的假冒页面（对此方面原理感兴趣的读者可以自行学习信息安全理论中的“中间人攻击”概念）。因此，部署七层云负载均衡的工程师需要将为域名申请的证书安装到云负载均衡上，以避免用户端浏览器提示告警。这样，七层云负载均衡就可以将来自用户端的HTTPS请求卸载，转换为HTTP请求并发送至后端的RS，也可以重新加密，通过HTTPS访问RS。

通过云负载均衡的部署，我们可以解决VPC内部东西向访问的问题，以及VPC外访问VPC内业务的问题。那么，如何实现跨VPC的互通，以及VPC访问Underlay网络呢？

9.3 专线接入、对等连接与VPC网关

在9.2节中提到，云负载均衡可以将指向VPC内VIP地址的请求进行DNAT（Destination Network Address Translate，目的地址转换）并将其转发给RS，或重新构建新的HTTP/HTTPS请求并投递到RS，并将RS返回的回程流量再返回给用户。也就是说，VPC内的虚拟机集群可以通过一个云负载均衡实例对互联网提供一个VIP，互联网用户可以通过这个VIP来访问虚拟机集群上的服务。

除互联网外，还有另一类用户通过专线接入。对机器学习应用而言，此类用户甚至有可能多于来自互联网的用户。如何让来自专线的用户访问VPC内的机器学习应用呢？

我们知道，云负载均衡不但可以对互联网提供VIP，还可以对VPC内部提供VIP。如果我们在专线对端的用户内网和VPC之间搭建一座桥梁，就可以实现让VPC内的服务通过专线访问。这一技术被称为“专有连接”（Dedicated Connection）。

专有连接需要解决的难点在于，让来自用户内网的流量进入Overlay，也就是封装一个能与Overlay互通的数据报文头。虽然目前绝大部分数据中心级别的交换机均支持VXLAN的封装和解封装，但由于SDN的普及，业界大部分大中型公有云厂商在标准VXLAN基础上进行了一些自定义的修改来实现Overlay，还有的云厂商使用GRE或NVGRE等非VXLAN封装Overlay。因此，数据中心交换机硬件封装的VXLAN隧道一般还需要做转换后才可以与Overlay隧道互通。这种转换可以由NFV网关来进行，我们称之为“专有连接网关”（Dedicated Connection Gateway，DCGW）。专有连接网关的工作模式如图9-10所示。

从图9-10中可以看出，用户的终端在内网，通过专线连接到部署有机器学习应用的虚拟机，访问步骤如下。

（1）边界交换机将来自专线的流量封装进VXLAN，设置VXLAN的VNI为目的VPC的VPCID。

（2）DCGW将VXLAN隧道中的IP报文剥离出来，并封装进Overlay隧道。

（3）虚拟机所在的宿主机上的VSW对Overlay隧道解封装，并将原始IP报文发送到虚拟机。

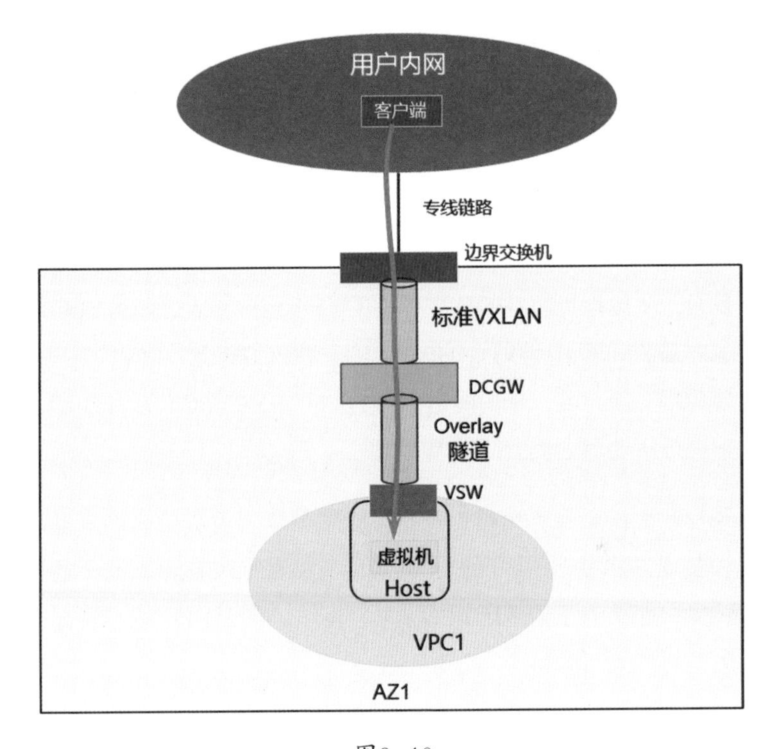

图9-10

这样，用户就可以通过专线打通内网和VPC的直接互访。

由于云负载均衡对VPC内部提供服务时，其VIP也在VPC内。因此，我们也可以通过这种方式实现用户从内网和专线访问VPC内的VIP。

另一种场景是，租户有两个VPC需要互相打通，VPC内的虚拟机可以直接互访，而不需要经过任何地址转换。这种互联互通被称为“对等连接”（Peer Connection）。

在云计算网络中，对等连接有两种实现方式。一种是通过SDN NFV网关剥离一个VPC的隧道，再封装进另一个VPC的隧道，如图9-11所示。

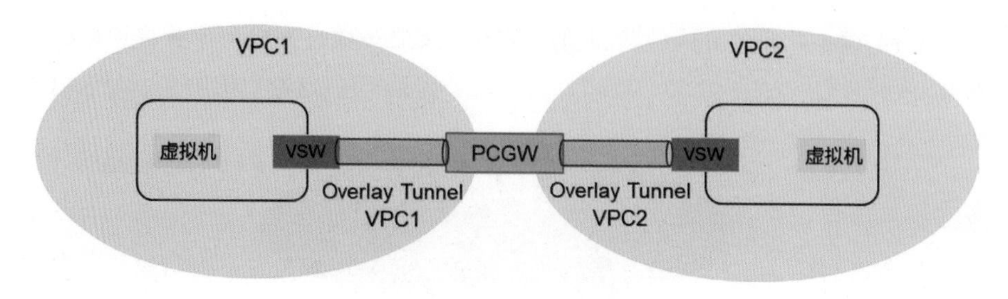

图9-11

在图9-11中，两个VPC通过对等连接网关（Peer Connection Gateway，PCGW）互通。从虚拟机所在的宿主机上的VSW到PCGW之间为VPC的Overlay隧道，隧道内部的VPC ID为VPC1的VPC ID。在PCGW上，对VPC Overlay隧道进行解封装后再重新封装，新的隧道内部的VPC ID为VPC2 的VPC ID，并被发送给目的虚拟机所在宿主机上的VSW处理。

对于规模较大的云计算集群，特别是在机器学习业务带来的海量访问的情况下，这种实现方式存在一些问题：如果所有的跨VPC流量都需要通过网关进行处理和转发，那么为了处理跨VPC流量，网关消耗的CPU/内存资源也会随着机器学习集群的扩大而增加。

因此，业界出现了另一种实现对等连接的方式，避免了第一种方式在性能方面遇到的瓶颈。实际上，我们发现，无论是跨VPC的虚拟机互通，还是VPC内的虚拟机互通，其VPC Overlay隧道的封装和解封装都需要在虚拟机宿主机上的VSW内实现。那么，如果在VSW上实现了跨VPC的Overlay隧道转换，实际上就不再需要实现对等连接的专用网关了。其工作原理如图9-12所示。

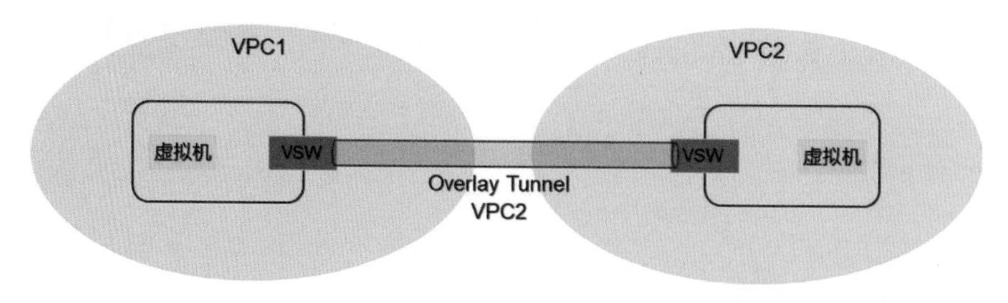

图9-12

在图9-12中，VPC1上的虚拟机需要访问VPC2上的虚拟机，此时VSW通过查找路由表判断目的虚拟机的IP地址在VPC2中，从而将发送给目的宿主机的流量封装为VPC2对应的Overlay隧道。目的虚拟机所在的宿主机能够接收该隧道，并且解封装，将其转发给目的虚拟机。由于VSW是分布式的，实际上实现了完全分布式的对等连接，也就是不再依赖独立的对等连接网关，降低了对等连接对CPU/内存资源的占用。

在VPC中，还需要处理的一类流量是，VPC Overlay访问处于集群中VPC外的流量，如数据库服务、中间件服务及其他支撑服务等。

下面举一个例子。在VPC中，虚拟机需要访问NTP服务器以获取当前的时间，而整个计算集群的NTP服务器位于Underlay的支撑服务节点。这就需要能够从Overlay访问Underlay。但是，Overlay和Underlay的网络是逻辑隔离的，IP地址有可能重叠，是无法直接互相路由可达的。因此，我们需要一个网关来提供Overlay和Underlay之间的网络映射，这就是VPC网关（VPC Gateway，缩写为VPCGW）。

实际上，当用户创建一个VPC时，其中一个必要的动作是将Underlay的各类支撑服务映射到VPC内的Overlay地址，从而使得VPC内的各台虚拟机或其他终端能够访问这些服务。其工作原理和数据流如图9-13所示。

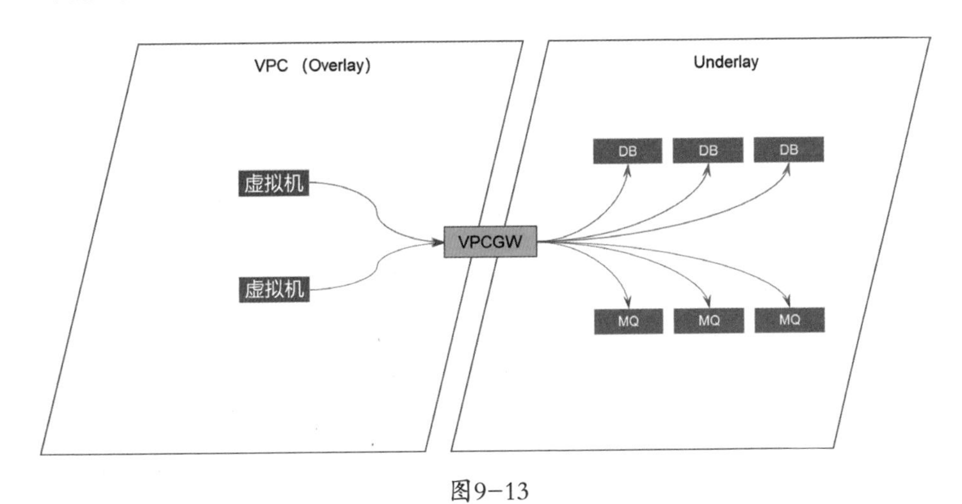

图9−13

在图9-13中，Underlay部署了数据库（DB）服务集群和消息中间件（MQ）服务集群。Underlay的这些服务集群在VPCGW上将VPC Overlay映射为服务的VIP，而VPC Overlay中的虚拟机及其他终端可以通过该VIP访问VPCGW。图9-13中红色箭头代表虚拟机访问数据库服务的数据流向，蓝色箭头代表虚拟机访问消息中间件的数据流向。实际上，VPCGW起到了Underlay中各服务的服务发现和服务路由功能。

我们注意到，如果在机器学习集群所依托的云计算平台上部署了数据库、中间件和微服务框架等云PaaS服务，那么相当一部分数据平面流量需要经过VPCGW。如何有效地提升VPCGW，以及前文提到的云负载均衡等网关的性能呢?

9.4 SDN NFV网关的实现与部署

在9.1节到9.3节中提到，无论是从性能扩展角度，还是从与专用硬件解耦角度，在机器学习集群及其依托的云计算平台上，采用工业标准服务器+NFV软件来实现SDN网络的网关，而不使用专用的路由器、防火墙和负载均衡等硬件设备，目前已成为业界的共识。

NFV实现网关的核心价值在于，在整个平台集群规模和业务流量不大的情况下，可以使用少量的服务器资源先搭建SDN网络，随着业务的增长，再扩容更多的服务器资源，以提升SDN网络中各网关的处理能力。

这种实现方式需要解决的核心问题为NFV网关虚拟化部署，也就是在虚拟机中部署NFV网关。

9.4.1 基于virtio-net/vhost的虚拟机部署NFV

由于虚拟机需要至少一个虚拟网卡才可以与外部网络进行通信，一般情况下，宿主机上的Hypervisor会虚拟一个virtio-net设备，虚拟机看到的网卡实际上是这个virtio-net设备。虚拟机侧的应用调用GuestOS的网络协议栈发送数据时，协议栈会通过virtio-net的驱动发送数据，其工作原理如图9-14所示。

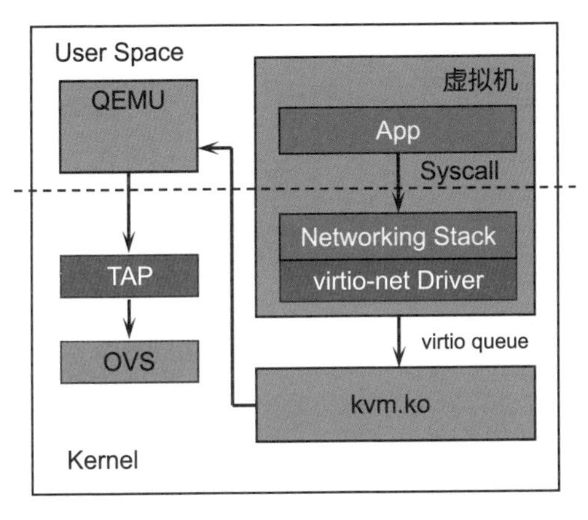

图9-14

同时，在宿主机上，运行于内核态的kvm.ko模块接收到来自virtio-net的数据后，会将其转发给用户态的QEMU，QEMU再通过TAP驱动把数据包传递给OVS（Open Virtual Switch），并发送给物理网卡。这个过程需要在内核态与用户态之间切换三次，这样就会造成非常大的开销。

因此，工程师们将这一路径进行了改进，让kvm.ko直接把virtio queue中的数据包拆离，并通过TAP发送给OVS，如图9-15所示。

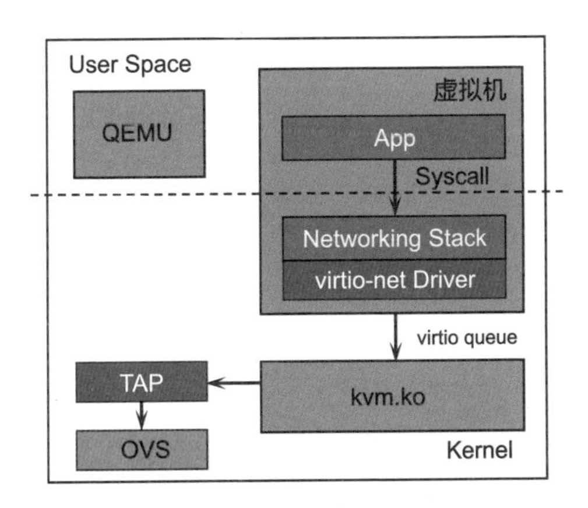

图9-15

在图9-15中，vHost的实现是在虚拟机的HostOS内核态直接把来自virtio-net的数据包发送给TAP，由OVS处理后将其通过物理网卡发送到网络。这样的路径虽然减少了两次不必要的内核态/用户态切换，但依然需要经过一次内核态/用户态切换，并在OVS内查表转发。如果在基于vHost的虚拟机中部署NFV网关，则意味着每次收发数据包都在OVS内查表转发，还需要进出内核，这样的开销是难以让人接受的。

因此，我们需要开销更低且无须OVS和出入内核介入的NFV部署方案。

9.4.2 基于SRIOV的虚拟机部署NFV

对于去除OVS的需求，我们可以用SRIOV的方案解决。

在8.2.1节中简单介绍了SRIOV，它是Intel提出的将一个物理PCI-E设备虚拟化为多个虚拟PCI-E设备的标准，以实现宿主机上多台虚拟机共享一个物理PCI-E设备。在SRIOV的术语体系中，物理设备（如物理网卡的每个网口）被称为PF，而虚拟出的逻辑设备被称为VF。每个PF都可被虚拟化成若干个VF，同时，每个VF都有自己的PCI-E配置空间，与PF属于同一条PCI-E总线下挂载的多个设备。

对于支持SRIOV的PCI-E网卡，Hypervisor可以将网卡的一个或若干个VF分配给不同的虚拟机，虚拟机还可以让这些VF发送的数据包带上不同的VLAN Tag，如图9-16所示。

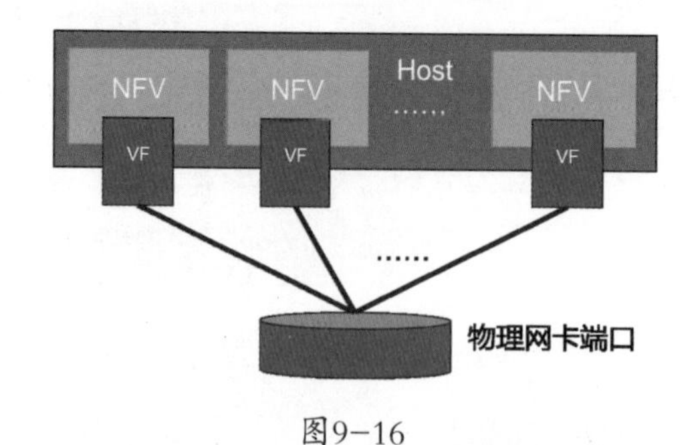

图9-16

在普通的虚拟化场景下，该方案存在一个较为严重的缺陷：由于虚拟机发送的数据包不通过宿主机上的vSwitch（OVS），就从物理网卡发送出去，所以实际上无法在宿主机上封装Overlay隧道，只能利用物理交换机进行Overlay隧道封装。也就是说，虚拟机接入Overlay依赖于物理交换机的能力，失去了软件定义的灵活封装Overlay隧道的可能性。因此，普通虚拟化场景一般不使用SRIOV方式为虚拟机提供网卡，而是以vHost方案或用户端虚拟交换机（OVS-DPDK等）为主。

然而，对于部署NFV网关的场景，虚拟机使用SRIOV的VF作为网卡，反而成了一种优化性能的方案。这是因为，在将网卡经过SRIOV虚拟化后的VF直通给虚拟机后，虚拟机看到的是网卡硬件的一部分（包含一个以太网MAC核和完整的若干收发队列），从该网络接口发送的数据包将直接被物理网卡发送到硬件线路，无须经过vSwitch的软件转发。同样，在入口方向，物理网卡接收到的数据包也会在匹配该VF对应的MAC地址后，被直接发送给虚拟机，而不需要经过vSwitch等中间环节。实际测试的数据可以支撑理论分析的结果。

9.4.3 使用DPDK技术对NFV加速

对于优化NFV性能的需求，另一个要点是，减少甚至避免在收发数据包时进出内核。一般地，每次进出内核需要执行1000条左右的指令，外加加载指令缓存（Instruction Cache）的相关开销，总耗时在1 μs数量级。也就是说，每秒每个核心进出内核的极限次数都可达100万次数量级。如果每个数据包的收发都需要进出内核（实际上，发送时需要两次进出内核，因为网卡发送完后还会产生一次中断），那么每个核心的网络数据包吞吐量在理论上都不可能超过33万PPS（Packet Per Second，每秒数据包数）。事实上，进出内核对性能的限制已成为用户态网络数据包处理程序的瓶颈。

提升数据包处理性能的一种实现思路是对内核进行侵入式修改。在路由器、负载均衡器和防火墙厂商早期的产品中，这种实现思路较为常见，也的确能取得较高的网络转发性能。这种思路最大的缺陷是，当内核版本需要升级或增加补丁（如修补致命的安全漏洞等）时，需要把所做的修改合并到新的内核代码树中。如果内核有较大的更新，那么合并的代码与验证测试的工作量几乎相当于重新开发。

显然，提升网络数据平面处理性能与避免侵入式修改内核代码是一个两难问题。Intel给出的方案是，将协议栈和网卡驱动从内核中剥离，并在用户态实现，这就是DPDK。

DPDK的核心设计理念如下。

- 变中断为轮询：在传统的硬件工作模式下，当I/O硬件需要将事件通知给CPU时，一般是通过中断的方式实现的。CPU响应中断，从用户态切换到内核态，同时引起指令缓存重新加载。DPDK为了避免CPU进行这种切换，规定用户态驱动要采用轮询方式进行数据包的收发。也就是说，一方面对网卡接收标志寄存器进行轮询，并从网卡获取包含缓存的数据包描述符（Packet Describer），另一方面，在对网卡进行发送数据包的操作后，对网卡芯片内部的“发送完成标志”寄存器进行轮询，以确认数据包是否发送完毕，并回收数据包缓存。DPDK用户态驱动的这种实现能够保证基于DPDK开发的网络数据平面处理程序全程在用户态运行，而不需要进出内核。

- 大页内存分配：传统的Linux应用在分配（调用函数malloc()）和回收（调用函数free()）内存时，如果堆内存不足，那么会申请新的内存页，也就是需要进入内核态修改MMU的TLB表项。因此，DPDK向操作系统申请了若干大页（Huge Page）并自行管理分配，也就是向操作系统“批发”了一大块内存，再“零售”给DPDK应用。由于“零售”的过程无须操作系统介入，也就避免了内存管理触发的进出内核。

- 硬件流分发与队列分配：为了避免各个CPU Core之间竞争网卡队列等硬件资源，DPDK应用一般会为每个CPU Core都分配独立的网卡收发队列。DPDK网卡驱动在初始化时，还会配置网卡内部的数据包分发引擎（Packet Distribute Engine），让网卡硬件协助计算数据包头部关键字段（如目的IP、源IP、目的端口、源端口和协议号等）的Hash值，根据Hash值将数据包分发到不同的硬件接收队列，最终自动分发到不同的CPU Core，实现基于网卡内部硬件协处理器的负载分发。

实际上，Intel的DPDK的设计初衷是帮助业界的NFV消除进出内核等方面的性能瓶颈，提升用户态网络处理程序的性能。

因此，使用SRIOV VF作为网卡的虚拟机部署基于DPDK的NFV，还需要注意以下事项。

- 网卡必须支持SRIOV和DPDK。如果不具备这一前置条件，那么部署基于DPDK的NFV就无从谈起。
- 网卡需要支持足够的VF规格，以及为每个VF分配足够多的硬件队列，至少能让每个vCPU都分配到一个硬件队列，否则，将无法避免多个vCPU竞争同一个队列而造成的互锁及排队，从而造成严重的性能下降。
- 网卡还需要支持自定义的提取数据包字段的Hash计算。这是因为，NFV网关接收到来自VPC的数据包时，一般数据包带有云网络自定义的VPC Overlay隧道报文头，而需要提取出来的计算Hash key的字段都在Overlay隧道封装内部的内层报文头中。因此，在对网卡进行初始化时，需要能够实现让网卡跳过Overlay隧道报文头，从内层报文头提取关键字段（如目的IP、源IP、目的端口、源端口及协议号等）以计算Hash值。

9.5　本章小结

在把GPU服务器等计算集群资源分配给不同的租户时，为了能够让租户之间彼此隔离，首先需要实现网络隔离，也就是让不同租户的网络地址之间无法路由，甚至可以让不同的租户使用重叠的内部地址。这就是VPC技术。

VPC技术的实现是在租户的数据包流量的基础上做一层隧道封装，也就是利用VPN技术来实现租户之间的网络隔离。目前主流的隧道封装方式为在虚拟机所在的宿主机的vSwitch上进行封装和解封装，这也被称为“软件Overlay”。

用户在VPC内部署的虚拟机等终端最终是要对VPC内外提供服务的。为了让VPC内外部用户能够通过一个IP地址访问整个集群提供的AI等业务服务，在机器学习业务所依赖的云计算平台上要提供云负载均衡服务，也就是让用户申请负载均衡工作实例，为自己部署在VPC中的虚拟机集群提供一个VIP，并把指向该VIP的请求分发给虚拟机集群中的各个真实服务器（RS）。

VPC还需要实现这些功能：VPC内终端与用户内网通过专线互通；两个VPC互通；VPC内终端访问Underlay的各类PaaS服务和支撑服务。因此，在机器学习业务所依赖的云计算平台上还需要提供这三类服务所依赖的各类网关功能。

由于使用专用的防火墙、负载均衡器或路由器等设备实现这些网关功能，在成本、灵活性和扩展性方面有所不足，一般考虑使用工业标准服务器+软件来实现网关功能，也就是网络功能虚拟化（NFV）。为了节省起步资源，NFV网关可以部署在虚拟机中，并通过SRIOV和DPDK等技术优化NFV网关的性能，使之满足生产场景的需要。

第10章

GPU集群的存储设计与实现

在本书中反复提到的一个观点是，机器学习集群本质上是分布式实现的大型甚至巨型计算系统。根据冯·诺依曼的计算机组成理论，在这样一个计算系统中，计算程序（操作系统、运行时库及机器学习应用制成品）、待计算数据（模型与训练样本）、计算的结果（训练得到的权重）及其他数据（日志等），均需要持久化存储。

可以看出，在机器学习集群中，持久化存储的设计决定了整个系统的数据持久性指标和其他一些关键的性能指标，而不同的业务需求又决定了不同类型的持久化存储的技术方案。

下面根据机器学习业务的不同场景需求，来进行对应的各类持久化存储的设计。

10.1 程序与系统存储——分布式块存储

10.1.1 块存储的业务需求

GPU板卡级调度技术和GPU虚拟化调度技术实际上都依赖于虚拟机。虚拟机需要系统盘才可以用于存储虚拟机操作系统的镜像，并用于引导系统启动。开发者部署的机器学习应用及其依赖的各类运行库也需要被部署在虚拟机上。

虚拟机的系统盘实现有以下两种方案。

（1）本地盘，也就是把宿主机上的物理硬盘分配给虚拟机，或将物理硬盘的一部分空间分配给虚拟机。这种方案简单直接，但存在以下缺陷。

- 创建虚拟机时，需要从系统盘镜像完整地复制一份数据到本地硬盘，这样就会导致创建虚拟机的时间变长。
- 虚拟机热迁移时需要完整地复制一遍系统盘，从而导致热迁移性能低下甚至无法热迁移。
- 系统盘无法制作快照，若本地硬盘损坏，就无法恢复数据。

（2）使用整个集群可共享的云上块存储集群提供的块存储服务实例，作为虚拟机的系统盘是一个改进的方案。将位于网络远端的块存储作为虚拟机的系统盘使用，就需要解决以下问题。

- 操作系统的引导：虚拟机启动时就可以发现网络远端的块存储设备，并从该设备引导操作系统。
- 操作系统引导后的正常挂载：操作系统能够识别该网络远端的块存储设备，并将文件系统落盘的读/写命令字从网卡发送到该存储设备。
- 数据冗余备份：采用一定的方式进行数据同步冗余备份，及异步的快照，当存储集群的物理磁盘或物理服务器节点发生故障时，能够及时从冗余数据中恢复数据。当需要从误操作中回滚数据时，可以快速从快照中回滚。

对于这些问题，业界也有集中式与分布式两种方案，下面将详细介绍。

10.1.2 集中式块存储与分布式块存储

集中式块存储是较为早期的方案，在2016年以后，随着Ceph和MinIO等开源分布式存储的发展，集中式块存储的声音逐渐减弱。

在较为传统的虚拟化系统（如VMWare vsphere等产品）中，可以使用集中式FC-SAN（Fibre Channel Storage Area Network）存储来实现，如图10-1所示。

在图10-1中，传统的集中式FC-SAN存储由三部分构成：宿主机上的HBA（Host Bus Array）卡、SAN Switch、基于FC-SAN存储控制器的集中式存储设备（也被称为“存储阵列”）。集中式存储设备可以将多个磁盘构成的RAID（Redundant Array of Independent Disk，冗余独立磁盘阵列）组虚拟出LUN（Logical Unit Number），也就是一个存储服务实例。在宿主机上，QEMU可以为虚拟机模拟一个BIOS，从HBA 卡找到LUN，并从LUN引导。在操作系统引导成功后，就可以看出宿主机QEMU虚拟出的virtio-blk设备，其后端是HBA卡挂载的LUN，从而让系统盘的读/写落盘到LUN上。

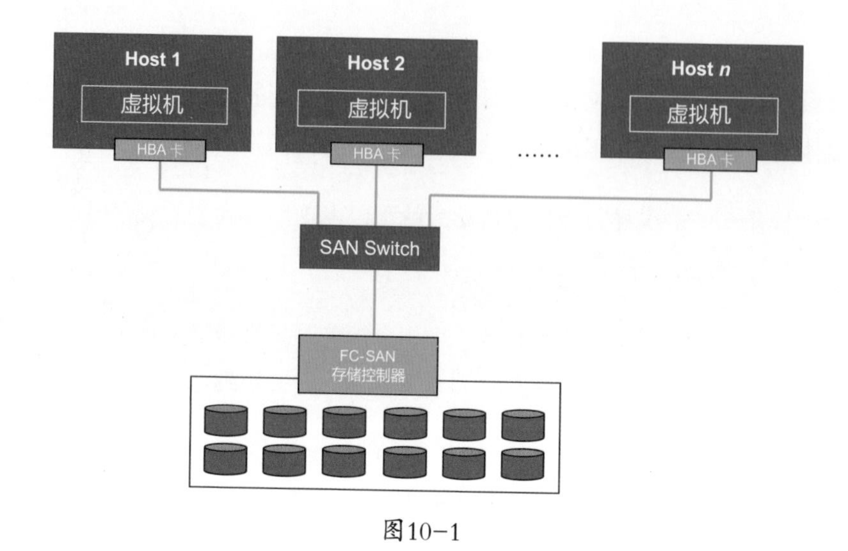

图10-1

FC-SAN的问题在于，性能和终端数量的扩展性上。一方面，FC-SAN存储控制器的数量是有限的，最高端的FC-SAN存储控制器不超过16个，这使得性能与容量的扩展受到控制器数量的限制。另一方面，如果连接到FC-SAN网络的宿主机台数较多，超出了FC-SAN Switch的连接能力（一般不超过96台），就需要使用昂贵的FC-SAN Director（俗称“光纤导向器”），从而导致CAPEX和OPEX急剧上升。此外，由于FC-SAN Switch的供应商较为单一，目前只有Brocade和Cisco两家，从IT供应链安全角度而言，用户也不倾向于使用这样的方案来构建关键业务系统。

由于基于FC-SAN的集中式存储在大规模集群下存在上述缺陷，分布式块存储便应运而生。

分布式块存储的设计理念是，使用带有大容量磁盘的工业标准服务器组成集群，在通用的以太网/IP网络上提供服务，并通过多副本或EC（Erasure Code，纠删码）方式实现存储的数据冗余备份。在机器学习集群所依托的云计算平台上使用的分布式块存储也被称为“云上块存储”（Cloud Block Storage，CBS）或云硬盘。

分布式块存储作为虚拟机系统盘的方案如图10-2所示。

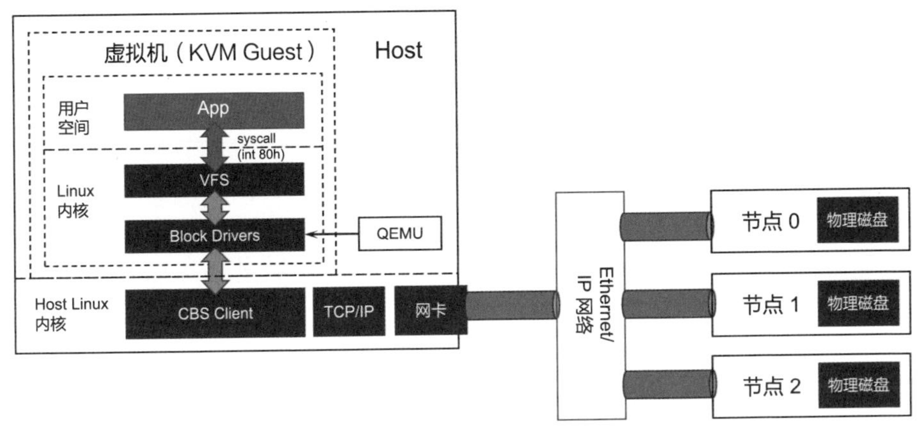

图10-2

在图10-2中，左侧为宿主机，其操作系统中已经安装了CBS的客户端驱动程序CBS Client。宿主机上的QEMU在挂载了CBS存储卷的同时，向虚拟机呈现一个块设备（Block Device）。以虚拟机GuestOS使用Linux操作系统时为例，这个块设备的名称一般为“/dev/vd*”（*可以为a~z的字母）。

宿主机上的QEMU在处理虚拟机GuestOS对/dev/vd*这个块设备的I/O操作时，会将I/O操作通过以太网发送到数据主副本所在的目的存储节点上。目的存储节点上的处理程序将主副本内容落盘后，会向另外两个副本所在的节点传输数据，并等待这两个副本返回写入成功后，目的节点才向宿主机的QEMU返回落盘成功，以保证三个副本的强一致性。

如何确定数据的主副本和从副本具体应当在集群的哪个节点和哪块磁盘上，是由分布式块存储实现的核心算法决定的。开源的Ceph使用的算法被称为“CRUSH”（Controlled Replication Under Scalable Hashing，可扩展哈希下的受控复制）算法，是一个伪随机的过程。CRUSH算法的实现原理是从所有的磁盘（在Ceph中被称为“OSD”）中随机选择一个集合作为数据的多个副本的存放地，并可以根据OSD的占用情况来确定随机分配的权重，使其容量占用尽量均衡。

CRUSH算法的主要问题在于，由于它是一种随机算法，因此无法实现所有的磁盘空间都能分配出去。Ceph集群中任意一块磁盘容量水线达95%时，整个集群将被设定为只读，在实践中，为了避免这种情况发生，一般将Ceph的售卖水线设定为75%~85%，以避免因单盘容量用满导致生产事故的发生。

案例：某商业银行Ceph集群问题导致生产业务故障

某商业银行使用Ceph的商业化衍生产品作为虚拟化平台的存储集群，并承载资金清算等核心业务。某日在交易高峰期，平台上报大量严重告警信息，同时交易业务中断。经查，故障根本原因为Ceph集群中单台服务器的磁盘阵列卡固件出现故障，误报所有磁盘的使用率为100%，触发Ceph整集群只读，导致所有使用该Ceph的虚拟机挂死并重启失败。经故障复盘后，该商业银行的决策是不再使用任何基于Ceph衍生的存储产品。

由于Ceph有前文所述的缺陷，在商用的云计算平台中，往往使用自研算法的云存储系统来代替Ceph。一种最佳实践是将云上块存储服务实例（云硬盘）划分为多个大小为1MB的数据块，每个数据块都通过特定的算法映射到主副本所在节点/磁盘和从副本所在节点/磁盘。三个副本所在的节点/磁盘/磁盘偏移量三元数组被称为“小表对”（Tablet Pair）。小表对的分配是由一致性哈希算法（Consistency Hash）生成的，在部署前就预设好，可以实现良好的负载均衡性，使得每一块硬盘的有效空间都能被最大化地利用。

10.1.3 分布式块存储的故障恢复

商用存储系统在可用性方面需要解决的三个核心问题如下。

（1）当整个系统中一块或多块磁盘发生故障时，不引起服务中断，也不引起数据丢失。

（2）当整个系统中一个或多个节点/控制器发生故障时，不引起服务中断，也不引起数据丢失。

（3）当整个系统中发生集群分裂时，不引起服务中断，也不引起数据丢失。

对于FC-SAN存储，这三个问题通过RAID、控制器高可用机制及控制器仲裁机制来实现。而对于分布式块存储，也需要有一定的机制来保障这三点。

对于第（1）个和第（2）个问题，分布式块存储一般使用三副本的方式来提供数据冗余。分布式块存储集群的管理平面定期检查每个物理硬盘和每个节点的在线状态。如果有某块物理硬盘或某个节点状态异常，所有对该硬盘/该节点的写入请求将被暂缓执行，如异常节点在给定的时间阈值内恢复，则将暂缓执行的写入请求都在恢复后执行落盘。这种方式被称为“原地恢复”；如超出时间阈值，分布式块存储的管控平面将决策在其他硬盘/其他节点重构相关的所有副本，这种方式被称为“迁移恢复”。

原地恢复与迁移恢复的对比如图10-3所示。

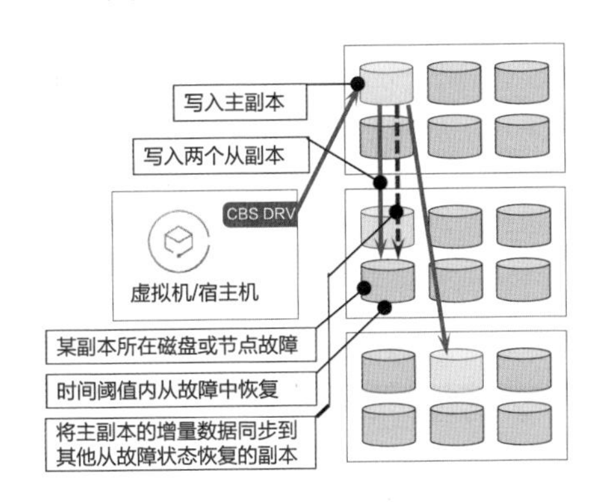

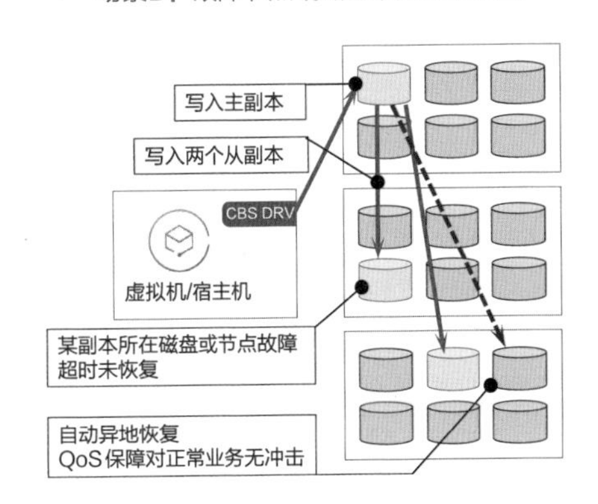

图10-3

在图10-3中，左侧的图为原地恢复，不需要迁移任何数据。而右侧的图为迁移恢复，在重构副本时需要迁移数据。在实践中，由于绝大多数用户的机房位于硬件厂商的金牌维保服务范围内，在单磁盘或单节点发生故障时，硬件厂商可以在4小时内带备件上门进行维保。因此，只要合理设置原地恢复的时间，结合硬件厂商的金牌维保服务，就无须使用迁移恢复。

对于第（3）个问题，在实践中，可以在分布式块存储的控制平面部署一个ZooKeeper（有时缩写为ZK）集群，在提供仲裁的同时，还可以作为小表对数据的存储。ZooKeeper是一个分布式键-值（Key-Value，简写为K-V）数据库，采用简化的Paxos算法来实现数据一致性。

小知识：分布式一致性算法Paxos

Paxos算法是分布式计算领域著名科学家Leslie Lamport在1989年提出的，并因此而获得2013年的图灵奖。Lamport在Paxos相关的论文中描述了一个名叫Paxos的希腊城邦，在希腊式民主制度下，每个具备选举权和被选举权的公民都可以通过提议和投票来进行事务决策。由于每个居民都有自己的工作，无法保证在选举期间都能够参加投票，Paxos算法能够保证，在整个城邦中，即使并非所有公民都参加了投票，只要确保在投票截止期内，半数以上（不包括半数）的公民投了赞成票，就可以达成整个城邦的共识，其他少数派服从多数。

实际上，Lamport描述的是：在分布式系统中，网络是有延迟的，而且并没有可靠的机制来保证每个节点都参与共识选举。因此，我们要给一个共识选举的时间窗，在时间窗内只要有半数以上节点达成共识，其他节点都应当服从这一共识。

如果集群分裂为两个网络彼此不可达的子集群，那么为避免两个子集群各自认为自身应当是活跃的，从而造成数据一致性问题，需要对集群分裂进行仲裁，使得只有一个子集群处于工作状态。显然。在集群中采用Paxos算法就可以实现在集群分裂时，自动基于Paxos重新选举主节点。只有子集群的节点数超过原集群的半数，子集群才有可能选举出主节点，其他无法选举出主节点的子集群会将自身视为脱离了总集群，处于静默状态，直到与主集群重新建立联系。

由于ZK采用了简化的Paxos算法，除了作为键-值数据库，还自带抗集群分裂功能。因此，在分布式系统中，往往采用ZK作为集群仲裁器，顺带实现一些元数据的存储。在云上建立的分布式块存储系统也可以利用ZK作为集群仲裁，以实现抗集群分裂的能力。一旦发生了集群分裂的现象，分布式块存储系统就可以按是否能联系上ZK为准，来判断自己是处于活跃工作模式，还是静默等待，直至能够联系上ZK。能够联系上ZK的节点继续工作并提供服务，待集群分裂状态解除，再恢复所有的副本，保证数据不丢失。

10.1.4 分布式块存储的性能优化

较为早期的存储产品由HDD阵列构建而成，通过RAID-0、RAID-5、RAID-6等算法将I/O请求分散到多块机械硬盘，以取得较高的总体I/O性能。

由于HDD的读/写方式为伺服电机驱动磁头寻道，其随机读/写能力受到机械结构动作延迟的限制，一般单磁盘的随机读/写性能难以超过200IOPS（Input and Output Per Second），即使构建由500块HDD构成的阵列，整个阵列的随机读/写性能理论值也无法突破100kIOPS。但是，对于银行核心数据库等场景，如果交易量需要达到30kTPS（Transcation Per Second）以上，那么对存储的随机读/写性能需求就一定会高于100kIOPS。

为了解决这一矛盾，一种方法是使用SSD替代HDD。由于SSD为全电子存储，没有机械部件，其性能不受机械结构限制，最新的NVMe SSD每块进行随机读/写的性能可达近1MIOPS，为HDD的数千倍。但是，SSD价格较高，同等容量的SSD价格可达HDD的4~5倍，因此，在成本较为敏感的场景，用户需要寻求性能与成本的平衡。

在计算机的设计中，一种常见的性能与成本平衡的方法是，使用少量高速、高成本的存储器作为缓存，用于存储常用数据，不常用的数据则使用大量低速、低成本的存储器作为容量存储。也就是说，利用时间局部性和空间局部性原理，构建缓存层，以实现用较小成本获取较高性能的方法，这在块存储中也是成立的。在实践中，我们可以使用NVMe SSD作为缓冲层，并使用HDD作为主存储介质（容量盘），以提升总体性能。这种存储集群被称为“混闪存储集群”。

具体而言，就是基于时间局部性与空间局部性，工程师们将最近被读取或被写入的数据放在NVMe SSD中，这样，在下一次读/写这些数据时，就可以取得较好的性能。当然，基于成本考虑，NVMe SSD高速缓存的容量是有限的，一般是主存储的5%~10%。那么，当被访问过的数据越来越多，高速缓存容纳不下时，就应当按照一定的算法将高速缓存中的内容淘汰。缓存的分配与淘汰机制是所有缓存加速系统的核心算法之一。

为了更好地利用昂贵的高速缓存，一种最佳实践是：在混闪存储集群中，SSD缓存空间被划分为A和B两个区，A区保存首次访问的数据和从B区淘汰的数据，并采用FIFO方式淘汰数据到HDD，而A区中被重复访问的数据会升级到B区。B区采用LRU（Least Recently Used，最近最少使用）算法淘汰数据到A区。A区和B区的长度比例可动态调整。但对于特殊的大块连续I/O，也可以不通过缓存直接透写到HDD，避免对A区造成冲击。此外，我们还可以对缓存中LBA（Logical Block Addressing， 逻辑块地址）连续的I/O合并后写入HDD，以节约HDD的I/O占用空间。

10.1.5 分布式块存储的快照与回滚

传统的FC-SAN存储一般能够提供快照功能，对LUN的内容做快照操作后，无论LUN的内容进行了哪些改写，都可以回滚到快照时间点的内容。与FC-SAN存储类似，分布式块存储也需要提供快照功能。

快照的实现有COW和ROW两种方式。COW指的是写时复制（Copy on Write），其工作原理如图10-4所示。

在图10-4中，COW 首先会为每个源数据卷（Base Volume）创建一张数据指针表，用于保存源数据卷所有数据的物理地址，在创建快照时，存储系统会复制出一份源数据卷指针表的副本，该副本作为快照卷数据指针表。COW只有在创建快照时才会建立快照卷，该快照卷只占用了较小的存储空间，用于保存快照时间点之后源数据卷中被更新的数据。当做过快照的数据卷的内容被改写时，存储控制器需要做一次复制，将原始数据复制到快照存储空间，再修改数据卷的内容。

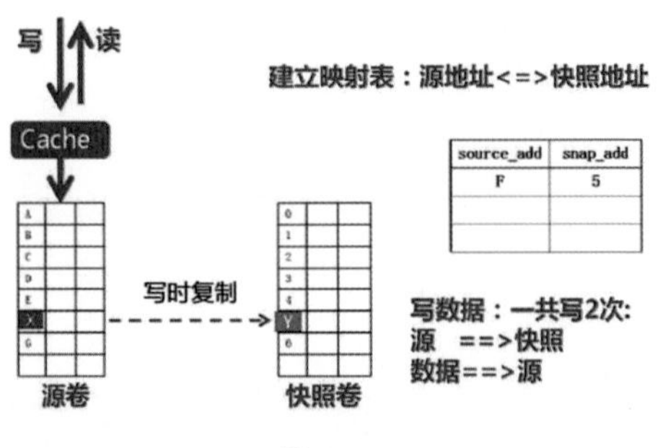

图10-4

举个例子：假如我们有一张纸条，上面写了123三个数，使用COW方式打快照时，我们会记录，123这三个原始数据如果被修改了，在修改前就需要按照原有的顺序和方式，把修改前的数据复制到其他纸条上。之后如果有新数据456写到这张纸条上，那么写时会在新的纸条上记录原始数据为123。

COW的优点是，在进行快照操作时，快照系统只记录需要快照的与卷相关的一些元数据，并不会真的消耗存储容量资源来保存快照，而是要在做过快照的卷被修改后，保存修改过的数据块。如果这个卷只有10%的数据被修改过，则只需要保存这10%被修改的内容即可。

但COW也有明显的缺点。一方面，COW会降低卷的写性能，因为对卷进行修改时会触发数据复制；另一方面，COW也无法得到完整的物理副本，如果由于某些原因，做了快照的卷被异常删除，那么从快照中只能恢复被修改过的数据。

因此，ROW（Redirect On Write）快照机制得到了部分用户的青睐，并应用于云上块存储系统。

ROW的实现思路是：在创建快照时记录相关源数据，此后在写入源卷时，并不直接修改源数据，而是在将源数据设为只读的同时开辟新的空间（被称为“差分卷”），在写入时重定向到新的空间，并记录对应关系。如果做一次新的快照，则再创建一个新的差分卷，并将上一个差分卷设为只读。逻辑上卷的内容等于源数据叠加所有差分卷的内容。如果删除某一个快照点，则将这个快照点对应的差分卷和上一个快照点的差分卷进行合并。一个卷的所有快照点的差分卷被称为“一个快照链”。

ROW的工作原理如图10-5所示。

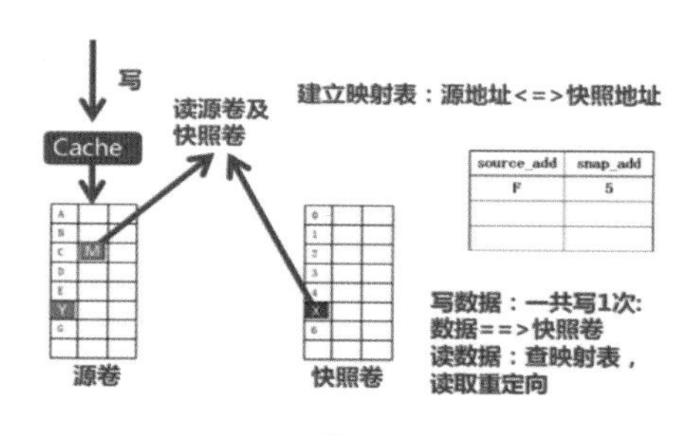

图10-5

在图10-5中，源卷第一列F格的内容被修改过，原内容为Y，修改后的内容为X，修改内容保存在快照卷（差分卷）中，读取时会从差分卷读取重定向后的内容。

ROW的优点是，每次写入时都不需要复制数据，其缺点是当从快照链读取逻辑上连续的数据时，有可能在分散的位置存储，无法利用空间局部性提升读性能。但这一点对于分布式块存储来说反而成了优点，因为系统可以并发从多个节点读取，从而提升性能。

实际上，无论是经典的ROW还是COW，都没有解决一个问题：快照机制没有提供对卷数据的完整备份，如果源卷被异常删除，是没有办法从快照的数据中恢复源卷的。因此，在商用的云计算系统的快照方案设计中，往往还参考了全量快照的方案，在第一次快照时，将全量数据复制一份，在源盘被异常删除或源盘所在集群物理损毁的极端情况下，也可以从快照链恢复数据。

这样的方案实际上需要将快照数据存储到分布式块存储以外的介质，并要求用于快照的存储介质有易平滑扩容、低成本、可管理冷热数据和可高效检索非结构化数据等能力。有一定云计算存储基础知识的读者可能会发现，最合适的方案就是下一节要介绍的内容——分布式对象存储。

10.2 海量非结构化数据存储——分布式对象存储

对象存储（Object Storage）起源于2004年AWS（Amazon Web Service）的S3（Simple Storage Service，简单存储服务），其特点如下。

- 用于高效存储检索非结构化数据（文档、图片、视频、声音等）。
- 采用基于HTTP的开放接口存取。
- 用户可以定义自己的存储桶（Bucket），存储桶内每个文件均为一个对象且有全局唯一的标识符。
- 用户可为自己存储的对象添加自定义的键-值标签，便于检索。

由于S3有这些特点，因此其接口迅速成为对象存储的事实标准，业界的公有云服务商也都推出了类似于S3的对象存储服务，如阿里云的OSS（Object Storage Service）、腾讯云的COS（Cloud Object Storage）等。

与此同时，业界也有一些私有化的存储厂商洞察到S3及其他云厂商的对象存储服务是无法私有化部署的。很快，一些私有化的集中式和分布式存储产品中也都增加了支持对象存储的能力。

为降低开发成本，一些私有化分布式存储产品也采用了开源的对象存储软件作为内核，并进行了商业化改造，然后在市场上发售。业界常见的开源对象存储方案有Ceph、Swift和MinIO等。

Ceph是开源社区的明星项目，在2012年发布了第一个正式版本，其主要贡献者有Intel、Red Hat、Canonical和SUSE等，可同时提供块存储、对象存储和文件存储。很多基于OpenStack和KVM的商业发行版本的云计算平台/超融合平台采用了Ceph作为分布式块存储。

Swift是OpenStack的原生对象存储。注意，Swift的接口和S3有一些差异，不能兼容。Swift的架构设计对扩展性做了充分考虑，具备更好的扩展能力。

MinIO是新一代的开源对象存储，目的是替代HDFS，特别地，它提供了一些与主流开源云原生项目集成的方案。因此，在云原生时代也逐渐流行起来。

下面简要介绍各类对象存储的实现及其优缺点。

10.2.1 入门级对象存储的首选：Ceph

我们在10.1.2节中提到，Ceph是常见的开源分布式块存储方案。实际上，最初Ceph的设计是对象存储，也就是RADOS（Reliable，Autonomic Distributed Object Store），后来又提供了将RBD（RADOS Block Device）作为块设备挂载给其他主机的方案，也就是将一个对象视为块设备，通过网络提供块存储服务。

Ceph作为对象存储时，有3个重要角色：Monitor、OSD和RADOSGW

（RADOS Gateway）。其中，RADOSGW是对象存储的网关，也就是一个HTTP Server，它负责接收S3/Swift标准的API（HTTP请求），并通过RADOS机制访问Ceph存储集群。Ceph对象存储整体架构如图10-6所示。

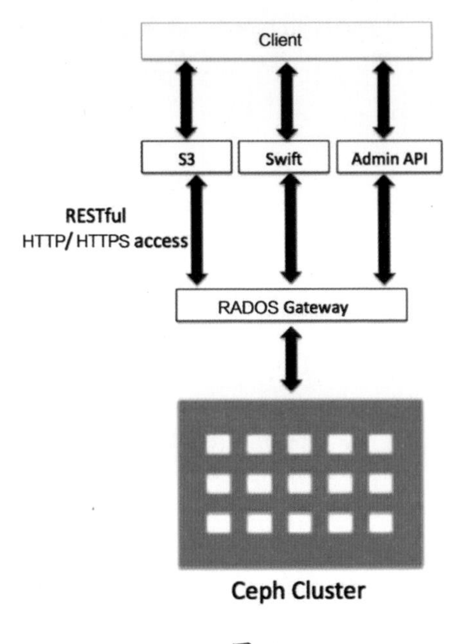

图10-6

在图10-6中，客户端（Client）有可能通过S3接口或Swift接口访问Ceph集群，也可能通过Admin API管理集群。RADOSGW负责处理这些封装在HTTP请求中的API，并访问Ceph存储集群获取数据或写入数据。

Ceph存储集群由多个OSD组成。OSD实际上指的是物理硬盘。Ceph的集群有6个层次：ROOT、Datacenter、Room、Rack、Host和OSD，分别代表根节点、数据中心、机房、机柜、服务器节点和物理磁盘。在Ceph中，数据最终将按照CRUSH算法被分配到每个OSD上，如图10-7所示。

在图10-7中，Ceph的Data Set（一个对象、块或文件）根据CRUSH算法被拆分为OBJ（一般是2MB或4MB大小的数据块），OBJ再拆分为PG（Placement Group，一般是4KB大小的数据块），PG的多个副本尽量分配到不同的Rack上和不同Host的各个OSD上。

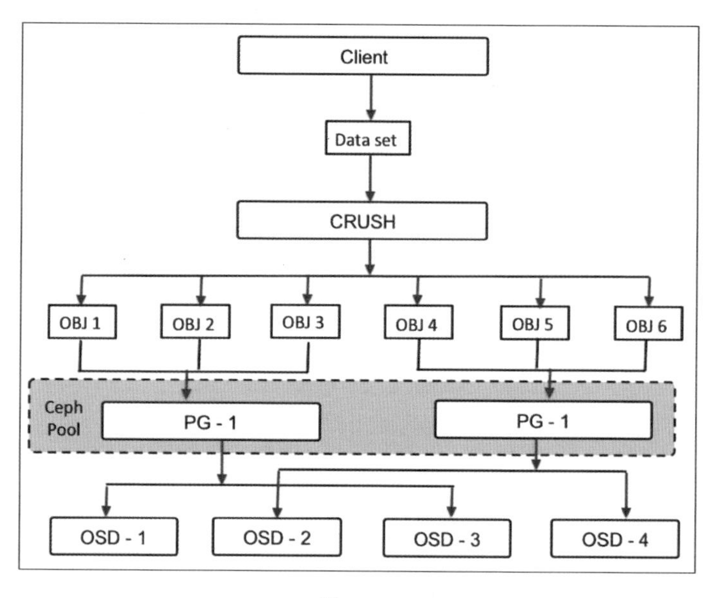

图10-7

Ceph存在一个数据再平衡的问题。如果在Ceph集群中，一次性加入过多新的OSD，有可能造成可用的OSD过少，进而引起PG不可用。为了尽量避免出现这种情况，只能每次扩容少量的服务器，避免过多的OSD加入集群，但这又造成了运维工作量的上升。

Ceph还存在的一个问题是数据迁移过程中的I/O能力争抢。在集群变大后，整集群中出现单硬盘或单台服务器损坏的概率增加，重建副本和数据再平衡也会越来越频繁，从而恶化集群性能。

此外，由于Ceph的硬性要求是，一旦有任意一块磁盘的利用率超过水线（如95%），则强制将整集群设定为只读，而Ceph集群在增大后，伪随机算法就会导致磁盘负载不均衡，这会要求运维团队强制设定较低的扩容水线，避免单盘爆满导致整集群只读的现象发生。

因此，在OpenStack中考虑到对象存储的规模有可能较大，采用了另一种设计——Swift。下一节将介绍Swift的实现。

10.2.2 开源海量对象存储：Swift

Swift是OpenStack的一个组件，最初由Rackspace公司开发，并于2010年贡献给OpenStack开源社区，其定位是一个高效的、安全的和低成本的分布式对象存储系统。

Swift的总体架构分三层：接入层、中间算法层和存储层，如图10-8所示。

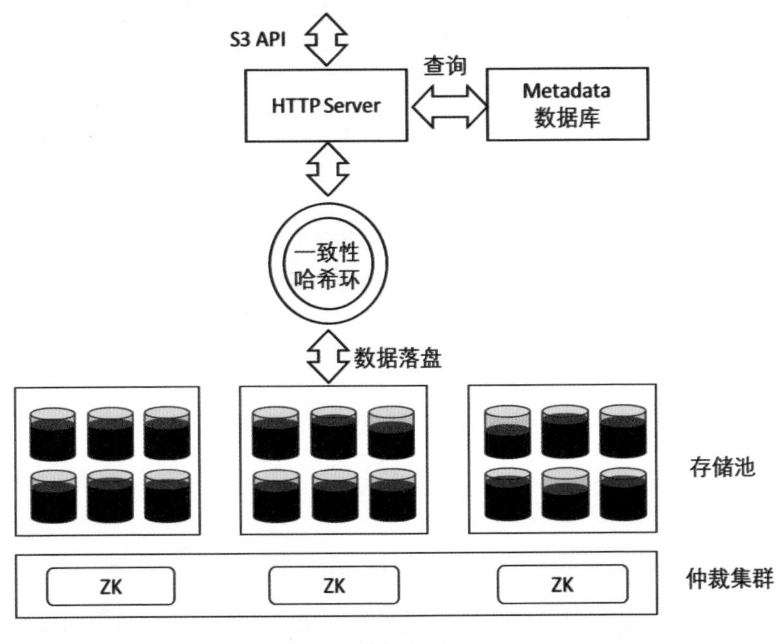

图10-8

考虑到PB级别的大规模扩容，Swift采用了一致性哈希（Consistent Hashing）算法。一致性哈希算法需要实现的是，当分布式集群移除或者添加一台服务器时，必须尽可能小地改变存量负载与服务器之间的映射关系。

对于一致性哈希算法的介绍，感兴趣的读者可以参考Swift的文档，本书不再详细展开介绍。由于Swift采用了一致性哈希算法来将数据块打散到不同节点的不同磁盘上，如果Swift的单台节点或单块磁盘发生故障，故障所涉及的数据就会在其他节点重新建立副本，而故障恢复后，这些重新建立的副本又会回到原位置的节点或磁盘上。

与Ceph不同的是，Swift采用了“最终一致性”来实现数据一致性模型，利用Quorum仲裁协议判定，在写操作时，若有一半以上副本写入成功，则判定写入成功，而其他副本节点追赶主节点。这种设计考虑到了“CAP不可能三角”的限制，通过牺牲一致性，来确保扩展性和性能。

小知识：CAP不可能三角

“CAP不可能三角”指的是，在分布式系统中，无法同时满足一致性（Consistency）、可用性（Availability）和分区容错性（Partition Tolerance）。2000年，Eric A. Brewer在分布式计算原理研讨会上提出了这一猜想，并于2002年由Nancy Lynch和Seth Gilbert予以严格证明。

一致性（C）指的是强一致性，也就是当系统的更新操作成功并返回客户端完成后，所有的节点在同一时间的数据完全一致。

可用性（A）指的是分布式系统可以在正常响应时间内提供相应的服务，也就是每次请求都能获取到非错的响应。

分区容错性（P）指的是分布式系统在遇到某节点或网络分区故障时，仍然能够对外提供满足一致性和可用性的服务。

如果我们严格保证C和A，那么，为了提升性能而扩展分布式集群的节点数，就会增加分布式系统的节点或网络分区出现故障的可能性，也就是无法做到P，从而影响整个集群的可用性。

举个例子：如果我们要求数据库集群必须保证在所有的节点写入完成后，才向SQL的调用者返回写成功（也就是保证强一致性C），那么，如果若干节点出现了故障，就会导致数据库管理系统判定：这些节点一直写入不成功，也就是所有的写SQL语句均不可能返回成功，无法保证A。Oracle、MySQL等关系数据库一般使用这种强一致性，分布式块存储的三个副本也使用强一致性。强一致性分布式存储系统的副本数不可以无限制地增加，一般不超过五个副本。

一个妥协的方案是牺牲C，也就是允许一部分节点非强一致，并允许这部分节点追赶主节点状态，如超过半数节点与主节点一致即视为写入成功，就向调用者返回成功。ZooKeeper、Kafka和etcd等分布式中间件使用这种最终一致性标准，从而实现更强的集群扩展能力和随之而来的高性能。

Swift的一个弱点是：其接口与S3接口有一定差异，无法兼容。由于S3已经成为对象存储的事实标准（在西方国家，一些应用开发者甚至会将S3服务视为可靠的服务，从而引发一些问题），Swift的兴衰也高度跟随OpenStack，逐渐被符合行业事实标准S3的对象存储系统所取代。

10.2.3 商业化对象存储：大型公有云对象存储私有化

相对于开源对象存储，商业化对象存储方案是大部分私有化用户的首选。虽然AWS S3是对象存储领域的领先者和标准制定者，但由于S3不具备私有化部署能力，私有化用户只能在其他私有化产品中选择。

私有化对象存储实现的难点在于，需要在以下需求中找到平衡点，甚至兼顾一些矛盾的需求，具体如下。

- 问题1：对于中小型用户，需要提供较低的最小节点数。
- 问题2：对于大型用户，需要提供近乎无限的扩展能力，可以存储100TB级别，10亿个以上的对象。在集群扩容时，总体性能可以随之提升，性能与集群节点数尽量线性正相关。
- 问题3：能够实现对海量非结构化对象数据的高效检索。
- 问题4：提供较好的可用容量与物理容量比例，并具备冷热数据自动分层，以及冷数据沉降到低成本介质的能力。
- 问题5：具备不同租户的资源严格隔离的访问控制能力。
- 问题6：提供完备的监控告警、便捷的扩容和缩容操作，以及针对运营实现的计量计费功能。

对于问题1和问题2，可以用与Swift类似的方式，采用一致性哈希算法解决。

对于问题3，在商用的海量对象存储系统中，会提供一个分布式键-值数据库，用于存储用户给对象自定义的标签等元数据。此外，对于对象的多版本管理，也可以使用分布式键-值数据库来实现。

商业化对象存储的核心特性之一是冷热数据分层管理，也被称为“数据自动沉降”。对于分布式存储而言，多副本存储有着最优的性能，也会带来较高的成本。而使用纠删码方式实现数据冗余可以节约成本，同时在性能方面做一些妥协。冗余数据比例越低，成本也越低，对性能的影响也越大。在实践中，对小文件可以使用三副本或四副本存储，以提升性能，普通大小的文件使用8+4纠删码，而冷数据使用12+4纠删码来存储。

最后，在大型公有云上，由于监控、运维、多租户隔离和计量计费能力是其最基本的需求，与大型公有云同构的私有化云平台提供的对象存储一般都能满足问题5和问题6的需求。如果在建设机器学习平台时，选择了大型公有云的私有化部署方案作为GPU集群依托的云平台，这两个问题一般也就一并解决了。

大型公有云的对象存储集群的架构设计如图10-9所示。在图10-9中，大型公有云的对象存储集群分为HTTP服务层、存储节点层和键-值数据库层。HTTP服务层接收来自用户的S3/Swift API，将数据拆分为数据块，计算出冗余纠删码，并确定存储到哪些节点和磁盘上，在落盘的同时调用键-值数据库的接口维护元数据和索引。

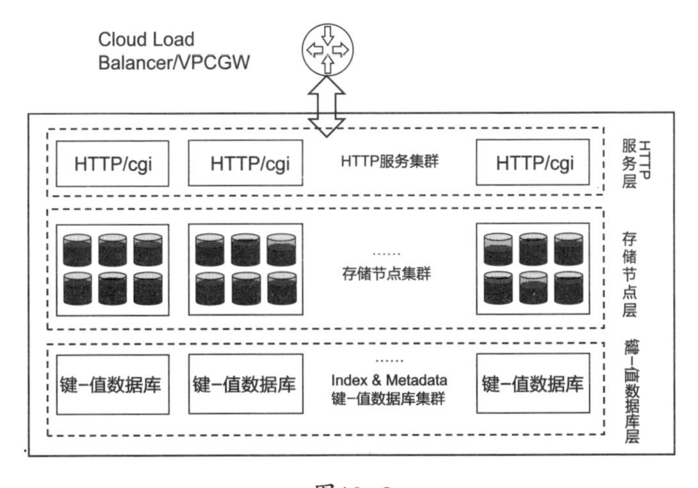

图10-9

特别地，为提升性能，大型公有云的对象存储HTTP服务集群可以通过云负载均衡服务实例对云外提供服务VIP，并通过VPCGW对VPC内的虚拟机提供服务发现和服务路由，从而实现性能可以无限地横向扩展。

10.2.4 未来之星：MinIO

MinIO是基于Golang编程语言开发的高性能分布式开源存储项目。对云原生领域有所接触的读者，看见“Golang编程语言”就很容易想到：MinIO是否和云原生社区有千丝万缕的联系呢？答案是肯定的。

MinIO的一大特点就是它提供了与Kubernetes、etcd、Docker等主流云原生/容器技术的深度集成方案，如利用Kubernetes/Docker快速部署集群等。MinIO的架构大致如图10-10所示，在每个节点上都可以混合部署HTTP Server、元数据存储子系统和数据存储子系统。

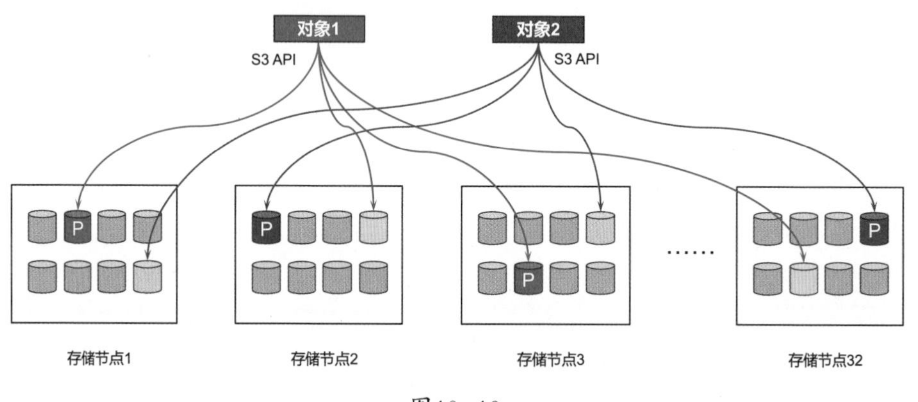

图10-10

MinIO把4～16个磁盘组成一个Erasure Set，每个Erasure Set都包含4～16个磁盘，最少4个磁盘，最多16个磁盘，最少需要4个节点。磁盘均匀分布在所有的节点上，例如：4个节点，每个节点有8个磁盘。每个Erasure Set最多包含16个磁盘，总共32个磁盘的集群创建2个Erasure Set。每个节点都取4个磁盘构成一个独立的Erasure Set。

MinIO目前不支持多副本冗余，只支持纠删码冗余。对象在Erasure Set 中通过Hash算法均匀分布在所有的Erasure Set中。在MinIO中用格式（EC：N）表示，其中，N表示EC（M+N），M为数据块的数量，N为校验块parity的数量。MinIO的读操作需要的磁盘数量为：Erasure Set中M个磁盘，写操作需要M+1个磁盘。

传统分布式存储的扩展方式是：通过增加新的存储节点来扩展单集群，这种方式一般需要处理数据重新寻址（数据映射）、数据均衡和数据迁移的问题。MinIO为了避免处理此类问题，在MinIO的设计中，一个独立的集群中的节点数量和磁盘的数量都是固定的，后续不能增加，只能以Federation的方式以整个集群为单位进行整体扩容。Federation依赖于etcd和CoreDNS，每个MinIO cluster都把自己的信息注册到etcd里，一个bucket只能存储在一个集群中。App通过CoreDNS来调度bucket对应的集群，CoreDNS通过各种负载均衡的算法来分配bucket访问的集群。在读取时，通过etcd来获取bucket对应的集群信息。

我们注意到，etcd和CoreDNS都是云原生技术栈中的重要角色。因此，在云原生时代，MinIO也得到了不少系统架构师和开发者的认可。

10.3　AI训练素材存储——分布式并发高性能存储

在第1章中提到，机器学习训练需要海量的素材才能保证模型的准确性，如OpenAI的ChatGPT-3就是基于45TB的语料素材数据进行训练的。在自动驾驶等场景，所需的数据量会更大，如某头部车企B的自动驾驶研发平台的训练数据量和仿真数据量就达到每天10PB以上（注：1PB = 1000TB）。

除了数据的绝对量大，机器学习训练的另一个特点是素材文件数量多。以自动驾驶场景为例，它的训练素材很大一部分大小为1~10MB，与地理信息数据关联的图片，其来源可以是路测和软件在环仿真（SILS）。如果每天都有10PB的数据用于训练，实际上就相当于存储系统每天都需要处理10亿张图片。我们可以很容易地计算出，存储系统每秒需要存取并建立元数据索引的图片就超过10 000张。

如果我们使用对象存储来处理这些数据，遇到的一个困难是，对象存储是基于HTTP接口的，它可以很方便地为Web服务存放静态素材，以及为Web应用用户提供上载附件的存储，但难以和主流的TensorFlow等训练框架对接。这是因为，TensorFlow拉取训练素材使用的是标准的POSIX API，如open()、close()、read()、write()和ioctl()等函数，而对象存储基于HTTP的API与POSIX API是不兼容的。如果使用一些对象存储转文件存储的网关软件，又难以满足海量并发访问的性能扩展需求。

背景知识：POSIX

POSIX是Portable Operating System Interface的缩写，中文翻译为“可移植操作系统接口”。它是IEEE于1988年发布的。

在出现POSIX标准之前，由于贝尔实验室将UNIX的代码开放给美国各高校。因此，在社会上出现了大量的UNIX仿制品，与UNIX高度兼容但不完全兼容，如伯克利大学的UNIX 4.x BSD（Berkeley Software Distribution）、SUN公司的Solaris等。

图10-11是UNIX从1969年创立以来，企业和高校等机构创造的分支版本的一部分。20世纪80年代中期，UNIX厂商试图通过加入一些有创新性，但与其他版本存在兼容问题的特性，来使它们的程序与众不同，并导致了一些混乱现象。

为了提高兼容性和应用程序的可移植性，阻止这种趋势发展，IEEE提出了UNIX的标准化方案，后来由 Richard Stallman命名为“POSIX”。POSIX涵盖了很多方面，比如UNIX系统调用的C语言接口、Shell程序和工具、线程及网络编程。

随着Linux宣布支持POSIX，POSIX成为业界一致认可的操作系统API标准，除Linux外，包括FreeBSD、macOS和Windows NT在内的多种操作系统均支持POSIX标准，基于POSIX标准开发的程序代码，在移植到其他操作系统时，只需要重新编译，无须对代码本身做任何修改。这也成为Linux在此后的30多年内取得巨大成功的关键因素之一。

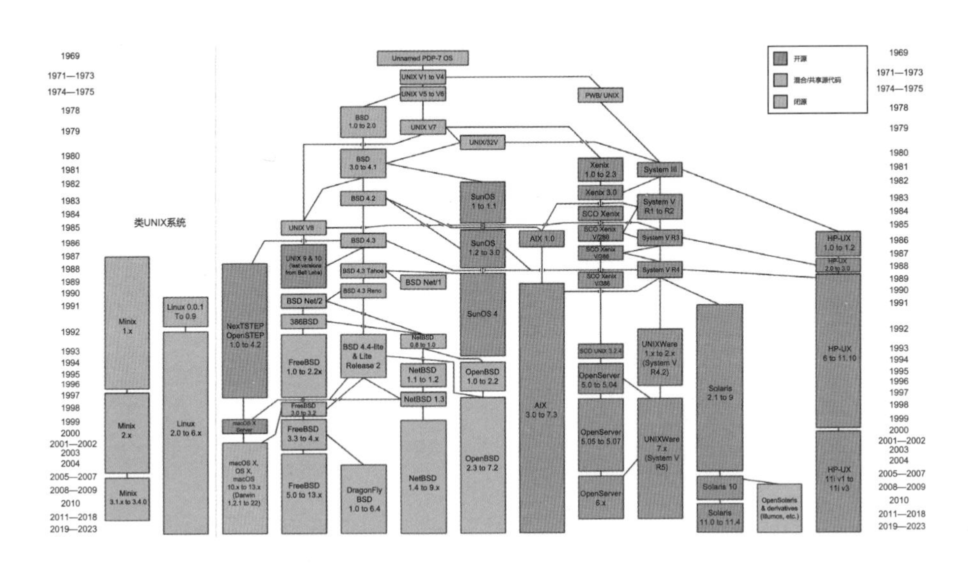

图10-11

由于AI训练框架对训练素材的拉取是使用POSIX接口，业界出现了一些为AI训练设计的高性能POSIX接口存储方案。下面将简要介绍它们。

10.3.1　开源大数据存储鼻祖：HDFS

如果需要讨论海量数据的分布式存储，就绕不开HDFS。HDFS（Hadoop Distributed File System）是Hadoop 生态中的数据存储组件，Hadoop MapReduce、HBase及Hive等组件均可以使用HDFS作为数据持久化存储方案。

HDFS是一个高度容错性的系统，适合部署在低成本的机器上，甚至用单路8核+64GB内存的服务器都可以良好地运行HDFS。HDFS能提供高吞吐量的数据访问，非常适合大规模数据集上的应用。

HDFS的设计理念包括以下几点。

- 硬件容错能力：由于HDFS可能由成百上千的服务器所构成，在每台服务器上都存储着文件系统的部分数据，HDFS将单盘或单服务器节点故障视为常态，而不是异常。因此，实现错误检测和快速、自动的恢复是HDFS核心的架构目标。

- 流式访问数据：运行在HDFS上的应用一般是"大数据应用"，它们往往需要实现流式访问数据。因此，在HDFS的设计中更多地考虑到了连续存放的大量数据的访问，而不是频繁的数据交互。同时，HDFS在数据访问的高吞吐量方面做了一些优化，代价是访问时延方面有一部分牺牲。
- 大规模数据集：运行在HDFS上的应用往往需要很大的数据集。在HDFS上，典型应用的文件大小一般在十亿字节（GB）到万亿字节（TB）级别。因此，HDFS的调优首先考虑了对大文件存储、大带宽的传输和节点访问量，一个单一的HDFS集群可以扩展到100个节点以上，并支持存储以千万计的文件。
- 简单的一致性模型：运行在HDFS上的应用的文件访问模型一般是"一次写入多次读取"。也就是说，一个文件经过创建、写入和关闭之后就不需要改变。这一假设简化了数据一致性问题，并且使高吞吐量的数据访问成为可能。为了这一优化，HDFS支持对文件的追加写入，但不支持改写已有文件的内容。
- 异构软硬件平台间的可移植性：HDFS在设计时就考虑到平台的可移植性。这种特性也方便了HDFS作为大规模数据应用平台的推广。

HDFS的数据平面实现如图10-12所示。

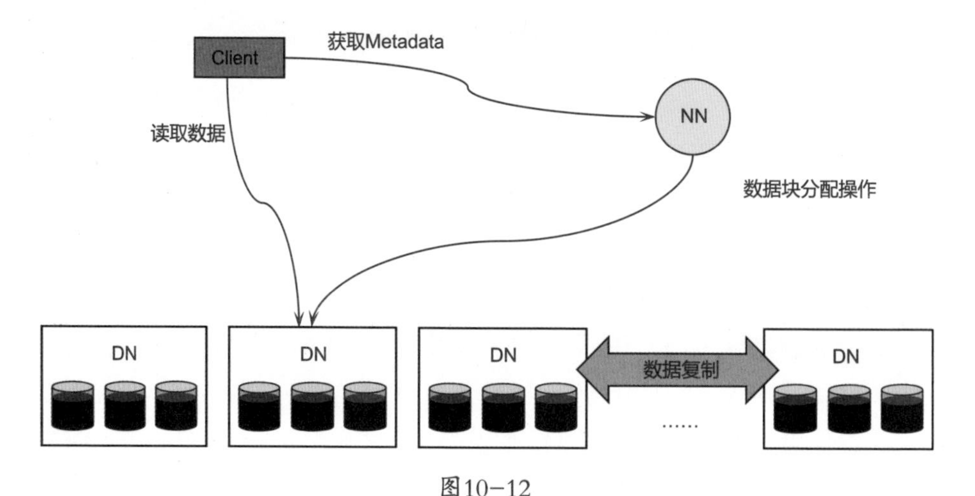

图10-12

从图10-12中可以看出，HDFS的节点分为NN（Name Node）和DN（Data Node）。在需要挂载HDFS提供的目录的每个访问者（包括物理机、虚拟机或容器）上，都会安装HDFS的客户端。客户端会接管针对HDFS挂载点下的所有POSIX语义的文件读/写操作，并找到HDFS的NN发起访问，获取数据所在的DN，然后从网络读取数据。

HDFS具备数据冷温热分层能力，可以将热数据放在性能最高的存储器（如SSD）上，温数据采用多副本存储到机械盘，冷数据采用纠删码存储到机械盘。

由于对HDFS中所有数据的访问都要通过NN获取DN，为防止因NN故障导致的服务不可用，HDFS可以增加一个2NN（Secondary Name Node）来作为NN的温备份，在NN出现故障时能顶替NN继续工作。

我们发现，如果有大量的客户端同时访问HDFS，由于NN只有一台，而所有的请求都会先访问NN，这会造成严重的性能瓶颈。也就是说，对于GPT或自动驾驶等AI训练场景，使用HDFS作为海量训练素材的存储是不合适的。因此，业界也出现了其他对HDFS改进的方案。

10.3.2　业界对HDFS的改进

在10.3.1节中提到，业界有一些对HDFS的改进方案，其中一个典型的例子是利用MAPR。MAPR的定位是一个完全兼容HDFS的分布式文件系统，其性能优于HDFS，并自带快照和数据回退等功能。

相对于HDFS，MAPR最大的改进是，把HDFS集中式的NN去掉了，而将Metadata的维护机制改为分布式实现，MAPR的架构图如图10-13所示。

从图10-13中可以看出，MAPR支持两种访问方式：一种是类似HDFS的，在各个终端（包括物理机、虚拟机或容器）上安装客户端，客户端拦截POSIX文件调用并访问MAPR集群；另一种是在不适合安装客户端的终端上，通过NFS Gateway来访问MAPR集群，也就是利用NFS的特性来实现POSIX标准接口访问文件系统。

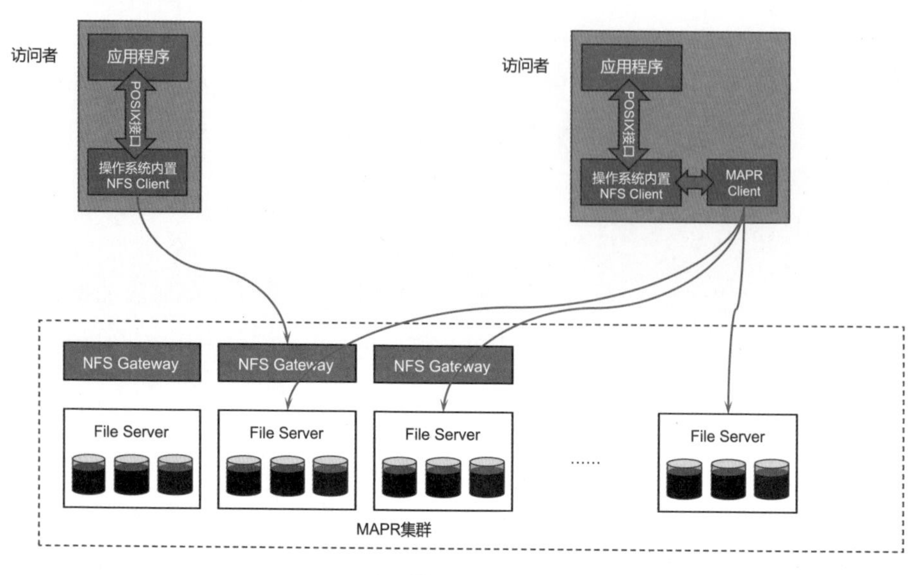

图10-13

我们可以将图10-12和图10-13做一个对比，MAPR取消了Name Node，那么，它如何计算出数据应当被分到哪个物理节点的磁盘上呢？

原来，MAPR在实现时，借鉴了对象存储的一致性哈希算法，在各个终端或NFS Gateway上就根据文件本身的唯一性信息（路径、文件名等）来计算出它的每个数据块应当位于哪个物理节点的物理磁盘上。

MAPR还支持自动数据分层。在MAPR中，数据分为性能层（Performance Tier）、容量层（Capacity Tier）和归档层（Archive Tier）。与HDFS类似，用户可以将性能层、容量层和归档层使用不同的介质进行存储，如分别存储到SSD、HDD多副本和HDD纠删码介质。

由于MAPR的这些优秀特性，在AWS等境外大型公有云平台上，甚至还提供了托管的MAPR存储的服务，而在自动驾驶研发等场景下MAPR也得到了广泛的应用。

但是，MAPR也继承了HDFS的一些缺陷，如文件只能追加写入，不能随机写入等。

10.3.3 长青松柏：Lustre

在互联网中，我们可以很容易地获得这样的信息：Lustre是1999年HP、Intel和Cluster File System公司联合美国能源部开发的Linux集群并行文件系统。

我们注意到，这个项目的最终用户实际上是美国能源部。为什么美国能源部需要这样一个分布式存储系统呢？

这是因为，在石油勘探领域，一种常用的物探（地球物理勘探）方式被称为“地震勘探”，也就是通过采集分析人工激发的地震波在底层内传播的相关数据来获取地层岩性，进行含油气构造的勘探，甚至直接找油。使用计算机处理地震勘探的数据属于一个特殊的技术领域——高性能计算（High Performance Compute，HPC），也被称为“超算”。

与石油勘探类似，气象预报、流体力学、材料力学及工程建筑等领域的计算也有类似的需求：使用CPU和GPU进行大量数据的拉取和计算，客户端（物理机）节点可达数千台；整存储集群的总吞吐量每秒可达万亿字节（TB）；单个文件大小可达千万亿字节（PB）；总容量达100PB级别。

Lustre在满足这些高性能大容量需求的基础上，还具备如下特性。

- POSIX 兼容性：Lustre 几乎通过了 POSIX 的兼容性测试。其大部分操作是原子性，以确保对客户端的透明性。另外，Lustre 支持 mmap 文件 I/O。
- 在线校验数据：Lustre 使用 LFSCK 工具检查文件系统的数据一致性。LFSCK 可以在生产环境中在线运行，从而减少了潜在的存储服务下线时间。
- 可控的文件布局：文件布局决定数据的存放位置。Lustre 布局方式可以基于文件的粒度。用户可根据其使用场景优化文件布局方式。
- 后端文件系统：Lustre 目前支持ldiskfs 和 zfs两种后端文件系统。
- 异构网络和高性能网络：Lustre 不仅支持在低时延的 IB 和 OmniPath 网络使用 RDMA，还支持普通的 TCP 网络。Lustre 的网络层适配不同的网络，所以在不同网络环境中可以部署一套 Lustre 系统。

- 高可用性：提供 active/active 存储资源的 failover 机制和 MMP 机制，防止不同的服务器同时挂载同一个存储介质的问题出现。可以通过PCS 等高可用工具提供自动挂载的故障恢复功能。
- 数据安全：Lustre 遵循 UNIX 文件安全标准ACLs。Root squash 特性限制客户端执行特权操作。Lustre 也支持 SSK。
- 容量扩容：在线扩容。通过增加存储方式来增加数据或元数据的容量。

Lustre的架构如图10-14所示。

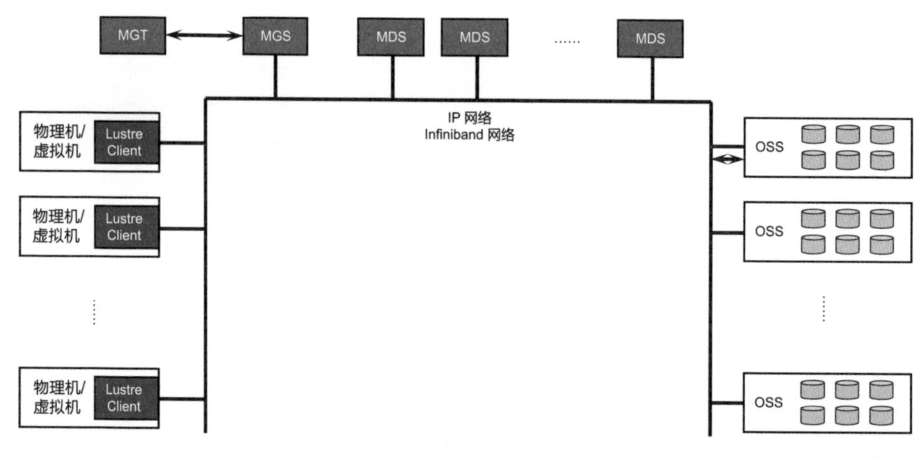

图10-14

Lustre 是一个基于对象的存储，包含如下组件。

- 管理服务器（MGS）：提供文件系统的配置信息。Lustre 客户端挂载文件系统时，会和 MGS 请求检索详细的配置信息，如文件系统中服务器信息、故障信息等。当配置更改时，MGS 会主动通知客户端。另外，MGS还担任恢复处理的角色。
- 管理器目标（MGT）：MGS 存储 Lustre 文件系统配置信息的块设备。其容量需求不大，一般为100MB。MGT可以和MGS混合部署在同一台物理服务器上。

- 元数据服务器（MDS）：管理文件系统命名空间和提供元数据服务，例如，查找文件名、目录信息、文件布局和访问权限。Lustre 至少包含一个 MDS。MDS 存储元数据的块设备被称为MDT，可以使用本地盘或共享卷实现。
- 对象存储服务器（OSS）：存储文件数据对象，提供文件数据的访问给客户端。通常，Lustre 会配置多个 OSS 来增加容量和提高网络带宽。OSS存储文件数据的盘被称为MGT，可以使用本地盘或外接存储实现。
- Lustre 客户端：挂载 Lustre 文件系统，提供给用户统一的文件系统命名空间。Lustre 文件系统可以同时存在成百上千个客户端。另外，客户端也可以同时挂载不同的 Lustre 系统。
- Lustre 网络（LNet）：LNet 用于客户端和服务器端之间的通信，支持在异构的低时延网络和路由上使用 RDMA，也可以使用通用的Ethernet/IP网络。

Lustre的访问路径是：用户态进程发起读（read）或者写（write），通过Linux内核的虚拟文件系统（VFS）调用Lustre的Client，Client去MDS拉取Metadata，再去OSS拉取文件数据。

Lustre把文件切割为多个块（Chunk），并将这些块打散存放到不同的MGT。在FLR（File Level Redundancy，文件级冗余）特性引入之前，Lustre依赖于OSS服务器的RAID配置来实现数据冗余。在Lustre 2.11.0版本后，Lustre可以通过镜像方式来实现文件数据的冗余存储。

由于Lustre在吞吐性能、总容量和并发访问能力等关键性能指标的上限很高，虽然Lustre的历史非常悠久，但在机器学习时代依然能焕发松柏常青一般的生命力。业界也有很多基于Lustre的商业发行版本用于机器学习领域，如腾讯云的TurboFS等。

10.4 本章小结

机器学习应用所需的存储分为块存储、对象存储和高性能文件存储三种。

块存储一般作为虚拟机系统盘，以及存放部分关系数据库的数据。块存储需要能够作为Virtio-blk的后端块设备挂载到虚拟机的GuestOS，并支持系统快照。

对象存储一般用于Web静态资源存储和数据备份归档。这些数据需要能直接通过HTTP存取。用户可以为自己的文件设定权限和自定义元数据，并支持海量数据的快速随机检索存取和冷热数据分层。

高性能文件存储一般用于存储训练素材。在机器学习场景下，训练素材的数据量、文件量、并发量和吞吐量往往非常庞大，数据量可达到10PB级别，文件数量可达到10亿级别，并发访问量可达到10000 QPS 级别，吞吐量可达到100GBps以上。因此，高性能文件存储需要采用全分布式设计，避免任何单节点的性能瓶颈。由于训练素材本身的特点，高性能文件存储可以在文件数据冗余等方面做适当的妥协，全力保证性能和扩展性。

第 11 章

机器学习应用开发与运行平台的设计与实现

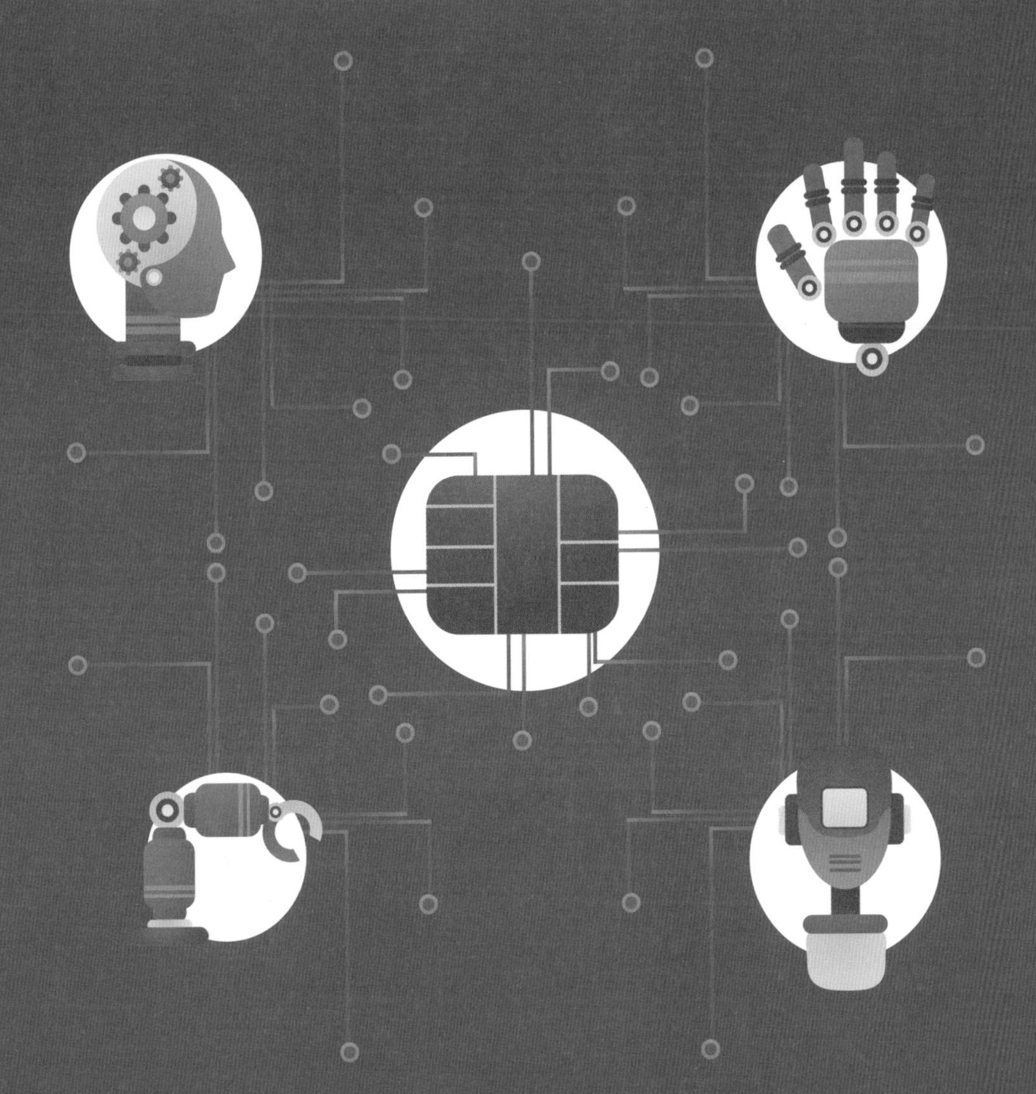

从人类在1946年发明第一台可编程的计算机ENIAC算起，计算机程序开发已走过了将近80年的发展历程。

在计算机程序开发过程中，出现了一个被称为“重复发明轮子”的负面概念，它一般指程序员不去复用他人共享（开源或商业发售）的开发成果，而是花费较多的时间自行开发一个已成熟实现的功能的行为。

在2.3节中提到，目前有TensorFlow等机器学习应用的开发框架，利用它们内置的各类算法可以覆盖绝大多数机器学习算法的实现。然而，在机器学习应用中，还需要解决一系列算法以外的问题，具体如下。

- 构成机器学习应用的各个微服务，以及微服务提供的API的管理。
- 各类数据和消息的投递。
- 热点数据的缓存。
- 各类关系型和非关系数据的存储。
- 数据的收集、分析和检索。
- 各类应用日志的统一收集和分析。
- 应用性能的监控与调优。

接下来，我们将逐一介绍这些问题的解决方案。

11.1 微服务平台

在7.2节中提到，“云原生”应用有微服务、持续开发/持续交付、自动化运维和容器化部署等核心要素。其中，涉及应用运行态层面的核心要素有两个：将应用拆分为微服务；将微服务实例通过容器平台调度。将应用拆分为微服务这一操作涉及的一个重要问题是服务注册发现。

什么是服务注册发现呢？我们知道，在分布式系统中，每个组件的实例无论是虚拟机、物理机还是容器，都有一个全局唯一的IP地址，只有知道这个IP地址，才能访问这个组件实例。但是，在开发程序时，如果将IP地址直接写到程序代码或配置文件，那么，如果服务组件的IP地址发生了变化，无论是修改程序代码还是配置文件，都只能手工修改，在修改完成前会造成应用服务中断。

在互联网中，这一问题的解决方案是采用DNS（Domain Name System，域名系统）。有了域名系统，用户和应用就可以通过域名访问服务，即使服务实例的IP地址发生了变化，DNS也可以屏蔽这种变化，而不需要手工修改配置文件和程序代码。

DNS也有天然的弱点。有一定计算机理论基础的读者通过思考可以很容易地发现，DNS本质上是一个分布式数据库，其扩展性和强一致性存在天然的矛盾。例如，在用户终端一般会存在一个DNS缓存，以避免重复通过网络查询DNS，减少后续网络访问时延，但在IP地址发生变化时，就容易引起一致性问题。

因此，我们需要其他机制为微服务化的应用实现把服务名称转换为IP地址，这一机制被称为“服务注册发现”。

在微服务架构中，另一个需要注意的问题是服务路由。

服务路由指的是，当某一服务存在多个实例时，将请求分配到各个实例中。在较为传统的分布式应用架构中，这一功能可以采用负载均衡实现，而在微服务架构中，由于应用被拆散，服务和实例的数量有可能上升1 ~ 2个数量级，采用负载均衡实现有可能出现性能瓶颈。因此，微服务化的应用需要其他更高效的方式来实现服务路由。

11.1.1　Kubernetes：微服务基础能力平台

谈到云原生，就不得不提的一个概念是Kubernetes。Kubernetes是一个容器编排平台。最初的Kubernetes只具有自动化创建和销毁容器的能力，在后续版本中，又增加了网络插件、存储插件及其他设备插件等。实际上，Kubernetes还提供了基本的服务注册发现和服务路由功能，也就是提供了微服务的基础能力。

Kubernetes分配容器的最小单位为Pod，一个Pod内可以包含一个或多个容器。对于需要弹性伸缩的场景，Kubernetes提供了一种被称为“Service”的机制，其实现原理如图11-1所示。

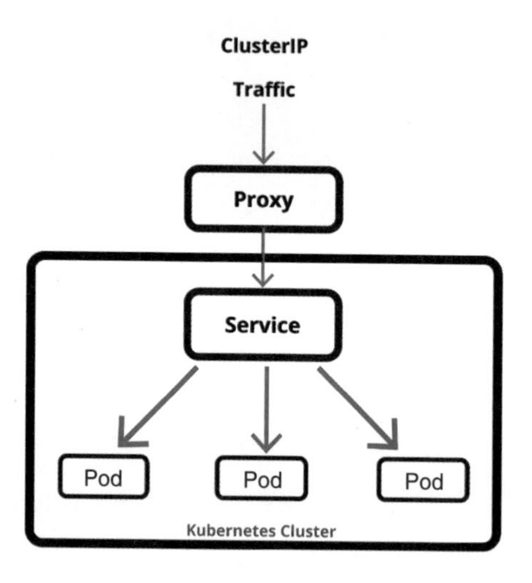

图11－1

图11-1描述了Kubernetes中Service的实现原理。图中有一个Service，包含3个Pod，对外使用ClusterIP的方式提供服务。所有指向ClusterIP的IP地址的请求会被按一定策略分配到3个Pod，这就实现了“服务路由”。Kubernetes实现服务路由的模块被称为“kubeproxy”，一般是在每个工作节点上通过iptables或ebpf（Extended Berkeley Packet Filter）实现的，也就是一种分布式的负载均衡，以避免出现性能瓶颈。

用户在Kubernetes中创建Service时，Kubernetes会在它依托的基础分布式数据库etcd中记录Service名称和IP地址的对应关系，所有对Service名称的访问会在Kubernetes自带的coredns中进行解析，并获取到etcd中记录的IP地址。这就实现了“服务发现”。

Kubernetes的Service还有一种工作方式为LoadBalancer，可以用第三方的四层云负载均衡器来实现服务发现和服务路由，还可以让Kubernetes外部也能访问服务的VIP。

对于需要把服务暴露到Kubernetes集群外部的场景，Kubernetes还提供了一种被称为“Ingress”的机制，其实现原理如图11-2所示。

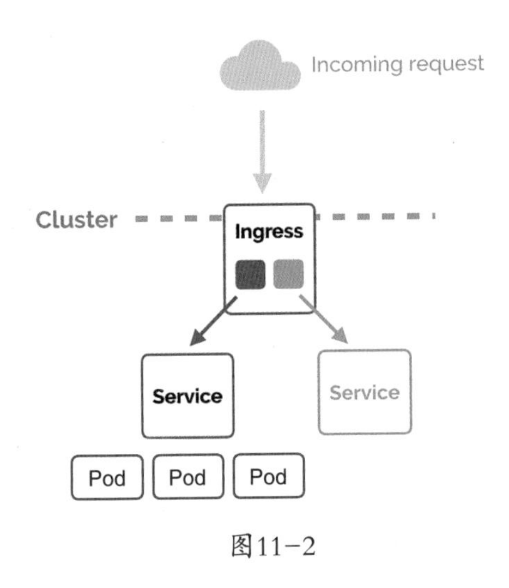

图11-2

Kubernetes管理员可以把集群中的Service通过Ingress对集群外部发布。当外部的请求（HTTP）来到Kubernetes的Ingress时，Ingress会对HTTP请求进行解析，找到它指向的Service，并将请求转发到Service，最终由Service转发到Pod进行处理。

Kubernetes本身并不具备Ingress的实现，而是对外开放接口，可以用Nginx等具备七层云负载均衡能力的组件来实现Ingress。这些组件被称为“Ingress Controller”。

Kubernetes还可以把集群外部的服务也视为一个Service，也就是ExternalName类型的Service，如Kubernetes集群外部有一个MySQL服务集群，Kubernetes内部的应用就可以通过这种方式访问MySQL。

我们可以将Kubernetes的服务注册发现和服务路由机制总结为图11-3所示的表示形式。

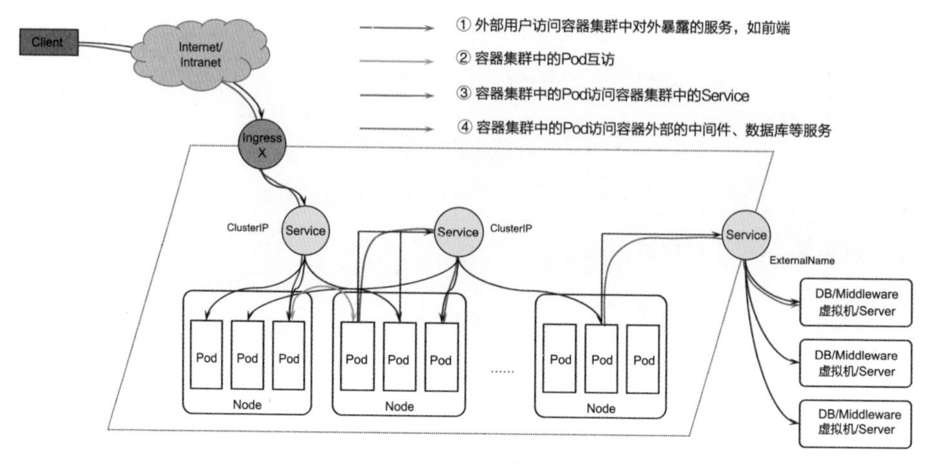

图11-3

在图11-3中，Kubernetes集群外部的用户访问集群中对外暴露的访问通过Ingress来实现，Ingress会解析访问请求的URL（也就是七层云负载均衡），并将请求转发到对应的Service，Service再把请求转发到Pod（也就是四层云负载均衡）。

Kubernetes内部的Pod访问某个集群内部Service时，则通过Service来实现服务注册发现和服务路由，Service会把请求转发到内部的Pod。

如果Kubernetes内部的某个Pod需要访问集群外的服务，如其他中间件或数据库等，则通过Service的ExternalName模式实现，该模式的Service实现了对集群外部的服务注册发现和服务路由。

当看到这里时，我们会理解，实际上，如果我们将机器学习应用拆分为微服务，并采用Kubernetes的Service等方式部署各个微服务，就无须再引入服务注册发现和服务路由组件了。也就是说，Kubernetes是自带服务注册发现和路由功能的一个云原生算力调度平台。

Kubernetes也有一些不足之处，那就是服务治理。有关服务治理的内容将在11.1.2节详细介绍。

11.1.2　Spring Cloud：Java系专属微服务平台

将应用拆分为微服务，一个很关键的价值是把应用中的一些公用模块抽象成为一个微服务，应用在使用这些公用模块对应的功能时，只需要调用这个微服务就可以，无须通过复制代码等低效率方式实现，从而做到“提供机制，而不提供策略”和“对修改封闭，对扩展开放”。

但是，当微服务架构的应用程序部署为生产环境时，如果仅提供服务注册发现和服务路由能力，实际上是有一些不足的。问题出在哪里呢？下面举一个例子。

如图11-4所示为某IT系统的各模块调用关系，该系统有Bidding（投标）、Finance（资金）和Purchase（采购）等模块，并已实现微服务化。在月末采购清账高峰期时，Finance微服务的负载能力基本上接近极限，此时恰逢重大项目投标，Bidding系统要调用Finance微服务缴纳投标保证金（《中华人民共和国招标投标法》中明确规定的参与投标竞争的前置条件），但由于Finance微服务过载，投标保证金缴纳一直不成功，最终导致无法投标。此类问题由于涉及直接经济损失，很可能被定级为P0级别事故（ITIL流程规范中定义的最严重的事故等级）。

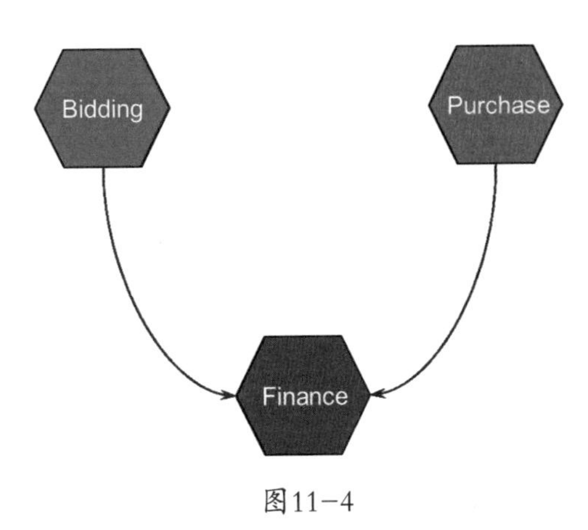

图11-4

解决这一问题的方案就是利用微服务治理，涉及内容如下。

- API治理：实现微服务内部的API统一注册和管理，避免出现因单个微服务修改API后，要求其他微服务对应修改调用API的代码。

- 流量管理：在各个微服务的不同版本更新期间，按照一定策略把请求流量分发到不同版本的实例，如“蓝绿发布”“金丝雀发布”等。
- 安全：微服务需要对其他服务的访问进行认证与鉴权。因此，微服务治理模块需要提供统一的鉴权能力。
- 容错：提供限流、熔断或降级等容错策略，避免发生与前面案例中相同的故障。
- 可观测性：与单体应用相比，微服务有了更多的部署载体。因此，需要掌控众多服务之间的调用关系和状态。可观测性包括调用拓扑关系、监控（Metrics）、日志（Logging）、调用追踪（Trace）等。

Spring Cloud就是具备这些能力的微服务框架之一，其总体架构如图11-5所示。

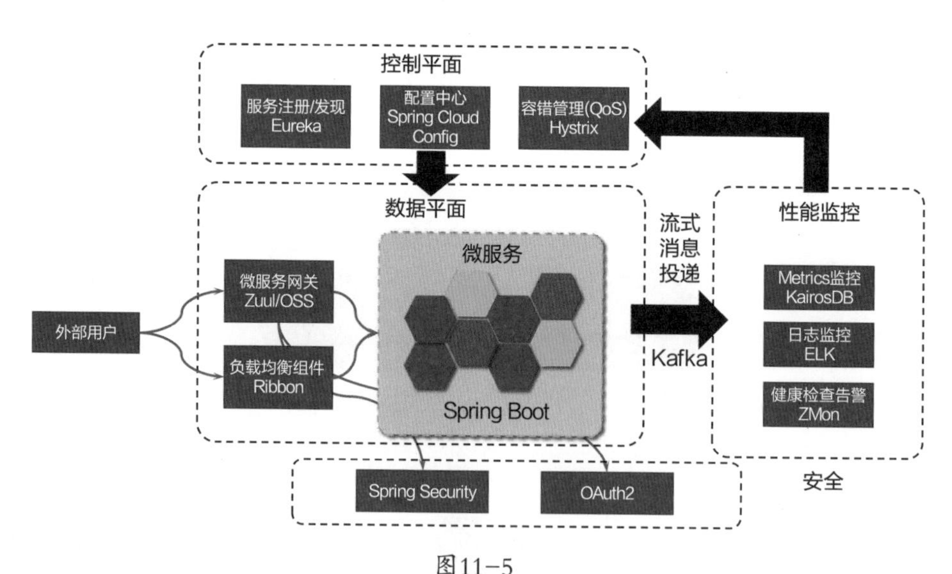

图11-5

从图11-5中可以看出，Spring Cloud的架构分为数据平面、控制平面、性能监控和安全等四大模块。

Spring Cloud的数据平面包括Netflix套件中的微服务网关Zuul、负载均衡组件Ribbon和各用户部署的微服务。微服务网关提供API的注册、转发，并调用安全模块实现统一鉴权。Spring Cloud的各个微服务节点可以是虚拟机或容器，而负载均衡组件Ribbon是分布式的，它运行在各个微服务节点上，实现各个微服务组件对外及组件之间访问的负载均衡，也就是实现服务路由的功能。

当一个微服务部署到系统中时，需要让它的调用者能够找到这个微服务。因此，Spring Cloud使用了Eureka作为服务注册发现中心，它由Eureka Server和Eureka Client两个组件构成。在Spring Cloud中的每个微服务节点都嵌入了一个Eureka Client。当各节点启动后，Eureka Client会向Eureka Server注册自身信息，并定时通过心跳机制维护自身信息，继而，当某节点需要访问其他微服务时，Eureka Client也会向Eureka Server请求该微服务对应节点的IP地址，并将其作为目的IP地址发起访问。

我们知道，如果某个微服务负载过高或因为其他原因导致响应速度下降，那么服务调用者就会被强制等待，直到收到响应或超时。因此，在高负载或部分微服务故障的场景下，如果不做任何处理，此类问题可能会引起调用者反复重试，从而导致资源耗竭甚至整个系统崩溃。由于在微服务架构下，各服务的互相依赖变得复杂，A服务故障可能会引发B、C、D或E等一系列服务故障，这种现象被称为“微服务的雪崩效应”。为了防止雪崩效应发生，Spring Cloud引入了Netflix套件中的Hystrix实现服务容错。Hystrix实际上是一个QoS控制器，能够通过对微服务节点性能的监控实现对服务的限流、熔断、降级和恢复，如果检测到特定微服务的响应时间或出错率达到阈值，就对其进行限流甚至熔断，保证核心微服务不被拖垮。

熟悉大型计算机系统的读者都理解系统性能监控的重要性。如果没有完善的系统性能监控，运维团队就无法确切地知道当前系统的运行状态，当错误发生时，也难以排查定位问题的根本原因。生产业务如果缺乏性能监控，无异于“盲人骑瞎马，夜半临深池”。因此，在Spring Cloud工具链中，经常使用ELK（ElasticSearch、Logstash和Kibana三件套）、KairosDB和Zmon等，以实现日志监控、Metrics监控、健康检查和告警功能。

Spring Cloud还提供了统一的鉴权机制，如Spring Security OAuth2等。在Spring Security OAuth2的保障下，微服务请求者只有在得到授权的情况下，才能够在授权时间范围内访问被授权的资源，并实现认证、授权、访问和撤销授权的整个过程可审计，以符合法律法规的要求。

由于Spring Cloud具备如此强大的能力，从2016年Spring Cloud的第一个版本推出以来，其市场渗透率迅速提升，并一度被以阿里巴巴为代表的企业视为微服务框架的事实标准。然而，Spring Cloud在具备以上强大能力的同时，也有两大缺点。

- Spring Cloud是基于Spring Boot实现的，所以，使用Spring Cloud微服务框架的前置条件就是，应用的所有组件必须基于Java开发。我们知道，除Java外，业界还有Golang、Python和PHP等流行的语言。著名软件代码质量度量企业TIOBE在2023年发布的编程语言排行榜上，排行第一的是Python，而Java仅排名第四，占11.28%。那么，微服务框架如何解决使用多种编程语言开发应用的需求呢？
- Spring Cloud是侵入式的。也就是说，在使用Spring Cloud时，首先要在Java工程中引入与Spring Cloud相关的依赖库，并在程序代码中调用相关的类和方法。如果我们需要将某个应用作为微服务部署，将不可避免地涉及修改源代码，以及相关的编译、验证测试等一系列工作。

是否有不修改源代码就可以将应用改造为微服务的方案呢？在下一节中，我们将介绍业界的另一种微服务实现方案。

11.1.3 Istio：不挑开发语言，只挑部署架构

在11.1.2节中提到了Spring Cloud的两大缺陷：语言绑定和源码侵入式修改。与这两大缺陷相对应的需求如下。

- 需求1：提供跨语言的微服务框架，最好可以使用任何语言开发微服务。
- 需求2：提供无侵入的微服务部署方案，不需要对源代码进行修改就可以实现应用和模块的微服务化。

显然，如果实现了需求2，实际上就可以实现需求1。业界将这样的微服务方案称为“微服务网格”（Service Mesh）。

在业界常见的微服务网格方案中，社区最活跃、成熟度最高、应用最广泛、最有代表性的开源产品是Istio。Istio 项目最初由Google、IBM和Lyft共同开发，并于2017年成立了独立的开源项目。在2023年7月，Istio正式从CNCF（Cloud Native Computing Foundation，云原生计算基金会）毕业，这意味着CNCF认为服务网格技术已经成熟，可以用于生产场景中，同时Istio也成为一个成熟、可信赖的开源项目。

Istio认为，在微服务架构中，服务之间的通信管理包括负载均衡、服务发现、流量控制和故障恢复等功能，变得比以前复杂，也更重要。因此需要实现一种简化和增强微服务之间的通信方式。

Istio的架构如图11-6所示。

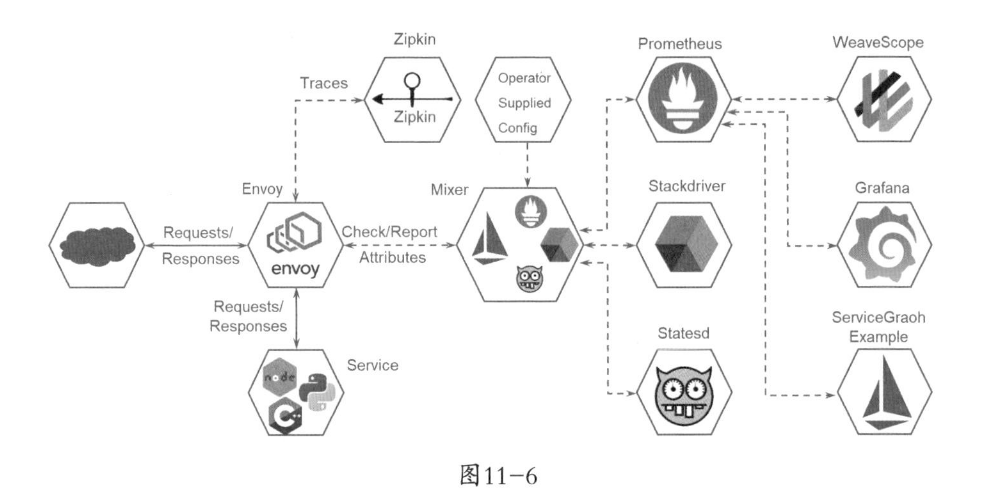

图11-6

在图11-6中，展示的Istio实际上是一个框架，包括图中一系列的工具链总和，来实现微服务架构的控制平面、数据平面和性能监控。

Istio的特点是非侵入式和开发语言无关性。非侵入式指的是基于Istio构建微服务化应用，或在对传统的单体应用进行微服务化改造时，是不需要对代码进行特殊修改的；而开发语言无关性指的是在基于Istio构建微服务化应用时，可以使用多种语言开发，而不会被限制使用特定的开发语言。实现这两点的核心技术是边车代理（Sidecar Proxy）。

Sidecar的字面意思是指三轮摩托车的边斗，这种摩托车俗称为“侉子”，如图11-7所示的摩托车是仿造经典款型“长江750”三轮摩托车，并在普通两轮摩托车上加装边斗后改装而成的。如果驾驶员担心在骑行过程中接打电话会引起安全问题，则可以在边斗上带上一名通信员来接打电话。

图11-7

Istio的设计就借鉴了这一思想，其设计的核心理念是，在运行微服务的容器Pod中插入一个容器Sidecar来实现Pod的通信代理，在实现数据平面通信的同时，也与控制平面通信，从而实现微服务治理。

最常见的Sidecar代理使用Envoy实现，如图11-8所示。Istio与Kubernetes配合使用，可在Kubernetes的Pod中增加一个容器，这个容器运行Envoy。Istio还会修改各个Kubernetes Node的iptables策略，强制进出Pod主服务容器的通信流量都要经过Envoy。这样，Envoy就接管了Pod内的主容器通信流量，继而还可以与控制平面进行配合，实现全局的流量治理。

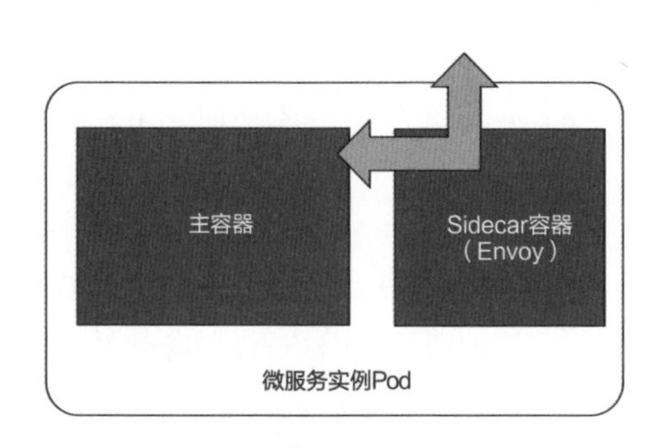

图11-8

Istio名字的由来

Istio在希腊文中是“帆船”的意思。Tetrate创始人Varun Talwar 和Google首席工程师Louis Ryan在2017年为这个开源项目起名时认为，如果只有Kubernetes（希腊文意为“舵手”），实际上是哪里都去不了的。只有为舵手提供帆船，才能真正扬帆远航。

另一层含义是，Istio可以指Ino。Ino是古希腊荷马史诗《奥德赛》中的人物，他为故事主角Odysseus提供了一条有神秘力量的面纱，让Odysseus在飓风掀起的巨浪中顺利航行。Varun Talwar和Louis Ryan认为 “Istio就是神秘面纱，让微服务在容器的海洋中自由远航。”

Envoy是一个很强大的开源组件，支持HTTP、HTTP/2和gRPC（Google Remote Procedure Call）等，它可以为Istio管理的各个微服务提供丰富的数据平面功能，具体如下。

- 流量控制：通过HTTP、gRPC、WebSocket和TCP流量的丰富路由规则启用细粒度的流量控制应用。
- 服务容错：包括对自动重试、断路和故障注入的支持。
- 安全性：实施微服务之间的网络安全策略。
- QoS：对基础服务之间的通信应用访问控制和速率限制。

与Spring Cloud引入集中式的微服务网关不同的是，在Istio中，Envoy也可以作为对外暴露服务的入口，我们只需要将Envoy作为Kubernetes的Ingress Controller，就可以让它具备对外的API网关的功能。

Envoy的这些功能需要与Istio的控制平面紧密配合。Istio控制平面的核心组件是Istiod，它负责将高级路由规则和流量控制行为转换为Envoy的配置，并在运行时将其发送到Sidecar。Istiod由一组相互协作的组件构成，包括用于服务发现的Pilot或Consul、用于配置的Galley、用于证书生成的Citadel和用于策略实施与遥测的Mixer等。

在微服务架构中，很重要的一个需求是链路追踪。什么是链路追踪呢？

在微服务架构中，如果一个微服务依赖其他多个微服务，那么，任意一个被依赖的微服务性能下降，都会造成整个调用的响应速度变慢。如果通过人工检视分析日志，在微服务被逐渐拆分后，其工作量很快就会超出可接受的范围。因此，在微服务治理中，自动化的链路追踪成了微服务可观测性方面的刚性需求。

常见的微服务链路追踪架构如图11-9所示。

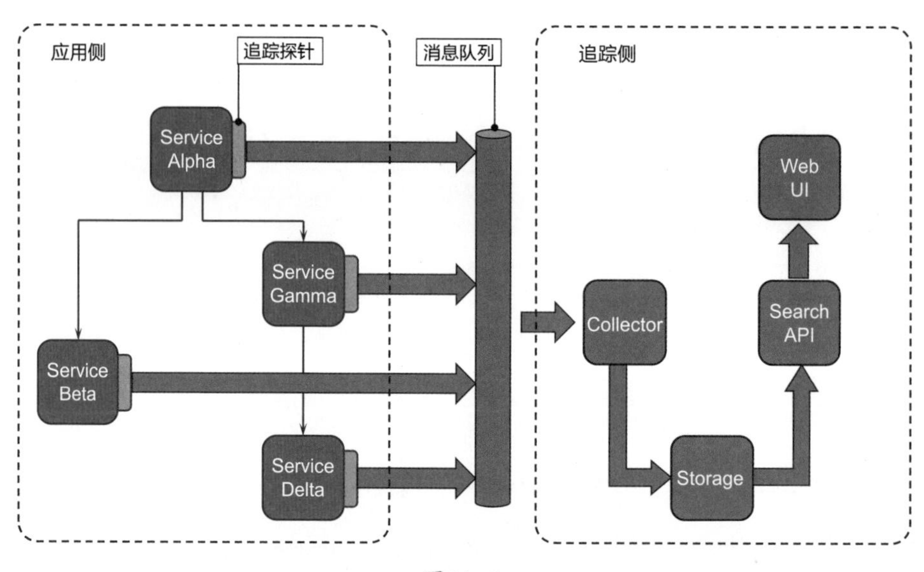

图11-9

常见的微服务链路追踪方式是在每个微服务上都添加追踪探针，并将相关日志通过消息队列发送到采集器，采集器将这些数据持久化后，由分析器进行分析，并在Web界面呈现。

市面上主要的链路追踪的项目如下。

- Cat：由大众点评网开源，基于Java开发的实时应用监控平台，包括实时应用监控和业务监控。集成方案是通过代码埋点的方式来实现监控的，如拦截器、过滤器等。其问题是对代码的侵入性很大、集成成本较高、风险较大。

- Zipkin：由Twitter公司开源，开放源代码分布式的跟踪系统用于收集服务的定时数据，以解决微服务架构中的延迟问题，包括：数据的收集、存储、查找和展现。该产品结合spring-cloud-sleuth使用较为简单，集成也很方便，但是功能较简单。
- Pinpoint：韩国开源的基于字节码注入的调用链分析及应用监控分析工具，其特点是支持多种插件，UI功能强大，接入端无代码侵入。
- Skywalking：中国开源的基于字节码注入的调用链分析及应用监控分析工具，其特点是支持多种插件，UI功能较强，接入端无代码侵入。目前该工具已加入Apache孵化器。
- Sleuth：Spring Cloud提供的分布式系统中链路追踪解决方案。可惜的是，Spring Cloud的国内最大贡献者并没有链路追踪相关的开源项目，我们可以采用Spring Cloud Sleuth+Zipkin来做链路追踪的解决方案。

这些链路追踪项目基本上都符合开源社区共识的链路追踪标准——OpenTracing。

在OpenTracing中有如下基本概念。

（1）Span：基本的工作单元，相当于链表中的一个节点，通过一个唯一ID标记它的开始、具体过程和结束。我们可以通过其中存储的开始和结束的时间戳来统计服务调用的时间。除此之外，还可以获取事件的名称、请求信息等。

（2）Trace：一系列的Span串联形成的一个树状结构，当请求到达系统的入口时，就会创建一个唯一ID来标识一条链路。如果这个ID始终在服务之间传递，直到请求返回，就可以使用这个ID将整个请求串联起来，形成一条完整的链路。

（3）Annotation：一些核心注解用来标注微服务调用之间的事件，重要的几个注解如下。

- cs（client send）：客户端发出请求，开始一个请求的生命周期。

- sr（server received）：服务器端接受请求并处理；sr–cs = 网络延迟 = 服务调用的时间。
- ss（server send）：服务器端处理完毕准备发送到客户端；ss–sr = 服务器上的请求处理时间。
- cr（client reveived）：客户端接受到服务器端的响应，请求结束；cr–sr = 请求的总时间。

Istio的实现方案则与Spring Cloud不同。Istio在Envoy中加入了微服务链路追踪的功能，可以和Zipkin配合。它的架构如图11-10所示。

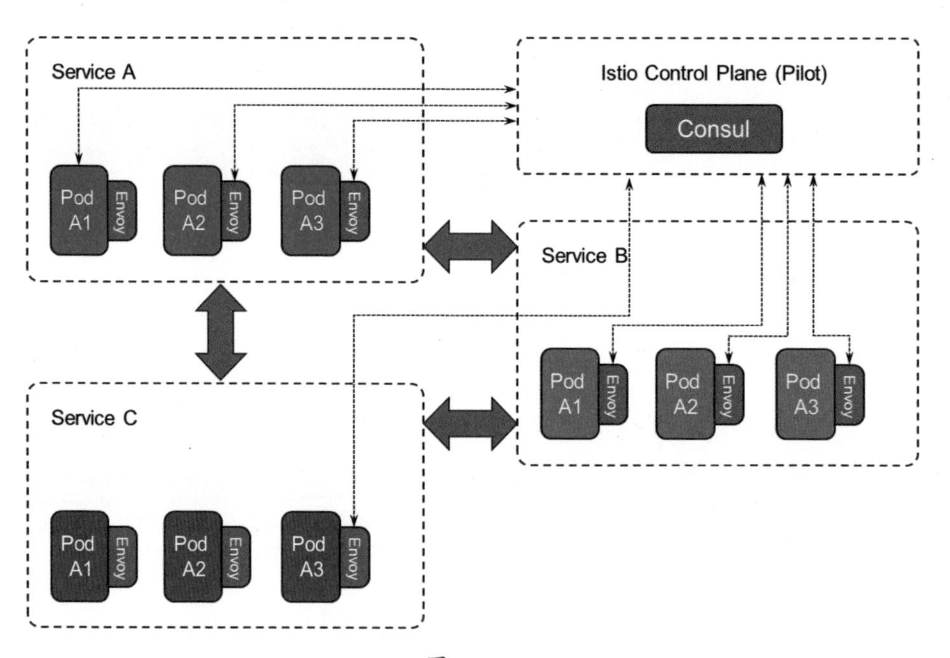

图11−10

在图11-10中，当第一个请求被 Envoy Sidecar拦截时，Envoy 会自动为HTTP Headers添加x-b3开头的Headers和x-request-id，业务系统在调用下游服务时需要将这些Headers信息加入请求头，下游的Envoy Sidecar在收到请求后，会将Span上报给Zipkin，最终由Zipkin解析出完整的调用链。注意，由于Istio中所有的实例均运行在Kubernetes的Pod中，包括Zipkin。因此，如果没有为Zipkin配置持久化存储，则在Zipkin实例被销毁后，所有的数据将会丢失。因此，若将

Istio+Zipkin用于生产环境，就需要单独配置ElasticSearch，用于持久化存储。

由于以Istio为代表的微服务网格方案具备非侵入式的服务注册发现、服务路由及链路追踪能力，在2020年到2023年期间，受到一批追求前沿技术的用户高度重视，相关的开源社区的热度也一路走高。但是，Istio等微服务网格方案也有如下一些固有的缺陷。

- Istio作为Kubernetes的一个插件，对虚拟机等非容器化应用的支持尚不完善，如对Debian和CentOS以外的操作系统尚未提供官方支持，对Linux版本碎片化的现状不够友好。
- Istio本身只提供服务级别的灰度能力，应用管理员需要逐个发布服务，缺乏自动化工具支持服务发布的策略，增加了出错的可能性。

因此，业界出现了一些商业化的微服务方案。

11.1.4　商业化微服务平台：兼顾各类需求的选择

通过对本章前面内容的学习，我们了解了业界常见的一些微服务方案。

- Kubernetes容器平台：具备基本的服务注册与发现，以及服务路由功能，但不具备服务治理能力。
- Spring Cloud：具备服务注册与发现，以及服务路由和应用容错功能，但只支持Java语言，对存量应用进行微服务改造需要对程序源代码进行侵入式修改。
- Kubernetes + Istio：Istio基于Sidecar机制补充了Kubernetes在服务治理方面的缺失，但对容器以外的微服务实例部署方式不够友好，并且无法实现全链路灰度发布。

背景知识：全链路灰度发布

在传统的单体应用架构中，灰度发布相对简单，只需要在服务的流量入口处进行分流，通过使用 K8S Service 或在负载均衡服务服务上进行配置，即可实现应用的灰度发布。

然而，微服务架构引入了新的复杂性，服务之间可能存在较为复杂的依赖关系。有时候，某个功能的发布可能依赖于多个服务，要求灰度流量在整个调用链中准确路由到灰度版本的服务。显然，传统的单个服务流量入口设置分流的做法无法满足这一需求。

为了解决微服务架构下的灰度发布问题，全链路灰度发布引入了泳道（Lane）的概念。泳道将灰度视角从单个服务扩展到整个请求的调用链上，确保流量能够精确地在一组指定规则的服务之间流动，就像在预先设置好的泳道中一样。

为了解决这些历史遗留的问题，商业化版本的微服务平台应运而生，其代表有AWS的App Mesh和腾讯云的TSF等。

AWS的App Mesh架构如图11-11所示。

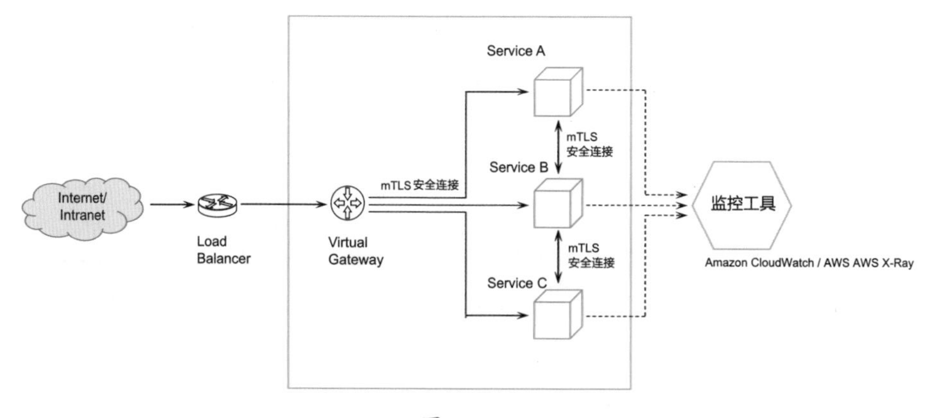

图11−11

图11-11描述了AWS的App Mesh的总体设计，以及与周边模块的交互。橙色方框中为AWS App Mesh的部分，包括一个微服务网关Virtual Gateway和若干运行在ECS（Elastic Container Service）容器中的各个Service。各个Service之间的通信通过Envoy插件进行管控和服务路由。

用户如果要访问App Mesh的服务，可以通过ELB（Elastic Load Balancer）

来访问Virtual Gateway。另外，各个Service也可以将监控数据发送到Amazon CloudWatch或AWS X-Ray。

熟悉Istio的读者会发现，App Mesh是高度兼容Istio的，或者说，它是Istio在AWS上的商业发行版本，并且与ELB、ECS和CloudWatch等云产品高度集成。另外，App Mesh还可以把Envoy安装到EC2（Elastic Compute Cloud）上，实现把微服务部署到虚拟机。

用户还可以为App Mesh对接其他第三方的一些工具，如链路追踪工具Jaeger、性能监控工具Prometheus和可视化工具Grafana等。

App Mesh的缺陷是：如果用户想实现全链路灰度发布，就需要自行部署一些第三方工具来实现。

国内大型公有云厂商提供的微服务平台的代表为腾讯云的TSF。TSF的设计理念是，融合Spring Cloud 和Istio的优势，兼容异构的开发语言和框架，并提供应用的全链路灰度发布功能。它的总体架构如图11-12所示。

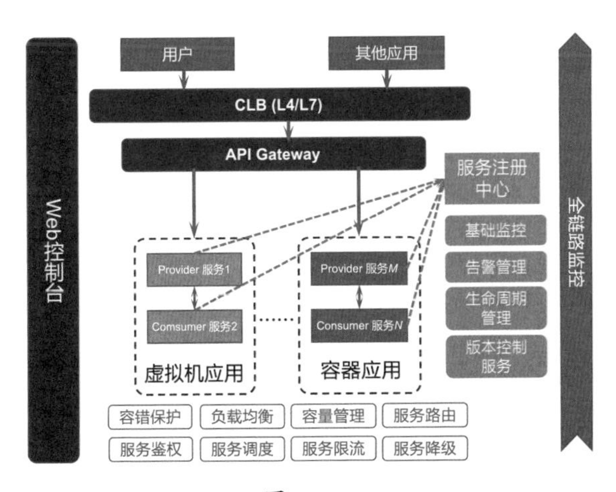

图11-12

TSF的组成部分如下。

- 微服务实例：可以运行在容器、虚拟机或物理服务器中，也就是图11-11中的服务1、服务2……服务*N*，可以兼容Istio或Spring Cloud。
- 微服务注册中心：使用Consul实现，通过多副本来提供高可用。

- TSF控制中心：实现TSF的控制平面。
- 流量控制：实际上在各个微服务实例上分布式实现。
- 微服务网关：提供微服务各API的统一注册和管理，以及外部访问微服务集群的统一入口。

微服务实例可以通过Sidecar和TSF SDK两种不同的方式来实现微服务的治理。Sidecar方式和Istio完全兼容，使用Envoy来实现服务注册/发现、服务路由和服务容错等能力。而TSF SDK则提供对Spring Cloud和Dubbo的替换方案。无论是基于Spring Cloud开发的Java系微服务实例，还是使用其他语言开发的，基于Service Mesh（如Istio）互相调用的微服务实例都可以在TSF下统一管理，实现二者之间的交叉调用。

除了Spring Cloud与Service Mesh的互通功能，TSF还提供了两个特色功能：全链路灰度和单元化。

全链路灰度发布的核心在于流量泳道概念的实现。它有以下两种实现思路。

一种思路是为新版本建立一个相对于旧版本更独立的环境，在两个环境的流量入口处按特定规则分流。这种思路被称为“完整环境隔离”，如图11-13所示。

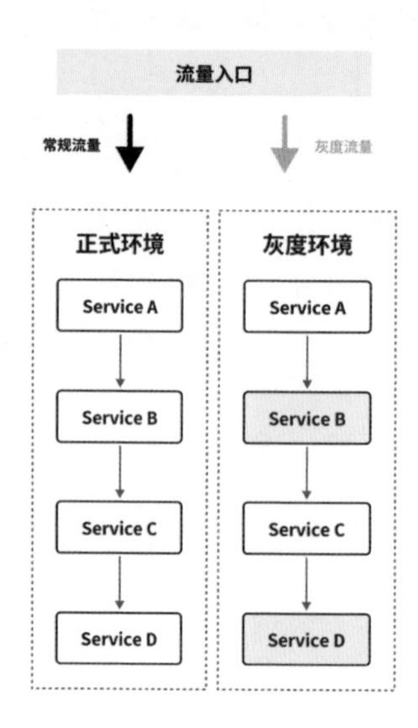

图11−13

从图11-13中可以看出，完整环境隔离是一个最简单的方案，然而，对于服务数量较多的微服务项目来说，这种方法会浪费资源，因为在灰度环境中创建非灰度服务会消耗额外的资源。如果要同时灰度发布多个版本，就需要创建多套完整环境，从而进一步增加了资源的浪费。

另一种思路则较为精巧，它的实现方法是修改服务路由策略，把指向需要灰度的微服务的请求逐渐切换到新的灰度版本。这种思路被称为“全链路灰度发布”，如图11-14所示。

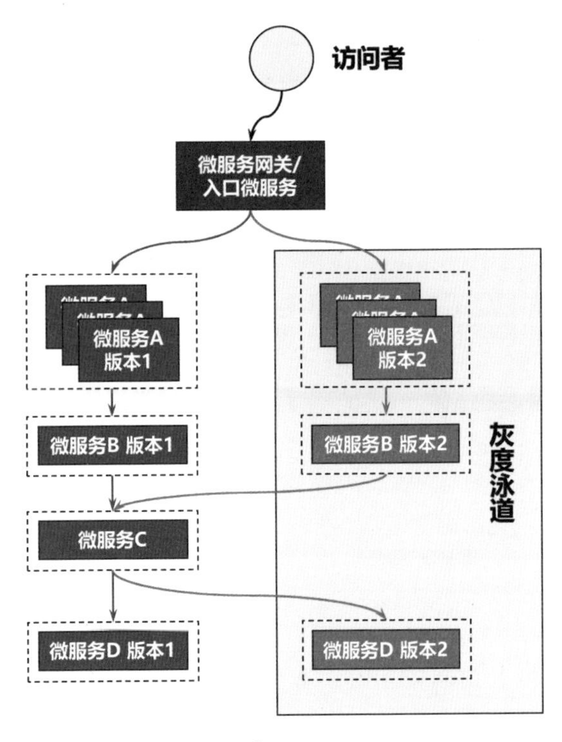

图11-14

在全链路灰度发布方案中，把灰度发布的能力赋予每个服务后，泳道的设置就可以共用不需要灰度发布的服务，从而充分利用资源，多版本的全链路灰度发布也可以在同一个环境中进行了。

TSF的全链路灰度发布能力支持这两种不同的实现方式，用户可以在简单直接的方案和精细化方案之间二选一。

TSF另一个具有特色的功能是单元化。单元化指的就是将应用的核心数据进行水平拆分，并将应用服务进行无状态化改造，从而实现把相同领域的业务服务划分为独立部署的单元，单元内业务闭环，有效地解决服务的弹性伸缩、故障隔离、异地多活等微服务应用的高可用问题，同时可以基于单元化部署，以部署单元构建灵活的应用发布策略，如蓝绿发布、灰度发布。在大型银行客户的生产系统中，业务的单元化部署是基本需求，如按用户属地或用户ID来进行单元化的划分。此外，一些互联网企业也使用单元化部署来应对高并发量的C端业务。应用单元化部署后的架构和数据流向图如图11-15所示。

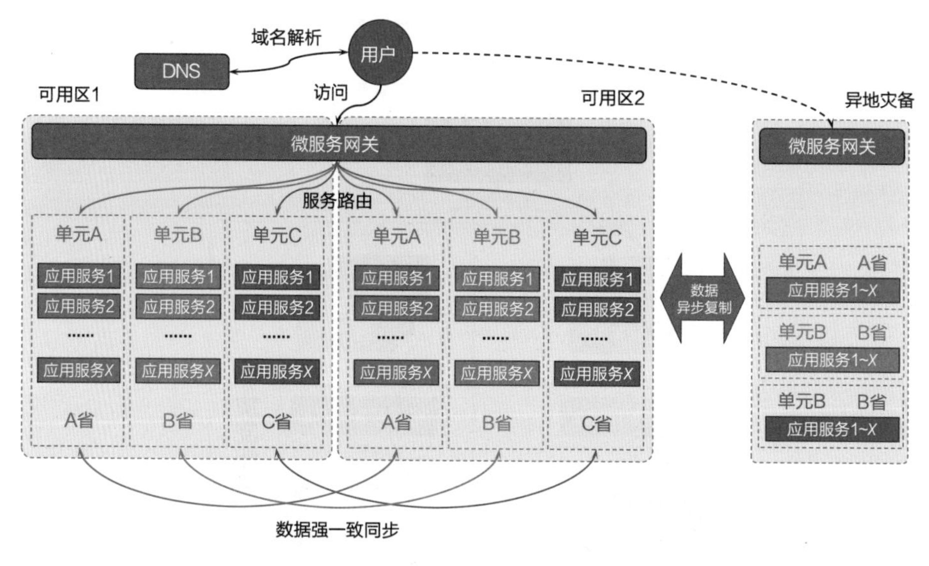

图11-15

当用户通过域名访问应用时，智能DNS就会根据用户的源IP地址对应的地理位置和运营商等信息，为用户返回最优的IP地址，实现跨地域的服务路由。

在每个地域的应用入口，微服务网关都可以实现业务的同城双活，并基于网关的标签化路由来选择具体的单元。

TSF会先识别本次调用是单元内调用还是跨单元调用，再将请求转发到对应的单元。相同服务的调用顺序为：首先是单元内调用，其次是本中心调用，最后是同城中心调用。

另外，单元化可以与全链路灰度发布结合，首先设定1 ~ 2个灰度单元，然后明确灰度维度有哪些，比如，常见的有按指定客户号或者客户标签灰度等。在网关进行单元路由计算前，优先查询灰度表，如果请求特征命中灰度规则，那么直接按照表中定义好的单元进行路由，转发到对应的灰度单元，完成单元的灰度发布。

近年来，随着关系国计民生的重要业务越来越多地使用微服务架构，微服务技术也变得成熟，在机器学习应用，特别是推理类应用中使用微服务也成为很多开发者的选择。

11.2　中间件服务

在前面提到过，在应用开发时合理地选择成熟的中间件能够避免“重复发明轮子”，从而提升开发效率，也可以避免在逻辑和效率等方面走前人走过的弯路。

中间件是指介于应用系统与系统软件之间的组件。由于中间件对具体业务中各环节依赖的一些机制进行了合理的封装，因此，IT应用的设计与开发者不需要过度关注底层的实现，就可以聚焦于更有价值的业务逻辑实现本身。

如图11-16所示，应用层无须自行实现一些经常重复使用的底层机制，只需要调用中间件提供的API，就可以利用中间件提供的机制实现自身所需的业务逻辑。

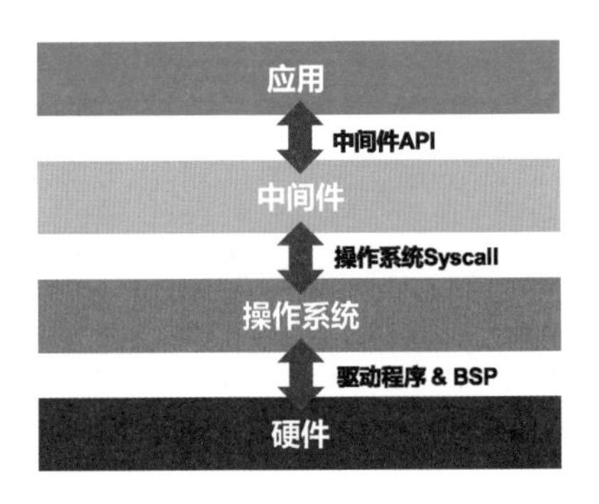

图11-16

以中间件领域中常用的消息队列（Message Queue，MQ）为例，只要通过在应用中调用SDK，就可以通过AMQP等协议实现消息的投递，而不需要自行解决消息的接收、发送、存储及分布式一致性等问题。

常见的中间件有消息中间件、缓存中间件和搜索中间件等。有时我们也将数据库称为“数据中间件”。

下面简要介绍各类常见的中间件。

11.2.1 消息中间件

消息中间件的作用是实现应用中各个组件之间的消息通信，它是实现大中型分布式应用组件间通信所必不可少的组件，可以在异步处理、应用解耦、流量削峰和消息投递等场景下发挥作用。

利用消息队列通信的双方被称为“消息生产者”（Message Producer）和“消息消费者”（Message Consumer）。消息生产者将消息发送至消息队列，被称为“消息生产”，反之，消息消费者从消息队列读取消息，被称为“消息消费”。

消息生产者或消息消费者与消息队列组件之间通信的协议被称为“消息协议”。常见的消息协议有AMQP、STOMP、XMPP和JMS等。

为了保证消息不丢失，消息队列的工作节点（一般称为“Broker”）需要将消息存储到持久化的存储器（如磁盘），并存储多个副本，这种行为被称为“消息持久化”。

业界典型的开源消息队列是RabbitMQ，其特点是响应速度快、时延低，名字中的“Rabbit”（兔子）就来源于此。

此外，还有一些其他的消息中间件，如Pulsar和RocketMQ等，它们的特点如表11-1所示。

表11-1

名称	RabbitMQ	Pulsar	RocketMQ
开发语言	Erlang	Java	Java
扩展性	支持三副本	存算分离，收发节点和存储节点可以分别扩容	支持三副本
吞吐量	一般	较高	一般
同步算法	超过半数节点一致	强一致	超过半数节点一致
高可用能力	主备自动切换，通过Mirror Queue来支持Master/Slave，Master提供服务，Slave仅备份	Broker和Bookie节点集群各存在两个节点，即可提供高可用服务	主备自动切换，Master不可用时，Slave只提供读服务
优点	编译执行，响应速度快，轻量化，社区活跃度高	可靠性极高，扩展灵活，对多租户友好	消息堆积对性能影响很小

消息中间件的一个另类为Kafka，它是由LinkedIN公司的三位工程师创立的，使用Scala和Java语言编写。

小故事：作家Kafka与消息中间件Kafka

当计算机行业从业者和文艺青年看到Kafka这个词时，他们的第一反应会有巨大的差异。前者眼里的Kafka是常用的中间件，而后者则第一时间会想到《变形记》的作者——奥地利作家Franz Kafka。Franz Kafka是保险公司的一名职员，利用业余时间写成了《变形记》《城堡》《饥饿艺术家》等作品。虽然Franz Kafka在40岁那年就因结核病离开人世，但其深邃隽永的文学作品使之成为20世纪最有影响力的作家之一。

Franz Kafka早年以创作速度快而著称，在偶遇一位美丽的女士后，一夜之间就创作完成了《判决》。消息中间件Kafka的作者之一Jay Kreps是Franz Kafka的崇拜者，他在创建这个高性能消息中间件开源项目时，首先想到的就是自己偶像的快速写作，并用Kafka给这个倾注了自己毕生心血的开源项目命名。

正如这个小故事讲的那样，Kafka具备超高的性能（吞吐量达到其他消息中间件的5倍以上）和良好的扩展性（集群可以任意扩展）。同时，作为消息中间件，Kafka能够实现消息的持久化存储，并且不丢失消息。这是如何实现的呢？

Kafka实现高性能的核心技术是零复制（Zero Copy）。

在出现零复制技术前，应用对文件的读/写都通过内核提供的read() 和write()这两个函数来实现，read() 需要把数据从磁盘读取到内核缓冲区，再复制到用户缓冲区。write() 则相反，它先把数据写入用户态缓冲区，再复制到内核缓冲区，并写入磁盘或其他I/O设备。

如果消息中间件需要把收到的消息持久化到磁盘，则流程如下。

（1）网卡接收到数据包后，DMA控制器把数据从网卡复制到协议栈缓冲区。

（2）用户进程通过read() 方法向操作系统发起调用，此时CPU上下文从用户态转向内核态。

（3）CPU把协议栈数据复制到应用缓冲区，上下文从内核态转为用户态，read() 返回。

（4）用户进程通过write() 方法发起调用，CPU上下文再次从用户态转为内核态。

（5）CPU将应用缓冲区中的数据复制到文件系统缓冲区。

（6）DMA控制器把数据从文件系统缓冲区复制到磁盘控制器，CPU上下文从内核态再次切换回用户态，write() 返回。

整个过程会发生4次用户态和内核态的上下文切换，以及4次数据复制。

零复制技术就是使用mmap() 和sendfile() 等函数来替换数据复制操作，并减少用户态和内核态的上下文切换次数的一种加速方案。

mmap() 可以将用户空间的内存映射给内核，让内核可以直接写入用户态可访问的内存空间，从而减少从读缓冲区到用户态缓冲区的复制，如图11-17所示。

sendfile()实现的是让操作系统直接从文件系统读取文件，并发送到Socket，而无须从读缓冲区向Socket缓冲区进行内存复制，如图11-18所示。

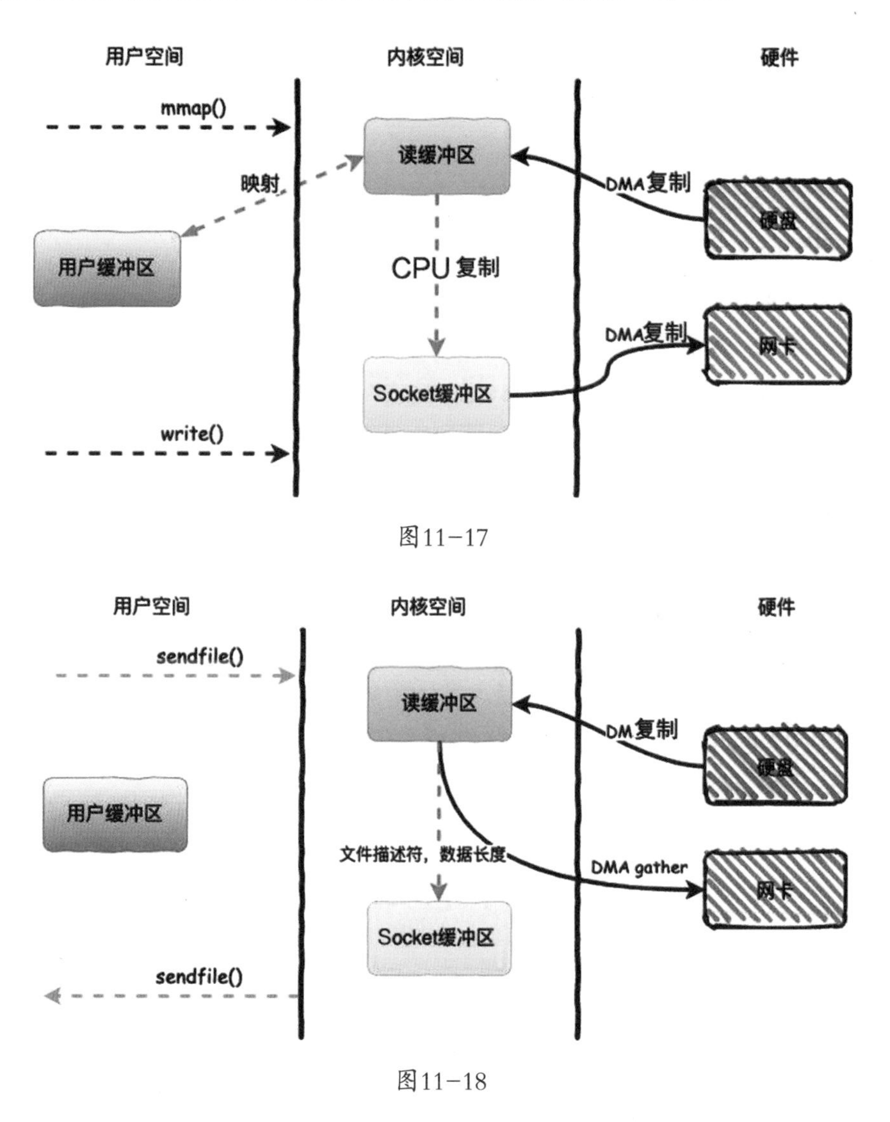

图11-17

图11-18

在Kafka中，当Broker（消息收发者）接收到消息时，先使用mmap() 把从Socket收到的数据映射到用户态缓冲区，再调用write()写入磁盘。Broker在发送消息时直接调用sendfile() 绕过内存复制，直接发送磁盘上的文件。

由于Kafka采用了零复制技术，因此其单节点吞吐性能可以达到每秒数百兆字节。但如果我们期望实现更高性能的吞吐量和高可用能力，则还需要对Kafka进行集群化扩展。

Kafka采用的是最终一致性算法，其部署架构如图11-19所示。

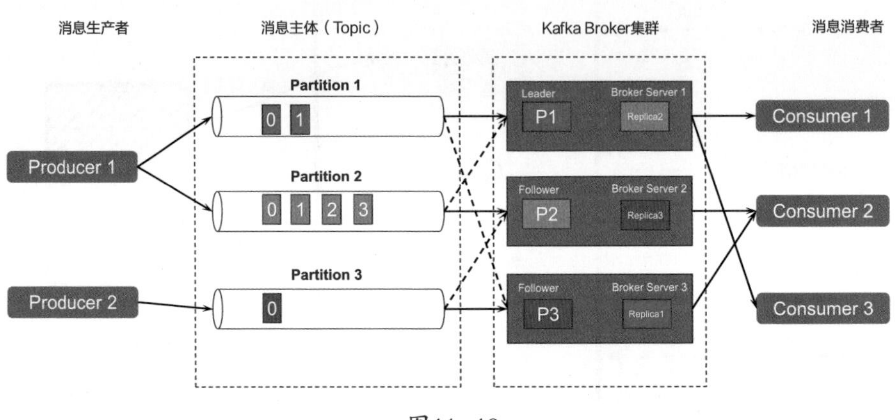

图11－19

Kafka实际上是一个分布式的消息中间件，其消息投递以Topic（消息主体）为单位，每个Topic都可被分为多个Partition（消息分区），以实现负载均衡。为了提升服务可用性和数据持久性，每个Partition都会有多个Replica（副本），每个Replica都会分布到集群中自己对应的Broker上。

Kafka的消息处理流程如图11-20所示。

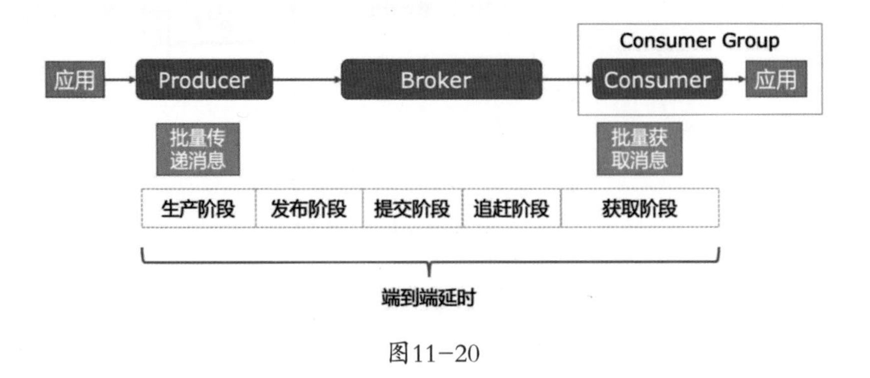

图11－20

Kafka会在每个Partition的Replica中挑选一个作为Leader（主副本），其他作为Follower（从副本）。Producer将一批消息提交到Leader后，Leader会将消息持久化存储，并同步到所有的Follower，其他Follower追赶Leader的持久化存储进度，并将进度同步给Leader。Leader会把有半数以上Follower持久化成功的消息视为已经持久化存储成功，并通过callback返回给Producer。

从图11-20中可以看出，Kafka生产端和消费端都是按批打包投递消息的，这样可以减少Kafka消息递送代码执行的次数。Kafka消息打包的大小默认为16KB，合理调整这个参数也可以降低消息处理的平均时延，提高吞吐量。

对分布式系统理论有所了解的读者会发现，由于Kafka并没有实现真正的强一致性（也就是所有的Follower持久化落盘以后才被视为消息接收成功），而是利用了多数派一致性，Kafka可以在扩容时，实现性能与节点数的扩展线性相关。从分布式系统的CAP理论层面，我们可以很容易地认识到，Kafka在设计分布式一致性机制时，对C（Consistency，一致性）进行了妥协，以获取更好的扩展性。从另一个角度看，Kafka在极端情况下是有可能丢失消息的。那么，Kafka的这一缺陷为什么没有影响它的普及呢？

这是因为，Kafka的定位是海量数据的有损投递。在大数据、日志采集分析和机器学习等场景下，由于数据源是海量的，极少数的数据丢失并不会影响最终分析结果的准确性。因此，Kafka有时也被称为“流式消息引擎”，与可承诺不丢失消息的消息队列相区分。

11.2.2　缓存中间件

缓存中间件是常用于数据访问加速的一类中间件。在高并发场景下，如果直接从数据库和磁盘读/写数据，那么对非关键的高频数据而言就是一种浪费。因此，在应用中使用缓存中间件存取一些经常被修改的非关键的数据，是常见的提升效率的设计方案。

Redis（Remote Dictionary Server，远程字典服务）是最常见的缓存中间件。从字面上可以很容易地理解，Redis实际上是一个可以通过网络访问的键-值数据库，支持键-值对、批量键-值对、计数、列表、无序字典（哈希表）、有序字典、集合和跳跃列表等多种数据结构。

为了提升读/写效率，Redis将数据放在内存中，也就是内存数据库中。其常见的场景就是利用其强大的高并发缓存能力对用户频繁访问的数据提供缓存，Redis在提升用户体验的同时，有效地保护了系统中的核心数据库等重要但性能受限的组件，避免了这些组件过载而拖垮整个系统。

在云计算平台上的Redis部署不仅要考虑高性能，还要考虑高可用和扩展性等诸多要素。常见的Redis在云计算平台上的部署方案如图11-21所示。

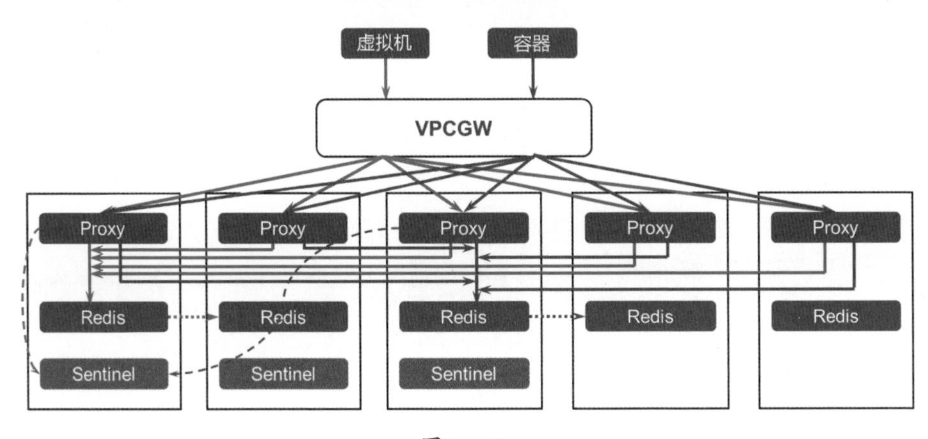

图11-21

在图11-21中，Redis可以采用集群方式部署，在每个物理节点上都有Proxy和Redis Cache两个逻辑节点，同时在其中三个物理节点上还混合部署了Sentinel节点。

来自Overlay的虚拟机或容器的访问首先指向VPCGW在Overlay中提供的VIP。VPCGW会将请求分到各个Proxy节点，Proxy通过访问Sentinel节点可以确定应用所访问的Redis实例如何分片，分片的主从节点分别位于哪个Redis服务节点上。主节点所在的Redis服务节点会与从节点进行数据同步。

Redis采用Proxy-Cache这种“前店后厂”架构后，可以大大提升集群的扩容能力，整集群的性能可以随着节点数的扩展而线性提升，最高可超过10 000 000QPS。

Redis作为缓存数据库，高性能是首要的设计需求。因此，Redis在被设计时，为了尽量提升性能，在一致性方面做出了较多的妥协，只要主节点写入内存完毕，无论其他从节点追赶主节点的状态如何，都被认为数据写入成功。显然，Redis比Kafka更容易丢失数据，但由于缓存的数据一般都已经在数据库等其他持久化存储组件中有正式的存储副本。因此，一旦出现由于Redis的部分节点故障而丢失一部分数据，实际上也是可以接受的。

Redis虽然是内存数据库，但也有数据持久化的需求。Redis支持RDB和AOF两种持久化机制，前者为定期将内存数据快照全量以二进制方式写入硬盘，就会消耗较多的磁盘资源，并且RPO较高，但能节约CPU资源；后者为每秒将Redis执行命令写入AOF文件尾部，在需要恢复内存中的数据时，重放AOF文件中记录的Redis执行命令，可大大节约磁盘空间，同时RPO可下降到秒级，但会造成CPU资源的占用增加。

Redis作为缓存数据库，其内部存放的数据具有有效期，在数据过期后会被自动删除，类似考场交卷铃响时监考官会从所有的考生手中回收试卷一样。如果读者从监考官的角度看这个操作，就会发现，在短时间内回收大量的试卷实际上是不可能完成的。同样，如果Redis中有大量的Key同时到期，也会造成CPU负载过高。因此，Redis还提供了保护机制，在出现大量的Key同时到期时会分批销毁这批数据，一方面，避免了CPU负载过高，另一方面，也避免了有可能出现的缓存击穿现象。

云上应用的开发者利用Redis将高频非关键数据放在Redis中，这不仅可以有效地降低核心数据库的负担，还可以降低最终用户的访问时延，从而提升用户体验。

11.2.3 数据库（数据中间件）

在应用开发中的刚性需求是将数据按一定的组织方式进行持久化存储，并按照指定的条件检索读取，以及实现ACID标准的数据事务操作。数据库就是满足开发者这一需求的一类中间件。

背景知识：事务的ACID

在电影《让子弹飞》中，小贩一口咬定六子吃了两碗凉粉，但只付了一碗凉粉的费用，而六子无法自证清白，这就是没有实现ACID造成的后果。

ACID是Atomic（原子性）、Consistency（一致性）、Isolation（隔离性）和持久性（Durability）四个特性的合称，只有同时具备这四个特性，才被认为事务（Transcation）是正确可靠的。

我们假设一种支持ACID的凉粉交易机制，将吃凉粉和付账定义为一个事务，那么它将具备ACID四大特性。

- 原子性（A）：事务中的所有操作要么全部完成，要么全部回滚，不停留在中间任一环节。六子吃一碗凉粉和付一碗凉粉的钱，这两个操作通过原子性机制保证同时完成。
- 一致性（C）：事务必须使数据库从一个一致性状态变换到另一个一致性状态。在事务结束后，六子吃的凉粉是一碗，支付的费用也是一碗，二者严格对应，不会出现不一致。
- 隔离性（I）：六子吃凉粉与付费这一事务与凉粉摊的其他事务相互独立，别人吃的凉粉不会被算在六子的账上，六子也不会支付其他人吃凉粉的费用。
- 持久性（D）：一旦事务被提交，对数据库中数据的改变就是永久性的，即使数据库出现故障，也不会影响事务的结果。六子在吃完凉粉并付账后，事务结束，任何人无法再抵赖事务的结果。

事务的ACID特性保证了数据库的一致性和完整性，即使并发操作再多，数据库的正确性和可靠性也能通过ACID机制保证。

根据数据组织方式的不同，数据库可以分为关系数据库（SQL）、非关系数据库（NoSQL）和新型可扩展数据库（NewSQL）。根据数据读/写方式的不同，数据库也可以分为联机事务处理（OnLine Transaction Processing，OLTP）

和联机分析处理（OnLine Analytical Processing，OLAP）。我们还可以根据数据库部署架构和内部负载分担的方式，将数据库分为集中式数据库和分布式数据库。下面对常见的数据库做简要介绍。

最常见的关系数据库是MySQL，它是流行的LAMP（Linux、Apache HTTPd、MySQL、PHP）技术栈中的重要组件，负责关系数据的存取。MySQL以其开放性、快速响应和轻量级等特点，受到业界普遍的青睐。目前该数据库已成为开源关系数据库的事实标准。业界也出现了MariaDB等其他开源关系数据库，在SQL语法方面与MySQL高度兼容。

在非关系数据库中，MongoDB是代表性产品。随着Web 2.0的兴起，社交媒体、流媒体和短视频等业务的迅速增长，在整个互联网中，非结构化数据的增长率比结构化数据的增长率高出若干数量级。MongoDB就是为适应这一趋势而诞生的开源文档数据库。在MongoDB中，数据不是以“表格”的形式组织的，而是以更加灵活的“文档”模型来组织存储的。

随着数据库技术的广泛应用，企业信息系统产生了大量的业务数据，如何从这些海量的业务数据中提取出对企业决策分析有用的信息，就成为企业决策管理人员所面临的重要难题。因此，DBA（Data Base Administrator，数据库管理员）们逐渐尝试对OLTP数据库中的数据进行再加工，得到决策者们所需要的分析统计数据，这就是OLAP。

目前业界主流的OLAP数据库之一是PostGRESQL。它在支持OLTP关系数据库的事务（ACID）等核心特性的基础上，还支持强大的OLAP功能，并对IP地址、复数和布尔类型等高级数据类型有着良好的支持。PostGRESQL除了支持标准SQL语法，还支持JSON和其他非关系数据库功能，在OLTP和OLAP兼顾的场景被广泛应用。

为了扩展数据库的性能，工程师们基于这些数据库开发了分布式数据库。分布式数据库的设计理念是，在数据库节点前面设一层Proxy作为代理，来提升数据库节点集群的扩容能力，从而有效地提升用户对数据库的读/写性能。分布式数据库的一个典型实现是腾讯云的TDSQL。

TDSQL是Tencent Distributed SQL的缩写，它分为MySQL、MariaDB、PostGRESQL和CynosDB等不同的版本。我们以TDSQL For MySQL为例，运用“解剖麻雀”的方法，来看一看商用版本的分布式数据库是如何实现的。

TDSQL的部署架构如图11-22所示。

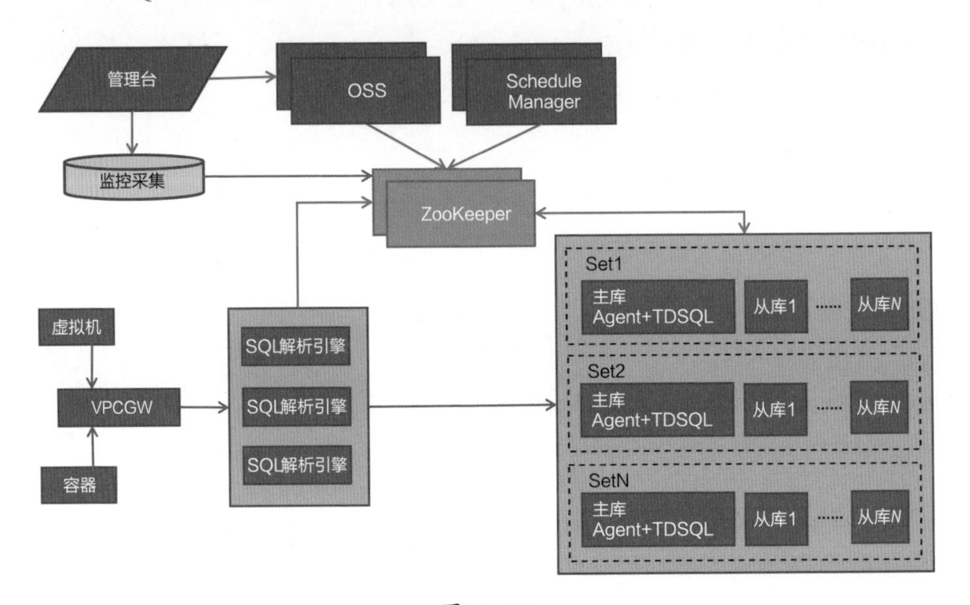

图11-22

TDSQL的核心部分为SQL解析引擎（Proxy）和SQL数据节点。

SQL解析引擎就是Proxy模块，负责解析SQL语句，并将数据增、删、改、查的操作命令送到后端的SQL数据节点层。基于一致性的考虑，每个库实例的写请求无论被重定向到哪个前端节点，最后均由同一个后端节点执行。而对于读请求，每个后端节点都可以均衡地执行，这种读/写分离的机制不仅保证了数据的强一致性，还可以利用分布式的读数据库来实现读操作性能的成倍提升。这就是Scale-out，也被称为“横向扩展”。

在用户的数据量较大时，如表的行数超过1000万行，或列数超过1000列，就需要进行分库分表，避免MySQL InnoDB引擎在大数据量下的读/写性能劣化。如果应用开发者使用传统的集中式数据库，程序员和DBA需要自己考虑分库分表问题，如根据表的键-值进行拆分，或建立多个表，并基于特定字段进行关联。由于分库分表涉及较为复杂的数学算法，因此，不恰当的数据库拆分反而会降低数据库的读/写性能，分库分表的规划对大型应用的开发团队和数据库管理团队来说往往是严峻的考验。

分布式数据库与集中式数据库另一个重要的差异，就是具备自动化的分库分表能力。TDSQL的Proxy层能够帮助用户自动进行数据库拆分和数据负载均衡，并将SQL 语句送到最终的库和表中，而且对开发者透明。

在基于开源MySQL进行二次开发后，TDSQL可以用于承载核心业务，如实时高并发交易场景，直至替代现有云下的传统数据库，实现全量业务上云。

TDSQL的PostGRESQL版本、MariaDB版本和CynosDB版本，其架构与TDSQL MySQL版本类似，感兴趣的读者可以参考互联网上的公开文档。

11.3　应用日志服务

在大型分布式系统中，基于应用日志，对应用系统的排错和追溯是很重要的需求。

虽然常见的Linux和Windows等操作系统都具备收集日志的能力，但如果缺乏统一的日志存储和分析组件，在排查问题时就需要手动登录到不同节点去进行日志收集和对照分析，对于生产系统的运维而言是不可接受的。

因此，我们还需要为大型分布式系统建立一个日志收集、存储与分析系统。

最常见的日志收集、存储与分析系统是ELK套件。ELK是ElasticSearch、Logstash和Kibana的首字母缩写，它们都是可以从开源社区获取的软件，其配合使用时的部署架构如图11-23所示。

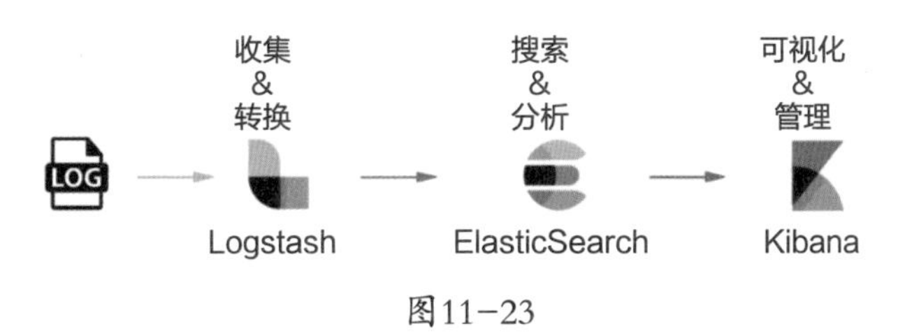

图11-23

ElasticSearch（简称ES）是一个实时的分布式搜索和分析引擎，可以用于全文搜索、结构化搜索和分析。它是一个建立在全文搜索引擎 Apache Lucene基础上的搜索引擎，使用Java编写而成。

小故事：程序员的浪漫献礼

ElasticSearch项目的创始人Shay Banon的妻子是一名狂热的烹饪爱好者，她的梦想是创立自己的餐饮品牌，并花费大量的时间在食谱的搜集和整理上。Shay Banon为了帮助妻子检索食谱，开始对Apache Lucene进行深度二次开发，不久，Shay Banon将自己的工作成果ElasticSearch发布到互联网上，很快便成为分布式搜索引擎的标准。几年后，ElasticSearch成为GitHub上最活跃的开源项目之一，甚至帮助Shay实现了财务自由。但Shay的妻子至今还在等待丈夫结婚时的承诺：我愿意为你开发一个食谱搜索引擎，牵手寻遍天下美味，共同实现创立自己的餐饮品牌的梦想。

ElasticSearch的特点是利用倒排索引进行检索。什么是倒排索引呢？下面举例说明。

有一份文档，其ID为1，文档的内容是：“亚瑟王是古不列颠最富传奇色彩的伟大国王”。

经过分词算法，可以提取出“亚瑟王”，“古不列颠”，“传奇”，“色彩”，“伟大”和“国王”等词汇，并把“是”“的”等不具备检索意义的词语筛选掉。

接下来，ElasticSearch会把这些词语记录在倒排索引中，并保存有这些词语的文档ID。

此时，又有一份ID为2的文档插入到ElasticSearch中，其内容是：“魔法师梅林带领亚瑟王获取了王者之剑”。

由于分词算法能从此份文档中提取出关键词“亚瑟王”，在倒排索引中的“亚瑟王”这个关键词就会记录这两份文档的ID：

- Word: 亚瑟王

- DocumentID: 1, 2

而用户在对ElasticSearch输入关键字“亚瑟王”时，ElasticSearch也可以在很短时间内通过这两份文档的ID找到文档，而无须遍历所有的文档。

Logstash 是一个有实时渠道能力的数据收集引擎，使用 JRuby 语言编写。由于JRuby是一个基于Java的脚本解释器，具备跨操作系统和跨平台运行能力。因此，Logstash可以部署在几乎所有常见的处理器和操作系统平台上。Logstash可以收集日志，并将日志写到ElasticSearch的文档中。

Kibana是一个使用JavaScript语言编写的日志显示框架，可以把存储在ElasticSearch中的日志进行解析，并生成各种维度的图表，为用户提供强大的数据可视化支持。

如图11-23所示，用户在运行应用实例的终端（如虚拟机和容器上）部署Logstash时，Logstash会将日志送到ElasticSearch，再通过Kibana可视化地呈现分析日志，这是常见的应用日志分析方案。

11.4　本章小结

在应用的开发中，程序员往往会复用一些现有的成熟组件实现自己所需要的一些基础功能，从而让自己能够更加聚焦业务本身的逻辑和算法，而不需要在实现底层机制上花费过多的时间和精力。在云计算平台，提供这些成熟组件服务的就是PaaS平台。

常见的PaaS平台包括以下服务：

- 微服务平台，包括服务注册发现、服务路由、服务治理和服务链路追踪等服务。
- 应用中间件，包括消息中间件、缓存中间件和数据库中间件等服务。
- 应用日志服务，常见的有基于ELK套件（ElasticSearch、Logstash和Kibana）的日志服务。

只有提供了PaaS平台的云计算平台才是一个面向应用的云计算平台，该平台能够让工程师们在开发和部署AI应用时，减少大量重复的手动工作，避免发生人为错误，或引入第三方组件带来的安全漏洞，在提升工作效率的同时也更好地保障系统的安全。

第 12 章

基于云平台的GPU集群的管理与运营

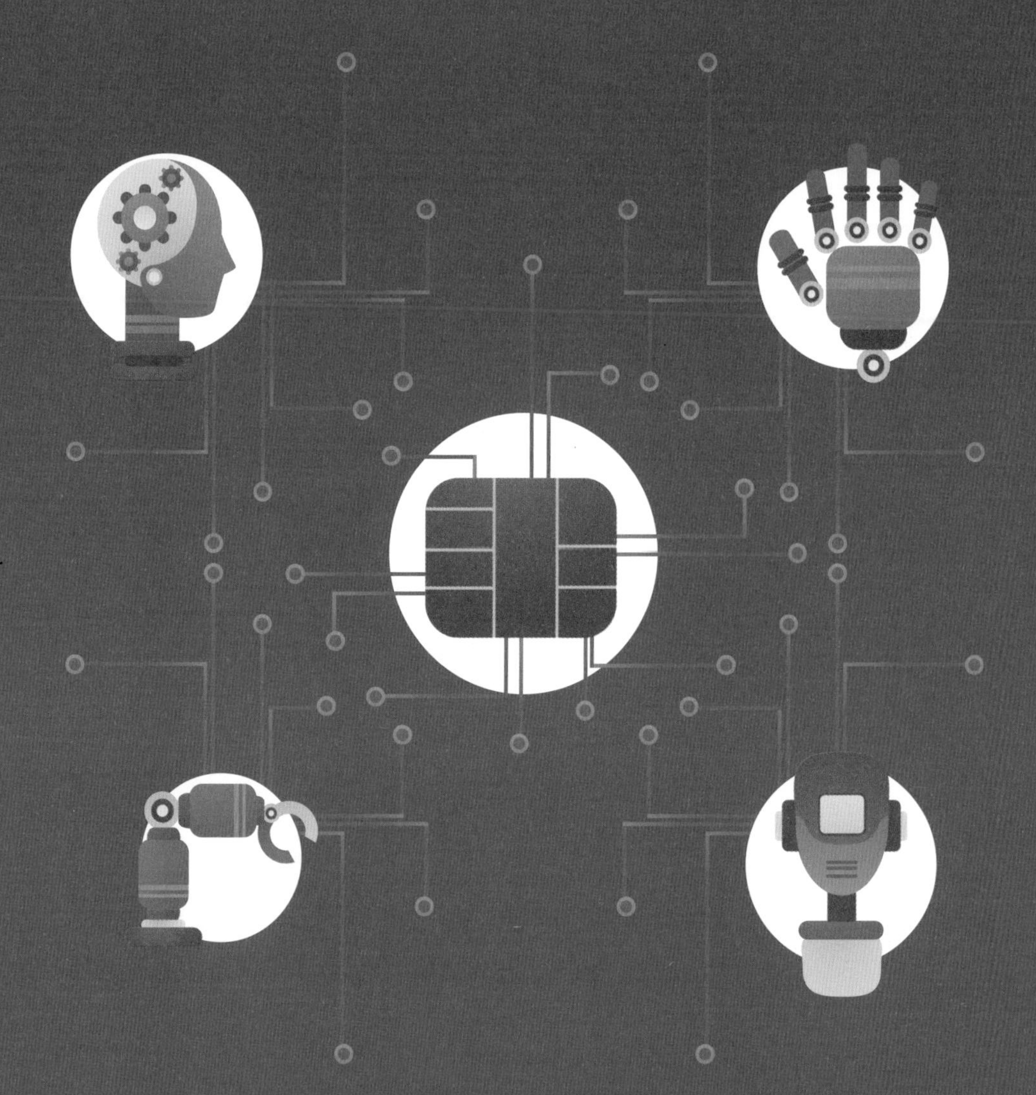

在业界关于云计算的讨论中，常见的一个话题是，用户引入私有化部署的云计算平台的价值体现在哪些方面？随着机器学习业务与云计算技术的结合，这个话题的讨论变得更加活跃，业界也有很多不同角度甚至彼此对立的观点，在广大用户的认知中也产生了一些矛盾和混乱。

实际上，私有化部署云计算平台的价值可以简单概括成以下几点。

- 对于租户（应用开发与维护者）：能够自行申请资源和服务，加速应用上线迭代。
- 对于运维团队（平台维护者）：免去了为需求方分配资源和部署基础PaaS服务的工作，并实现了统一的和自动化的基础运维。
- 对于运营团队（平台投资建设者）：能够将建设与运营成本分摊到租户及应用，实现了账实相符。
- 对租户、运维和运营团队的操作保留一定时长的记录待查，并为租户提供自助审计的工具。

显然，这些价值实际上都需要云计算平台具备相应的自动化工具才能够实现。云运维平台和云运营平台就是对应的自动化工具。在运行机器学习应用的GPU集群中，运维与运营平台更能够发挥其独特价值。

12.1 云运维平台

云运维平台是运维整个GPU集群及其他服务器集群的自动化工具，包括硬件基础设施管理、系统监控与告警平台和CMDB等组件。通过这些自动化运维工具，工程师们可以减少90%以上重复的手工工作。

12.1.1 硬件基础设施管理

所有的分布式计算系统实际上都依赖于服务器等硬件基础设施。在基于大型互联网云计算平台的私有云系统中，硬件只包括服务器、交换机和网络辅助设备三类。后两类设备在云计算系统的日常运维和运营中很少变更，一般一次性安装和配置完毕即可，而大部分扩容和替换等资源层面的变更，都会涉及对服务器的操作。

在云计算系统运维与运营中，需要对服务器的硬件进行的操作主要如下。

- 远程开关机，如新服务器开机、旧服务器下架关机、系统变更后重启等。
- 整机及部件管理，如固态盘寿命管理等。
- 远程操作系统安装，如新服务器初始化或服务器改变用途等。

在6.3节中提到，在工业标准服务器中，早已提供了通用的接口IPMI来供软件远程管理和监控服务器，用户可以使用IPMI工具监视服务器的物理健康特征，如温度、电压和风扇等工作状态等，还可以进行远程开关机和BIOS/UEFI的修改等操作。IPMI的硬件实现被称为“BMC”，一般BMC会提供一个千兆以太网接口作为管理用。即使在服务器处于关机状态时，只要服务器的电源（AC或HVDC）是接通的，BMC也可以实现远程开关机的功能。BMC还可以通过I2C和SPI总线读取计算机内部各类传感器和硬件监控模块的数据，从而获取计算机各类运行状态，以及易损耗部件的寿命等（如磁盘SMART信息）。

对于远程操作系统安装的功能，仅仅依靠BMC和IMPI还不够，还需要通过PXE（Preboot eXecution Environment）来实现。PXE是基于网络接口启动计算机的一种机制，最初常用于无盘工作站的启动，以节约采购硬盘的成本，并在公用机房等场景下，节约工作站操作系统维护的工作量。PXE的工作原理为，网卡的BIOS通过DHCP协议找到可用的PXE启动服务器，在找到可用的PXE服务器后，网卡BIOS会查询NBP（Network Boot Program，网络启动程序）的路径，通过TFTP（Trivial File Transfer Protocol，简单文件传输协议）拉取NBP到内存并执行之，从而在本地无硬盘的情况下能够启动操作系统。

基于IPMI和PXE的这些功能，我们可以在云平台中实现一个远程管理服务器的组件，该组件具有远程开关机、整机和部件管理，以及远程安装操作系统等功能。因此，它可用于统一管理和监控GPU服务器、计算服务器、存储服务器及通用服务器等计算和存储资源。

12.1.2 系统监控与告警平台

用户在云计算平台部署机器学习应用后，随着应用的扩容，使用的云服务器、存储、网络、容器、中间件和数据库等服务实例的总量也会逐渐增加。如何有效地监控云上这些资源的使用情况，在系统出现异常时及时通知管理员，将可能出现的业务故障解决在苗头状态，也成为云平台建设中一个亟待解决的问题。这就需要云计算平台为用户提供一个统一的监控与告警平台。

常见的监控平台之一是Zabbix。Zabbix是1998年诞生的，其核心组件是使用C语言开发的，同时增加了PHP开发的Web前端。它属于传统监控系统中的优秀代表，特别是C语言带来了总体的高运行效率。Zabbix的架构如图12-1所示。

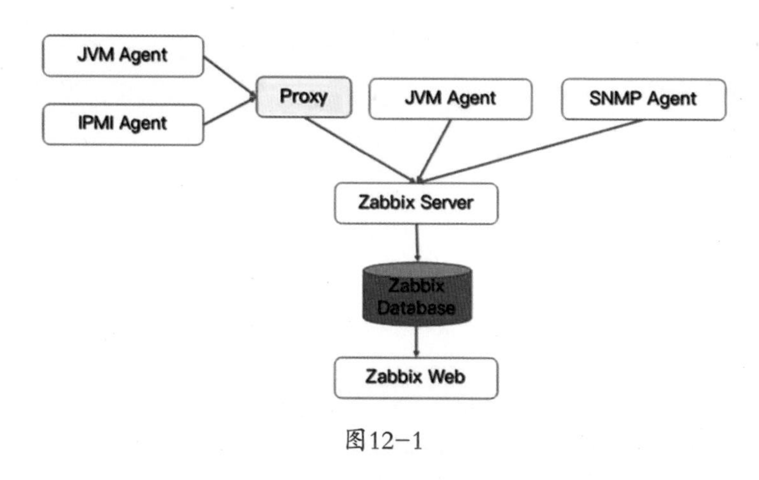

图12-1

Zabbix可以通过JVM、IPMI和SNMP等多种Agent拉取Java应用、硬件服务器和网络设备的运行状态，在Zabbix Server中统一处理存储，并在Zabbix Web组件中可视化呈现。

Zabbix的优势是，拥有丰富的社区文档资料和各种开源的数据采集插件，能够覆盖大部分监控场景。但Zabbix也有天然的劣势：它需要在被监控的主机上安装Agent，并且所有的数据通过集中式数据库存储，在大规模分布式系统中存在瓶颈。

另一种常见的监控平台是Prometheus。Prometheus来源于古希腊神话中的盗火者普罗米修斯。

小故事：普罗米修斯

普罗米修斯（Prometheus）是古希腊神话中的人物。普罗米修斯曾与智慧女神雅典娜共同创造了人类，普罗米修斯负责用泥土雕塑出人的形状，而雅典娜为泥人灌注灵魂。为了给人间带来光明和温暖，普罗米修斯从天上盗取圣火后转到人间。

宙斯看见人间丛林升起火柱后大怒，他下令火神逮捕了普罗米修斯。普罗米修斯被铁链束缚住手脚，并囚禁在高加索山的悬崖上。他的身体被一根金刚石制成的钉子紧紧地钉在岩石上。

为了折磨普罗米修斯，宙斯还派一只秃鹫每天啄食普罗米修斯的肝脏。在白天，普罗米修斯的肝脏被秃鹫吃掉，但在夜晚又重生，如此往复。直到有一天，赫拉克勒斯路过高加索山，发现了普罗米修斯，射杀了秃鹫，砸碎铁链和金刚石钉，才解救了普罗米修斯。

Prometheus的流行是在微服务与容器兴起之后。这是因为Zabbix依赖于Agent，没有好的办法来监控容器中应用的运行状态，为了解决容器监控问题而产生了Prometheus。与云原生社区中其他热门的组件类似，Prometheus也使用了Go语言开发，并原生地支持与Kubernetes、Istio等常见的云原生平台对接。

Prometheus的架构如图12-2所示。

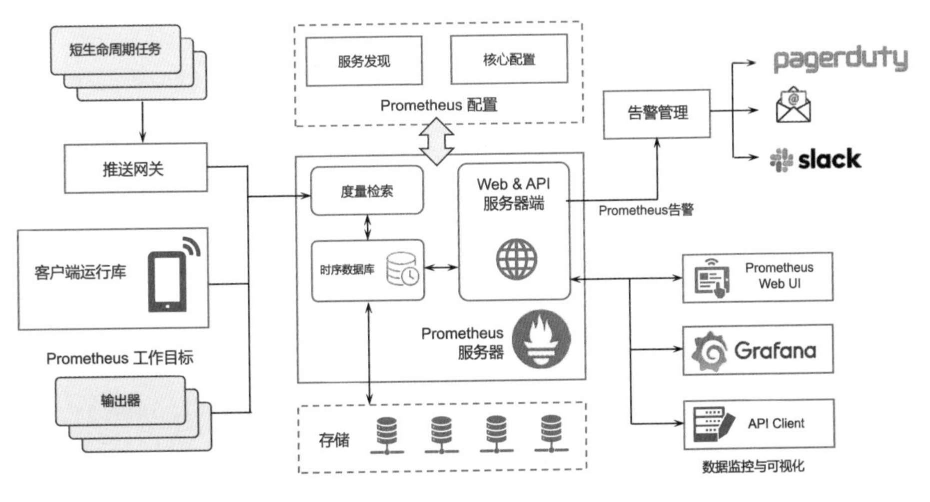

图12-2

Prometheus可以通过Exporter拉取监控数据，或通过推送网关获取数据。它默认将所有的数据存储在本地，并按照一定的规则进行清理和整理数据。

Prometheus本质上是一个时序数据库（Time Sequence Data Base），它可以按照时间序列对数据进行存储和分析。作为数据库，Prometheus也提供了一种查询API，被称为“PromQL”。

Prometheus具备按照一定的告警逻辑生成告警信息，并向第三方Alertmanager推送告警的能力。第三方Alertmanager在收到告警时可以进行聚合、去重或降噪操作，最后发送告警。

管理员还可以为Prometheus使用Grafana实现一个具备查询和聚合数据的仪表盘，以实现更好的监控可视化。

Prometheus与ELK的最大区别是，ELK用于存储海量日志并提供审计功能，可以轻松地存储和检索数月到数年的日志数据。而Prometheus本质上是一个时序数据库，不适合长期存储数据，其主要优势在于查看最近的趋势数据和提供告警机制。

在私有化的云平台中部署Prometheus和Grafana后，就可以为机器学习应用提供完善的监控、可视化和告警的功能了。

12.1.3 CMDB

CMDB（Configuration Management Database）指的是配置管理数据库。在ITIL中，CMDB是最重要的工具之一。

在云计算系统中，CMDB除了需要存储服务器硬件和网络相关的信息，还需要存储云平台各个服务实例的信息，并与各个云服务进行对接，实现自动化的数据维护更新。

举一个例子：某用户创建了一个具有8个vCPU、16GB内存的虚拟机，带有一张Nvidia A10 GPU，只有一个网络接口，其IP地址为172.17.100.100/24，其系统盘为50GB、数据盘为2000GB。如果要求用户手动在租户端的CMDB中录入这个虚拟机的数据，那么不但容易出错，还会导致在虚拟机自动弹性伸缩的场景下，无法使CMDB的数据与实际数据保持一致。因此，各云服务需要调用CMDB的接口，在创建、修改和删除实例时，同步更新CMDB内容。同时，在租户查看CMDB时，单击CMDB中的数据，也可以跳转到服务实例上。

为云计算平台增加CMDB后，在云计算平台上执行的运维流程才能够严格符合ITIL的标准。

12.2　云运营平台

在本章开始，我们就强调了一个观点：云计算的私有化落地，对于运营团队（平台投资建设者）的一大价值是，能够将建设与运营成本分摊到租户及应用，实现了账实相符。

这是因为，云计算具备自动化的计量和计费能力，可以定期统计租户消耗的资源所对应的费用，从而将建设云平台（CAPEX）和运营云平台（OPEX）分摊给不同的租户。

由于大型公有云服务具备内在的运营特性，源自大型公有云的私有化部署方案在运营平台方面往往实现得较为完善，这些方案不但具有运营平台的核心功能——计量计费功能，还可以将第三方的云产品对接到计费系统。此外，它们还提供租户端申请资源的审批系统、租户端保障的工单系统和Protal页面管理系统等。

下面以基于腾讯公有云的云私有化输出的TCE为例介绍云运营平台，TCE的运营系统包含统一的四层定义模型。

- 第一层：产品，如云服务器、云硬盘、对象存储和负载均衡等产品大类。
- 第二层：子产品，如云服务器-GPU型、云服务器-标准型、云服务器-计算型等。
- 第三层：产品项，如云服务器-GPU型可能包含CPU、内存、GPU和网络带宽四种产品项。

- 第四层：产品细项，如云服务器-GPU型某个机型，有可能包含的CPU为SA3类型。

最终该机型的计费策略根据该机型包含的CPU、内存、GPU和网络带宽四种细项的分类价格来确定。

在云计算平台中，可分配资源是有限制的，如GPU云服务器（也就是带有GPU卡的虚拟机）的可分配数量，实际上就取决于GPU卡的数量。因此，运营系统还提供了配额限制能力，避免单租户或租户下的一个项目申请过多的资源，从而导致其他租户和项目缺乏可用资源。

此外，TCE的运营系统还具备将第三方产品接入云平台的能力，如第三方的Oracle、OB或PostGRESQL等PaaS产品接入云平台的Portal界面，租户可以从云平台的Portal界面菜单进入第三方PaaS产品的管理界面。

在较大型的组织中，或云平台在对外提供服务时，云计算平台最终使用方（租户）与运营方往往是分离的，在出现系统故障或租户使用不当引起的故障时，就需要通过在线消息服务、工单及站内信等各种途径进行沟通。租户端的用户可以发起工单，运营人员在运营端收到工单后，可以在工单分类管理、客服系统和排班管理等子系统中进行工单流程的处理，也可以在工单沟通子系统中和用户进行交互，以获取更多的信息，直至问题解决。

基于云运营平台，云计算平台的运营方就可以更有效地提升运营效率，让昂贵的GPU集群、高性能存储集群，以及其他资源得以充分利用，实现账实相符，并将各类运营流程实现在线化，可审计追溯。

12.3 云审计平台

无论从国际标准的ITIL流程标准化视角，还是以我国《中华人民共和国网络安全法》为代表的合规视角，对IT系统管理和运维操作的审计都是刚性需求。

在传统的IT基础架构体系下，对于烟囱式的计算、存储、网络、中间件等

PaaS及安全等资源和组件的管理员操作的审计和追溯，一直是广大IT用户期盼解决的问题。在用户的应用系统上云之后，这一问题也得以有效地解决。

在云计算平台，无论是运营端还是租户端，用户对所有云产品的操作都会被记录在云计算平台日志中。在此基础上，云审计平台能够基于云计算平台各账号活动的事件历史记录进行审计，包括但不限于通过管理控制台、API调用、命令行，以及其他工具进行的操作等。

云审计平台能够大大提升对运维操作审计的效率，也能够通过规则前置来避免一些恶意操作的发生。

12.4　本章小结

当我们阅读到这里的时候可以看出，用于管理调度GPU集群的云计算平台是一个高度复杂的，庞大的分布式系统。从物理层面看，它由各类服务器、网络设备及其他辅助设备构成，总数可达上万台之多；从逻辑层面看，它需要管控虚拟机、容器、裸金属、存储服务实例、网络服务实例、微服务泳道、中间件服务实例等种类众多的逻辑实例，总数可达百万级别。为了运维这样一个分布式系统，只有具备自动化能力的云运维平台，才能够实现通过有限的人力做到高效的运维管理。

另外，由于建设GPU集群和云计算平台的费用也相当昂贵，一般不少于数千万元，还需要实现账实相符，高效运营。云运营平台可以具备自动化运营管理、计量计费、流程化审批，以及将第三方软件产品接入云平台的能力，帮助用户建立更好的运营流程并有效落地，从而提升投资回报率。

GPU集群和云计算平台的运营方和使用方还需要解决的一个问题是合规问题。云计算平台提供的云审计工具，可以帮助运营方和使用方有效记录和审计所有的操作，提升安全性，满足《中华人民共和国网络安全法》和ITIL流程的合规要求。

第13章

服务机器学习的GPU计算平台落地案例

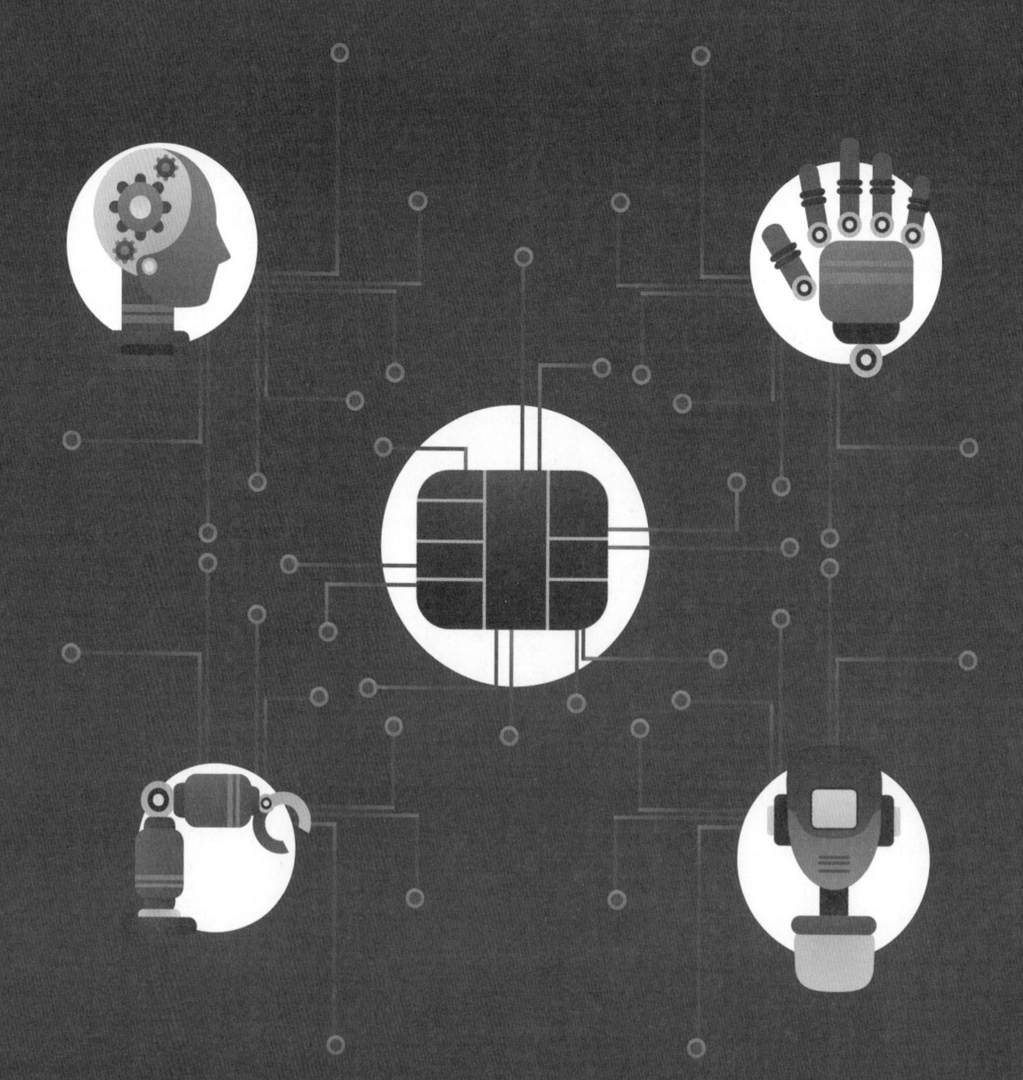

前几章介绍了机器学习应用的特点和对基础架构的需求，以及服务于机器学习应用的基础架构设计。在本章中，我们通过对一个实际部署案例的分析，来理解在实践中，设计者基于对各种要素的认知，在各方面做出取舍的根本原因，从而掌握设计为机器学习服务的基础架构系统的方法。

13.1 需求来源：自动驾驶模型训练

2016年，美国国家公路交通安全管理局（NHTSA）提出了自动驾驶技术的五个分级，并在实践中获得了业界的广泛认可。

- L0：人工驾驶，由人类驾驶员全权驾驶车辆。
- L1：辅助驾驶，车辆对方向盘和加减速中的一项提供驾驶操作，人类驾驶员负责其余的驾驶动作。典型场景如车辆自适应巡航。
- L2：部分自动驾驶，车辆对方向盘和加减速中的多项提供驾驶操作，人类驾驶员负责其余的驾驶动作。典型场景如同时开启车辆自适应巡航和车道自动保持两个功能。
- L3：条件自动驾驶，由车辆完成绝大部分驾驶操作，人类驾驶员需保持注意力集中，以备不时之需。
- L4：高度自动驾驶，由车辆完成所有的驾驶操作，人类驾驶员无须保持注意力集中，但限定道路和环境条件。
- L5：完全自动驾驶，在任何道路和环境条件下，都可以由车辆完成所有的驾驶操作，人类驾驶员无须保持注意力集中。

由于L4及更高级别的自动驾驶能够替代人类驾驶运营车辆的工作，因此被视为未来生产力提升的重要突破方向，各大车企（主机厂）也逐年增加在自动驾驶领域的研发投入，期望在此领域占据行业领先地位，并转化为经济价值。

在高级别自动驾驶领域较早投入的车企代表为B公司。B公司作为有超过

100年历史的业界头部车企，在2015年前后就将自动驾驶技术的研发作为企业战略的一部分，并不断加大投入。2017年，B公司决定在中国建设一个自动驾驶研发中心，并基于《中华人民共和国网络安全法》的合规要求，将承载自动驾驶研发业务的数据中心也设立在中国本地。

自动驾驶技术包括路径规划、行为决策、运动规划和执行控制等，这些环节的核心技术都基于深度神经网络的AI算法实现。因此，自动驾驶技术研发的核心就是基于机器学习的训练和仿真。

与其他机器学习的训练类似，自动驾驶的模型训练依赖于GPU服务器基于神经网络建模，对海量数据的学习，并将产生的权重送到HILS（Hardware In-Loop Simulation，硬件在环仿真）和SILS（Software In-Loop Simulation，软件在环仿真），再将仿真产生的数据送回数据湖进行模型迭代。总计需要的训练算力约为500TFLOPS （双精度）、仿真算力约为1000TFLOPS（单精度）。此外，还需要约2000核（以超线程后vCPU计算）的CPU算力，用于部署其他研发相关的应用。

自动驾驶模型训练一般使用TensorFlow为代表的机器学习框架来实现。由于模型本身也是频繁迭代的，这里需要基于容器平台部署TensorFlow及实现CI/CD，同时需要使用容器来进行GPU的调度。

自动驾驶使用的数据分为以下几部分。

（1）在路测车辆上采集的数据。每辆路测车每天产生的数据量约为100TB，包括以下数据。

- 关联了高精度地理信息的图片，每张大小约为10MB。
- 激光雷达采集的车辆周边数据。
- 从CAN总线及OBD接口采集的汽车内部各类传感器的数据，如发动机转速、瞬时油耗等。

（2）仿真产生的数据。其内容与第（1）部分的数据内容几乎相同，仿真每天约读取和产生数据各为10PB。

（3）高精地图。它包含精确的地理信息数据和道路实景，可以理解为将自动驾驶路测区域进行了数字化。

这些数据需要存放在一个数据湖中，其中第（1）部分的数据保存14天，第（2）部分的数据保存7天。由于数据湖是为机器学习训练与仿真集群提供服务的，需要支持POSIX语义，并支持在容器中安装数据湖的客户端。

为了将机器学习集群、数据湖、路测车数据收集终端、HILS集群和SILS集群连接在一起，为开发团队提供访问，B公司还需要建设一个高可靠、高性能、易扩展的网络来支撑这个大型分布式计算存储集群。

自动驾驶机器学习系统所需的各模块及数据流向如图13-1所示。

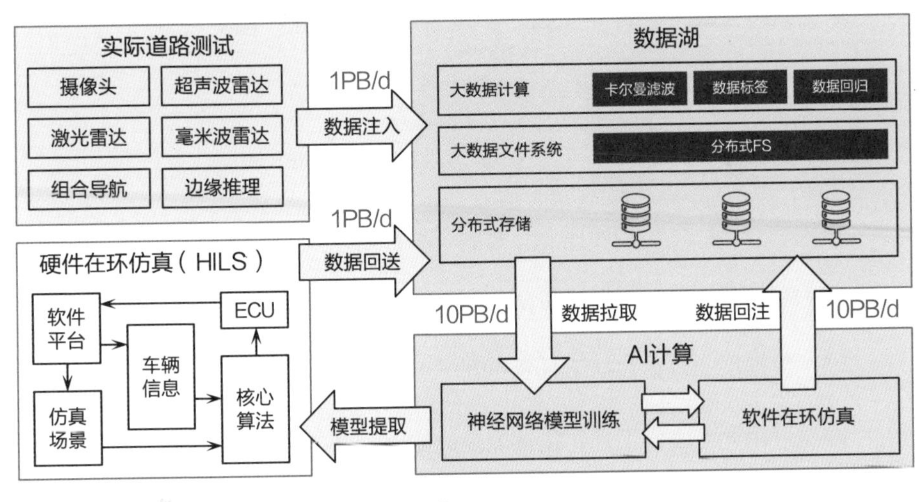

图13-1

B公司自动驾驶开发平台的需求代表着自动驾驶机器学习系统对基础架构的普遍需求，也可以在一定程度上代表所有机器学习业务对基础架构的需求。因此，为B公司自动驾驶开发平台设计的基础架构集群方案也可以被改造后用于其他机器学习业务场景。

13.2 总体设计——基于云原生的高性能计算

我们基于自动驾驶开发的需求，设计的自动驾驶机器学习系统的总体方案如图13-2所示。

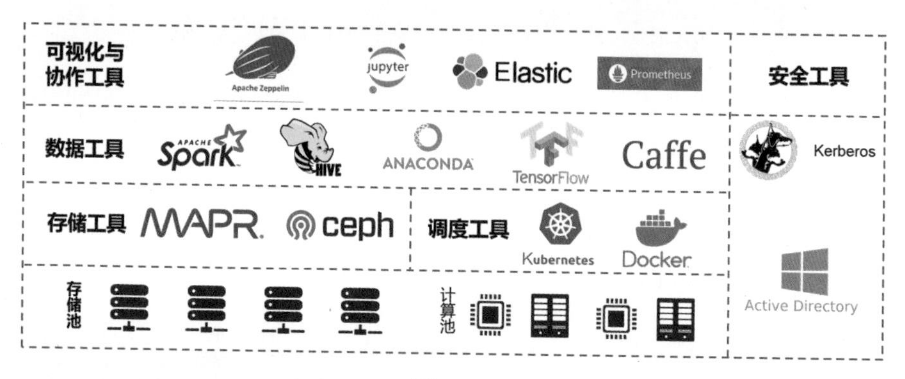

图13-2

在图13-2中，我们把自动驾驶机器学习系统分为如下四层。

（1）硬件层：包括存储池、计算池及连接节点的网络。

（2）存储与计算调度层：包括分布式存储软件和计算调度平台。

（3）数据层：包括数据工具及机器学习套件。

（4）可视化与协作工具：包括监控、检索及其他可视化组件。

此外，还有保证系统符合网络安全法规的一系列安全工具。

接下来将详细介绍系统中各层次和各模块的实现，特别是本书重点讲述的硬件、分布式存储和计算调度方面的内容。

13.3 计算需求分析与设计实现

B公司自动驾驶开发平台的计算与仿真需求可以使用GPU服务器集群实现。对于训练型计算需求，我们使用了当时最先进的Nvidia Tesla V100 GPU实现。

每张Nvidia Tesla V100卡都具备7.8TFLOPS的双精度浮点运算能力。对于训练型计算的500TFLOPS的双精度浮点计算需求，需要64张Tesla V100卡（SXM2接口），也就是需要8台8卡GPU服务器。为保证控制平面的性能，GPU服务器也配置了Intel Xeon Scalable 8160处理器，每颗都具备24个物理核、48超线程，2路整机可以提供96个vCPU。由于Nvidia Tesla V100卡需要通过RoCE与其他机器的GPU进行通信，因此我们还为GPU服务器配置了两张100G以太网接口卡。整机配置为：Intel 8160 CPU×2，768GB RAM，480GB SSD×2（RAID0），1.92TB NVMe SSD×2，Nvidia V100 SXM ×8/100GE×2/25GE×2。

对于推理型计算需求，我们使用Nvidia的推理型GPU Tesla T4实现。每张Nvidia Tesla T4都具备8.1TFLOPS的单精度浮点运算能力，124张Nvidia Tesla T4 GPU能满足1000TFLOPS的单精度计算需求。推理型GPU的服务器可以使用经济型的CPU：Intel Xeon Scalable 6138，每颗都有20个物理核。整机配置为Intel 6138 CPU×2，384GB RAM，480GB SSD×2（RAID0），Nvidia T4×4，25GE×2，共31台。

其他计算节点使用Intel 6138处理器实现，共25台，整机配置为Intel 6138 CPU×2，384GB RAM，480GB SSD×2（RAID0），10GE×2，能够提供80个vCPU。

由于用户有CI/CD的要求，并且期望使用Kubeflow一类的框架，在容器中部署TensorFlow，计算的调度需要使用容器平台。B客户综合考虑后选择了Redhat Openshift Container Platform（OCP），它是一个Kubernetes容器平台，并具备Service Mesh能力和对接Jenkis Devops平台的能力。Kubernetes的Master和Node都使用普通物理机实现，并通过Device Plugin机制调度GPU。

13.4 存储需求分析与设计实现

考虑到数据湖需要冷、温、热数据分层，并且需要提供海量数据的存储及高性能存取，我们采用MAPR实现数据湖。在10.3.2节中提到，MAPR是一个全分布式的系统，其性能能够随节点数线性提升。

模型和高精地图数据是所有的计算和仿真都需要访问的热数据，我们使用全SSD+三副本存储来实现，特别是要增加足够大的内存为MAPR提供缓存，整机配置为Intel 8160 CPU×2，768GB RAM，1.92GB SATA SSD×24，480GB SATA SSD×2，25GE×2，每台都可以提供46TB的物理容量，做三副本并保留部分冗余后，每台都可以提供12TB有效容量，整个集群共有20台。

其他从道路采集或仿真产生的图像等数据被视为温数据，与沉降后的冷数据类似，都采用纠删码方式来存储，只是纠删码比例有所差异。冷温存储节点的配置为Intel 4110 CPU×2，384GB RAM，480GB SATA SSD×2，12TB SATA×60，25GE×2，使用大量的SATA盘提供低成本、高密度的存储，整个集群共有280台。

MAPR具备适配了Docker和Kubernetes的客户端，Docker和Kubernetes发放的容器可以挂载MAPR提供的文件目录进行存储。

此外，在整个系统中还需要为Kubernetes及一些虚拟机提供共享的块存储和对象存储，这里使用了Ceph来提供存储卷。为提升性能，在集群中使用了SSD作为缓存，配合HDD提供较大的存储容量，整机配置为Intel 4110 CPU×2，256GB RAM/480GB SATA SSD×2，1.92TB NVMe SSD×2，12TB SATA×12/25GE×2，整个集群共有6台。

13.5 网络需求分析与设计实现

在13.3节～13.4节，我们基于B公司的业务需求，评估了构建自动驾驶开发平台所需要的服务器数量，如表13-1所示。

表13-1

用途	配置	数量（台）
GPU训练	Intel 8160 CPU×2，768GB RAM，480GB SSD×2（RAID0），1.92TB NVMe SSD ×2，Nvidia V100 SXM×8，100GE×2，25GE×2	8
GPU推理	Intel 6138 CPU×2，384GB RAM，480GB SSD×2（RAID0），Nvidia T4×4，25GE×2	31
普通计算	Intel 6138 CPU×2，384GB RAM，480GB SSD×2（RAID0），10GE×2	20

续表

用途	配置	数量（台）
SSD热存储	Intel 8160 CPU × 2，768GB RAM，1.92GB SATA SSD × 24，480GB SATA SSD × 2，25GE × 2	20
冷温存储	Intel 4110 CPU × 2，384GB RAM，480GB SATA SSD × 2，12TB SATA × 60，25GE × 2	280
Ceph支撑存储	Intel 4110 CPU × 2，256GB RAM，480GB SATA SSD × 2，1.92TB NVMe SSD × 2，12TB SATA × 12，25GE × 2	6

其中，所有的服务器都需要通过10G以太网或25G以太网接口卡连接业务网络，而GPU训练服务器还需要另一张RoCE网络。

基于这些需求，我们规划的组网如图13-3所示。

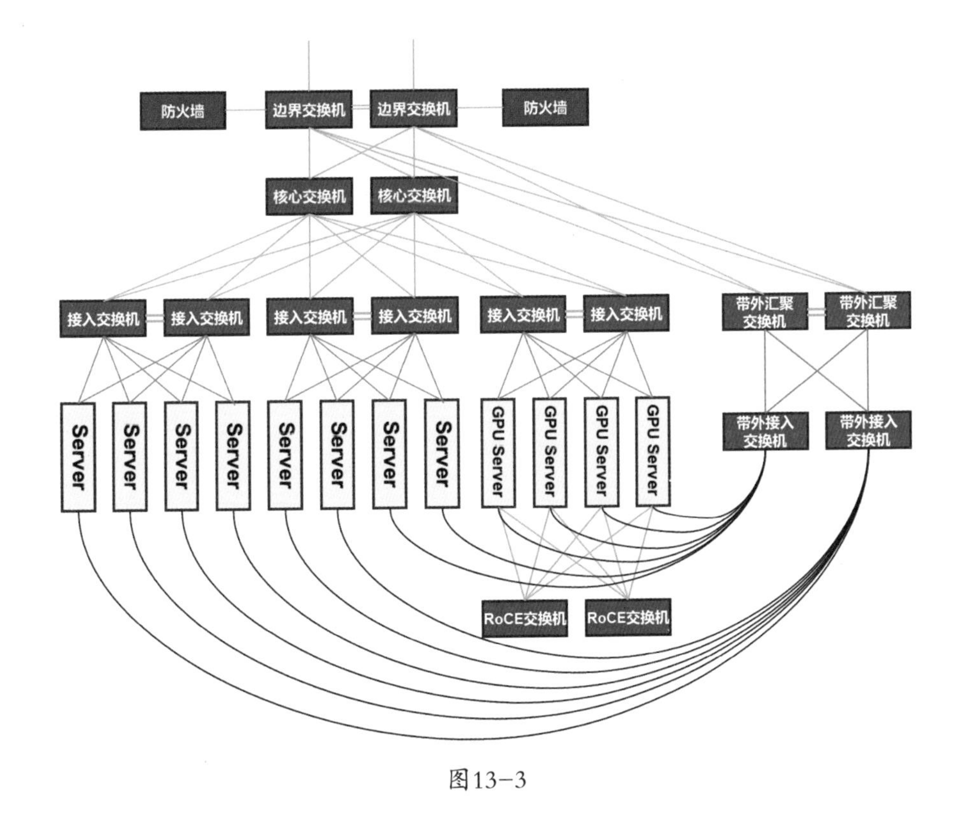

图13-3

在图13-3中，所有接入的交换机采用25G/10G以太网下连到服务器，服务器的两个25G/10G网口工作在Bond模式4，并连接到一对接入交换机。接入交换机通过100G以太网上连到核心交换机。核心交换机通过100G以太网连接到边界交换机。边界交换机上旁挂防火墙实现安全隔离。

此外，所有的GPU训练服务器还通过100G RoCE交换机互通，两张网卡各连接到两台RoCE交换机，实现冗余。由于训练服务器只有8台，暂时不需要过于复杂的组网。

为了提供服务器和交换机的带外管理，我们还增加了千兆下行、万兆上行的带外网络，连接到各服务器的IPMI口及交换机的带外管理口，并连接到边界交换机，为用户提供带外管理通道。

B公司自动驾驶开发平台组网设备整网的配置如表13-2所示。

表13-2

用途	配置	数量（台）
核心交换机	双主控，4槽位框式交换机，每槽位都支持36口100G以太网接口，每台实际配置72个100G以太网接口	2
接入交换机	48口25G+8口100G以太网交换机，支持VXLAN功能	12
带外汇聚交换机	48口10G+6口40G以太网交换机	2
带外交换机	48口1G+4口10G以太网交换机	8
RoCE交换机	32口100G以太网交换机，支持RoCE	2
边界交换机	32口100G以太网交换机，支持VXLAN	2
防火墙	吞吐性能为40Gbps	2

13.6 本章小结

B公司自动驾驶开发平台项目是国内首个落地的自动驾驶AI计算类项目。由于B公司在业内有很大的影响力，所以D公司、M公司等业界头部车企在建设自动驾驶开发平台时均不同程度地参照了B公司该项目的设计和供应商选择。

该项目的遗憾是，当时基于互联网的大型云计算平台的私有化尚不够成熟。因此，使用各类商业化套件和开源组件搭配的方案实现了分布式存储和计算资源的调度。

后　记

首先，笔者祝贺你读到了这里。接下来，笔者要讲一些题外话。

笔者是幸运"绝缘体"，在各类抽奖游戏中长期保持零胜率。在学习方面，笔者遇到的最大的幸运，便是在求学过程中，遇到一位非常有学问的数学老师，他教会笔者：读书是一个从薄读到厚，再从厚读到薄的过程，也就是哲学方法论层面的"分析与综合"。

将本书200多页的内容"读薄"到2页并不容易，但也有一些值得记住的关键点。如果读者能深刻理解这些关键点，并将它们应用到学习和工作中，那么你很快就会发现，自己对事物的理解能力开始产生质的变化。

"解剖麻雀"的分析方法。"解剖麻雀"指对一个典型例子进行深入调查和研究，在获得对一类事物较为深入的认知的同时，掌握对此类事物中其他实例的分析方法。在本书中，为了分析AI算法的特点，我挑选了最简单、最易懂的一元线性回归算法，引导读者对AI算法有基本的认知。

识别主要矛盾的方法。事物中的矛盾往往是复杂的，我们只有抓住其中的主要矛盾，才能更好地认知事物，并解决相关问题。本书对AI算法进行分析之后，找到了提升其效率的关键——向量卷积运算并行化，从而聚焦软/硬件融合等对向量卷积运算进行并行计算的加速方案。

从量变到质变。从量变到质变，指连续的小变化最终会引起事物性质的剧变。比如，GPU的计算能力提升，使其成为企业级IT生产系统中的重要部件。

数学基础和对数学问题的敏感性。在对一切工程问题的分析中，如果我们没有良好的数学基础，缺乏数学敏感性，就难以识别影响性能、稳定性和扩展性的主要矛盾，也难以定量分析输入变量和输出变量之间的关系，甚至会沿着错误的思路，导致浪费时间或其他成本。如果你期望成为一名优秀的架构师，那么对微积分、线性代数、积分变换、概率、统计学和离散数学等数学知识的掌握和理解程度，将决定你在这条道路上能走多远。架构师需要掌握的数学知识具体包括：无穷小和无穷大的阶；泰勒展开；散度、梯度与旋度；矩阵乘法；正交基；复数欧拉公式；离散傅里叶变换；离散余弦变换；拉普拉斯变换；贝叶斯定理；协方差矩阵；大数定律；马尔可夫链；笛卡儿积等。

交叉领域的知识。架构师还要掌握计算机科学交叉领域的相关知识。本书中涉及的这些知识包括信道复用技术（通信原理相关）、Serdes与PAM-4调制技术（数字电子技术相关）、闭环反馈（自动控制原理相关）等。除此之外，离散时间信号处理、模拟电子技术和小波分析等交叉领域的知识，也有可能对架构师的能力提升起到重要的作用。

架构设计基本原则。这些架构设计的基本原则不限于计算机领域，还可以扩展到大部分工程领域。常见的有“不重复造轮子”“低耦合，高内聚”“提供机制，而不是提供策略”“控制平面与业务处理平面分离”“接口与引擎分离”“对扩展开放，对修改封闭”等。实际上，这些基本原则正是前面所述的哲学方法论在工程技术领域的落地，所以也具有一定的普适性，可用于指导和解决很多复杂的问题。

人类摆脱“必然王国”，走向“自由王国”的道路还非常漫长。在这个过程中，我们会不断地探索未知领域，也会遇到各式各样的复杂问题。我们只要运用科学的方法论，就可以克服这些困难，为人类的进步做出力所能及的贡献。

本书得以出版，离不开笔者身边同事、家人和热心朋友的支持和帮助。在此要特别致谢：笔者工作单位的领导——孙其琛先生和孔伟先生、中国电子企业协会副会长宿东君先生、云计算领域知名专家刘世民先生、江苏科技大学计算机学院王琦老师。笔者要感谢的人还有很多，在此一并致谢。是你们的陪伴、理解和鼓励，让笔者得以顺利完成此著。